曹振华 主编

刘堃 池聘 副主编

电子设计与制作

 电路分析

 器件选择

 设计仿真

 制作实例

DIANZI SHEJI
YU ZHIZUO

 化学工业出版社

·北京·

内 容 简 介

本书结合作者多年的教学与实践经验，将电子设计的基础知识、电子电路的分析方法、元器件识别与选择技巧、仿真软件的科学应用、芯片焊接制作等电子产品设计必备的知识点融汇在丰富的制作实例中，读者可以不必纠结于模拟电路、数字电路、集成电路等专业概念，系统学到电子设计的基础知识，制作出满意的电子作品。书中结合视频讲解，详细说明了充电器类小电器、门铃类小电器、温度控制器类等实用电子电器与智能控制器件的制作过程、电子电路原理分析与调试。这些制作实例都经过调试与反复验证，电子爱好者和学习人员学得会、用得上。

本书适合电子爱好者，从事电子设计、研发的相关人员以及电子行业的其他相关人员阅读，也可供相关专业院校师生参考。

图书在版编目（CIP）数据

电子设计与制作：电路分析·器件选择·设计仿真·制作实例/曹振华主编. —北京：化学工业出版社，2021.8

ISBN 978-7-122-39119-3

Ⅰ.①电… Ⅱ.①曹… Ⅲ.①电子电路-电路设计 Ⅳ.①TN702

中国版本图书馆CIP数据核字（2021）第087334号

责任编辑：刘丽宏　　　　　　　　　　　文字编辑：林　丹　吴开亮
责任校对：宋　玮　　　　　　　　　　　装帧设计：刘丽华

出版发行：化学工业出版社（北京市东城区青年湖南街13号　邮政编码100011）
印　　装：三河市延风印装有限公司
787mm×1092mm　1/16　印张19　字数481千字　2023年1月北京第1版第1次印刷

购书咨询：010-64518888　　　　　　　　售后服务：010-64518899
网　　址：http://www.cip.com.cn
凡购买本书，如有缺损质量问题，本社销售中心负责调换。

定　　价：79.80元　　　　　　　　　　　　　　　　版权所有　违者必究

前　言

伴随电子信息技术的发展，电子产品正在飞速更新换代，自动的、声控的、智能的……新的电子产品在我们身边不断涌现。尤其是 5G 通信、AI 人工智能等产业的发展和普及，对集成电路芯片、微电子设计的需求比以往任何时代都迫切。

本书通过丰富的设计实例，深入浅出地介绍了电子设计必备的各项知识和制作技能，将模拟电路、数字电路、集成电路、传感器应用等专业知识精心梳理，通过详细的电路分析，帮助读者攻破电子设计的难点，拨云见日；通过视频演示，让读者直观感受电子产品制作的过程和细节。

全书内容具有如下特点：

① 通过电子制作实例讲解，读者零基础也能学会：把学习电子设计所需要掌握的电子电路基础知识、PCB 制作方法和技能融汇在各类型实例中，不涉及生涩公式和理论推导，读者可以在本书的引导下全面掌握电子设计的有关知识。

② 完整的制作流程：每一个实例详细说明相应电子作品制作的整个过程，包括：分析电路、电子元器件选用、电路板识图、元件的焊接与组装、PCB 制作与调试等。

③ 典型案例配有制作、设计、电路分析讲解视频，读者可以扫描二维码边实践边学习。

本书由曹振华主编，由刘堃、池聘副主编，参加本书编写的还有蔺书兰、孔凡桂、曹振华、张校珩、王桂英、张校铭、焦凤敏、张胤涵、张振文、赵书芬、曹祥、曹峥、孔祥涛等，全书由张伯虎统稿。

由于编者水平所限，书中不足之处在所难免，恳请广大读者批评指正（欢迎关注下方二维码交流）。

编者

目录

第8章

印制电路板设计与制作

第9章

电子电路调试

电子制作视频讲解

单片机智能巡迹
避障车的制作

单相供电一用一
备电路

电开水炉电路

电烤箱控制电路

电蚊拍电路学多
倍压整流电路

电子琴的制作

调光调速调压电
路原理与检修

多功能报警器的
制作

高层补水晶体管
水位控制电路

光控感应开关的
制作

红外线倒车雷达
调试与检修

计算机ATX电源
保护电路检修

简单的门铃电路
制作

简单的行走机器
人制作

两台水泵一用一
备电路

流水灯控制电路
与应用

流水灯原理与
制作

认识多种开关电
源实际线路板

NI Multisim10
的使用

Protel DXP的
使用

充电器控制电路
检修

充电器无输出启
动电路检修

触摸延时灯电路
与制作

大功率桥式开关
电源与PFC电路

声光控开关应用

时控开关电路

收音机调试维修

收音机组装过程

温控仪控制电路

无塔供水电路

压力控制气泵
电路

延时照明灯电路

液位控制电路

用AD软件绘制
电路原理图

自动巡道车组
装、调试与维修

自己制作变压器

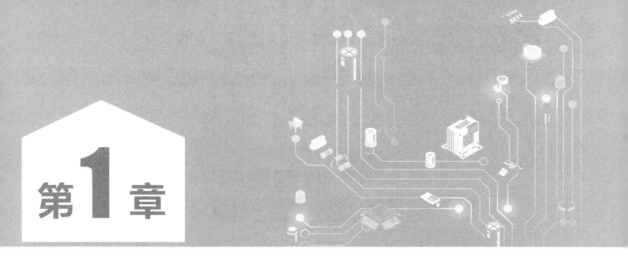

第1章

电子设计与制作基础

1.1 从几个简单的电子制作学起

1.1.1 电子系统的组成与识图

电子系统由电源及各种电子元器件构成，由电源信号输入电路、中间处理电路及后级执行电路构成。各类电子系统的识图方法与技巧可以扫描二维码详细学习。

电子系统的组成与识图

1.1.2 零起步电子制作实例

例1-1 门铃的制作

（1）电路组成和制作原理　门铃电路主要由电源、音乐集成电路（包括三极管和电阻等元器件）、扬声器、按钮开关以及外壳等组成，门铃电路原理图如图1-1所示。

用于制作门铃的音乐集成电路很多，常见的型号有9300、9300C、9301、KD132、KD153、KD153H 和 HFC482 等。不同的集成电路，其信号输出端不同。9300C、9301、KD153（H）等型号的集成电路带有高阻输出端，可直接驱动压电陶瓷发声装置使其发声；9300、KD132 和 HFC482 等型号的集成电路，必须将输出信号用三极管放大后，才能使扬声器发声。

（2）识读电路原理图　在电路原理图上各元器件是用符号（图形符号与文字符号）表示的，应认识各元器件的符号并和实物联系起来。每件电子作品都要按照电路原理图进行制

作，不能装错元器件，否则不但易损坏元器件，还能导致制作失败。看懂电路原理图对完成门铃的制作起着重要作用。

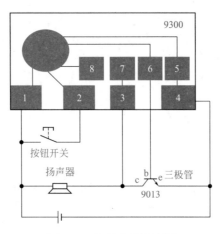

图 1-1　门铃电路原理图

图 1-1 表示了各元器件的连接顺序，要能看懂。为了制作方便，可根据所给的电路原理图绘制实物连接图。音乐集成电路连接的焊点有 8 个，共两排。可以给焊点编号为 1~8，这 8 个焊点中 3 和 7 是连在一起的，4 与 5 是连在一起的。

从图中可以看到三极管 c 极接焊点 3 或 7 均可，由于焊点 7 有元器件引线插孔，安装方便，因此三极管 c 极可接在焊点 7 上。三极管 b 极接焊点 6，e 极可接焊点 4 或焊点 5，同样接焊点 5 更方便。

（3）制作步骤

① 焊点的镀锡。分别给音乐集成电路的焊点镀锡，镀锡的量要少而薄。

② 导线的处理。对导线镀锡。

③ 三极管的安装与焊接。三极管的 3 条引线 e、b、c 分别插在焊点 5、6、7 的 3 个引线插孔中。三极管 e、b、c 的区分方法如图 1-2 所示。插装前仔细核对，检查无误后，用点锡焊接法将 3 个焊点焊好。

④ 按钮开关的组装。按标号安装即可。

⑤ 扬声器引线的焊接。焊接扬声器引线时，可先在有圆孔的焊点上镀锡，再焊接引线。焊接引线时，不要把引线焊接在已焊有线圈引线的焊点上，以防止线圈引线脱落。

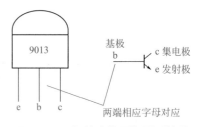

图 1-2　三极管实物图与图形符号

⑥ 各部分的连接。最后，将这些元器件装到电路板上。由图 1-1 可看出，按钮开关的两根引线焊在 1、2 两个焊点上，扬声器的引线焊在 1、3 两个焊点上，电池正极焊在焊点 1 上、负极焊在焊点 4 上。焊接完成后再检查一下有无漏焊的元器件，无误后即可装好电池，按下按钮开关，奏响音乐，表明电路制作成功。

例1-2　玩具电子小猫的制作

本电路利用一个空瓶子制成玩具电子小猫，夜晚小猫两眼能放出美丽的光芒，深受儿童喜爱。该电路简单有趣，容易制作。

（1）电路工作原理 玩具电子小猫的电路原理图和印制电路板图如图 1-3 所示。该电路是典型的多谐振荡器。刚接电源时，两只三极管会同时导通，但由于三极管的性能差异，假设 VT1 的集电极电流 i_{c1} 增长得稍快些，则通过正反馈，将使 i_{c1} 越来越大，而 i_{c2} 则越来越小，结果 VT1 饱和而 VT2 截止。但是这个状态不是稳定的，VT2 的截止是靠定时电容 C1 上的电压来维持的，因此经过一定时间后，电路将自动翻转进入 VT1 截止、VT2 饱和导通状态。这种状态同样也是不稳定的，因为 VT1 的截止是靠定时电容 C2 上的电压来维持的，所以再经一定时间后，电路又自动翻转，如此反复交替循环变换，就形成了自激振荡。此电路也称为无稳压电路。

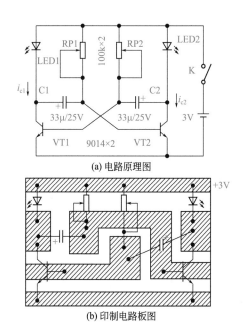

(a) 电路原理图

(b) 印制电路板图

图 1-3 玩具电子小猫的电路原理图和印制电路板图

（2）元器件选择和制作 LED1、LED2 选用绿色发光二极管，三极管 VT1、VT2 选用 NPN 型小功率管（如 9014）。制成后只要略调 RP1 与 RP2，使两只发光二极管轮流闪烁即可。然后把小电路板与电池装进空瓶子里，让两只发光二极管刚好在小猫的两只眼睛位置，再进行固定即可。

例1-3 磁性摆件的制作

磁性摆件制作简单，取材容易，特别适合中小学生课余动手动脑来制作。它具有动感，可以制成各种各样的十分有趣的小玩具，如电子秋千、电子地球仪、会动眼睛的小猫等。若把它们置于家中的书桌上，不失为新颖别致的装饰品。

（1）电路原理 依据磁极同性相斥、异性相吸的特点制作。磁摆装置由磁性摆锤、电磁驱动等电路组成。磁性摆件的电路原理图和印制电路板图如图 1-4 所示。

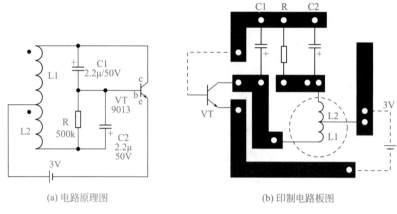

(a) 电路原理图　　　　　　　　(b) 印制电路板图

图 1-4　磁性摆件的电路原理图和印制电路板图

当磁性摆锤处于线圈的正中位置时，三极管 VT 的 b、e 极因电阻 R 和电容 C2 阻断，故无电压变化，c 极电流为零（线圈 L2 因直流电阻甚微，可视为短路）。当磁性摆锤移位时（稍加外力），磁性摆锤的磁力线便切割线圈而产生感应电压，磁性摆锤的磁极与线圈的磁场之间产生新的磁场，它们互相作用、互相影响，使三极管 VT 的 b、e 极感应电压不断周期性变化。通过三极管 VT 的 c 极励磁电流产生的磁场，对磁性摆锤不停地吸引与排斥，不断地补充能量，使磁性摆锤持续工作。

（2）元器件选择和制作　线圈部分很关键，用纸壳制作一个外径 20mm、内径 10mm、高 20mm 的圆形骨架，用两根线径 0.1mm 的漆包线同向并绕（L1 为 2000 圈、L2 为 1600 圈）。把 L1 的始端定为引线 1，末端与 L2 的始端绞合在一起，定为引线 2，L2 的末端定为引线 3，分别焊入电路（千万不能把线头弄错了，不然电路是不会工作的）。磁性摆锤用废弃的小耳塞中的磁环三只重叠起来制作，从磁环原来的铁盖中心穿一根细尼龙线悬吊起来即可。装配时磁性摆锤与线圈的距离越近越好，摆线长，周期短，摆线短，周期长（可根据需要适当调整）。三极管 VT 的基极电压为 0.3V，集电极电压为 2.8V。

1.1.3　电子设计的基础——形形色色的电子电路

随着电子技术的发展，电子电路广泛应用于家用电器、工业电器、航天、军工等领域，电路结构多样，尤其是伴随着大规模集成电路的使用，其功能也越来越强大。图 1-5 ～图 1-9 为多种电子电路原理图。

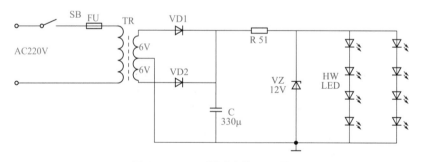

图 1-5　LED 照明电路原理图

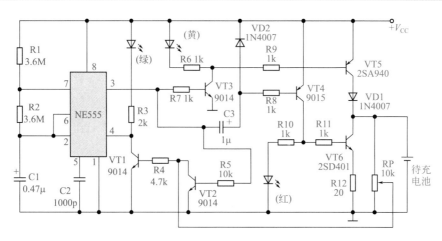

图 1-6　随身听充电器电路原理图

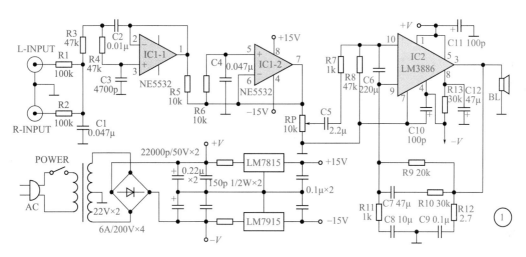

图 1-7　功率放大电路原理图

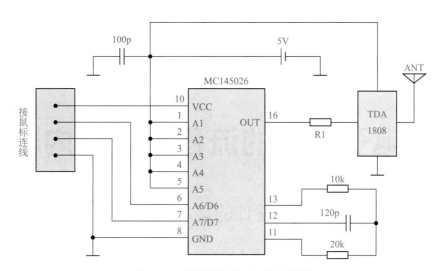

图 1-8　无线键盘发射电路原理图

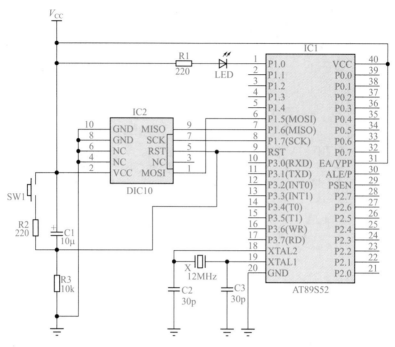

图 1-9　单片机最小单元电路原理图

知识拓展 1 ——》电子元器件的识别、检测与应用

可扫描二维码详细学习。

电子元器件的识别、检测与应用

1.2　电子设计的流程与设计内容

1.2.1　电子电路系统设计的基本原则

电子电路系统设计时应当遵守以下基本原则。

① 满足系统功能和性能的要求。好的设计必须完全满足设计要求的功能特性和性能指标，这也是电子电路系统设计时必须满足的基本条件。

② 电路简单，成本低，体积小。在满足功能和性能要求的情况下，简单的电路对系统来说不仅是经济的，同时也是可靠的。所以，电路应尽量简单。值得注意的是，系统集成技术是简化系统电路的最好方法。

③ 电磁兼容性好。电磁兼容性是现代电子电路的基本要求，所以一个电子系统应当具有良好的电磁兼容性。实际设计时，设计的结果必须满足给定的电磁兼容条件，以确保系统正常工作。

④ 可靠性高。电子电路系统的可靠性要求与系统的实际用途、使用环境等因素有关。任何一种工业系统的可靠性计算都是以概率统计为基础的，因此电子电路系统的可靠性只能是一种定性估计，所得到的结果也只是具有统计意义的数值。实际上，电子电路系统可靠性计算方法和计算结果与设计人员的实际经验有相当大的关系。因此，设计人员应当注意积累经验，以提高可靠性设计的水平。

⑤ 集成度高。最大限度地提高集成度，是电子电路系统设计过程中应当遵循的一个重要原则。高集成度的电子电路系统，必然具有电磁兼容性好、可靠性高、制造工艺简单、体积小、质量容易控制以及性能价格比高等一系列优点。

⑥ 调试简单方便。这要求电子电路设计人员在设计电路的同时，必须考虑调试的问题。如果一个电子电路系统不易调试或调试点过多，这个系统的质量是难以保证的。

⑦ 生产工艺简单。生产工艺是电子电路系统设计人员应当考虑的一个重要问题，无论是批量产品还是样品，简单的生产工艺对电路的制作与调试来说都是相当重要的一个环节。

⑧ 操作简单方便。操作简便是现代电子电路系统的重要特征，难以操作的系统是没有生命力的。

⑨ 耗电少。

⑩ 性能价格比高。

人们通常希望所设计的电子电路能同时符合以上各项要求，但有时会出现相互矛盾的情况。例如，在设计中有时会遇到这样的情况：如果想要使耗电量最少或体积最小，则成本高或可靠性差或操作复杂麻烦。在这种情况下，应当针对实际情况抓住主要矛盾来解决。例如，对于用交流电网供电的电子设备，如果电路总的功耗不大，那么功耗的大小不是主要矛盾；而对于用微型电池供电的航天仪表而言，功耗的大小则是主要矛盾之一。

1.2.2　电子电路设计的内容

电子电路设计是对各种技术综合应用的过程。通常电子电路设计过程包括以下几个方面的内容。

（1）功能和性能指标分析　一般设计题目给出的是系统功能要求、重要技术指标要求。这两个是电子电路设计的基本出发点。但仅凭设计题目所给要求还不能进行设计，设计人员必须对设计题目的各项要求进行分析，整理出系统和具体电路设计所需的更具体、更详细的功能要求和技术性能指标数据，这些数据才是进行电子电路设计的原始依据。同时，通过对设计题目的分析，设计人员可以更深入地了解所要设计系统的特性。功能和性能指标分析的结果必须与原设计题目的要求进行对照检查，以防遗漏。

（2）系统设计　系统设计包括初步设计、方案比较和实际设计三部分内容。有了功能和性能指标分析的结果，就可以进行初步的方案设计。方案设计的内容主要是选择实现系统的方法、拟采用的系统结构（例如系统功能框图），同时还应考虑实现系统各部分的基本方法。

这时应当提出两种以上方案并进行初步对比，如果不能确定，则应当进行关键电路的分析，然后再作比较。方案确定后，系统的总体设计就已完成，这时必须与功能、性能指标分析的结果数据和设计题目的要求进行核实，以免疏漏。

一个实用课题的理想设计方案不是轻而易举就能获得的，往往需要设计人员进行广泛、深入的调查研究，翻阅大量参考资料，并进行反复比较和可行性论证，结合实际工程实践需要，才能最后确定下来。

（3）原理电路设计　根据系统设计的结果提出了具体设计方案，确定了系统的基本结构，接下来的工作就是进行各部分功能电路以及分电路连接的具体设计。这时需要注意局部电路对全系统的影响，并且需要考虑是否易于实现、是否易于检测以及性能价格比等问题，因此设计人员平时应注意电路资料的积累。

（4）可靠性设计　电子电路系统的可靠性指标，是根据电子电路系统的使用条件和功能要求提出的，具有极强的针对性和目的性。任何一个电子电路系统的可靠性指标和设计要求，都只能针对一定的条件和目的，脱离具体条件谈可靠性是没有任何意义的。不讲条件和目的，一味地提高系统可靠性，其结果只能是设计出一个难以实现或成本极高的电子电路系统。

可靠性设计包括三个方面：一是系统可靠性指标设计，二是系统本身可靠性必须满足设计要求，三是系统对错误的容忍程度（即容错能力）。

实际上，可靠性设计在系统设计时已经有所体现，系统的方案设计和电路设计中必须考虑可靠性因素（如元器件的选择、电路连接方式的选择等）。可靠性设计应当对全系统的可靠性进行核实计算。

（5）电磁兼容设计　电磁兼容设计实际也体现在系统和电路的设计过程中。系统的各种电磁特性指标是系统电磁兼容设计的基本依据，而电路的工作条件则是电磁兼容设计的基本内容。

电磁兼容设计需要解决两方面的问题：一是提出合理的系统电磁兼容条件，二是如何使系统满足电磁兼容条件的要求。电子电路电磁兼容设计的任务是对电子电路系统的电磁特性（特别是电磁耦合特性）进行分析、计算，再根据分析、计算的结果来确定系统电磁兼容结构和特性。

若要提高电子电路电磁兼容特性，在电路设计时应注意以下几点。

① 选择电磁兼容特性好的集成电路。

② 尽量使关键电路数字化。

③ 尽量提高系统集成度。

④ 只要条件允许，尽量降低系统频率。

⑤ 为系统提供足够功率的电源。

⑥ 电路布线合理，做到高低频分开、功率电路与信号电路分开、数字电路与模拟电路分开、远距离传输信号使用电隔离技术等。

（6）调试方案设计　电子电路系统设计的另一个重要内容是设计一个合理的调试方案。调试方案的作用是为设计人员提供一个有序、合理、迅速的系统调试方法，使设计人员在系统实际调试前就对调试的全过程有一个清楚的认识，明确要调试的项目、目的、应达到的技术指标、可能发生的问题和现象、处理问题的方法、系统各部分调试时所需要的仪器设备等。

调试方案设计还应当包括测试结果记录的格式设计，测试结果记录格式必须能明确地反映系统所实现的各项功能特性和达到的各项技术指标。

1.2.3　电路设计的一般步骤

电路设计的一般步骤如图 1-10 所示。由于电路种类繁多，千差万别，设计步骤也因情况不同而异，因而图 1-10 所示的设计步骤有时需要交叉进行，甚至会出现反复。电路的设计步骤不是一成不变的，设计人员需要根据实际情况灵活掌握。

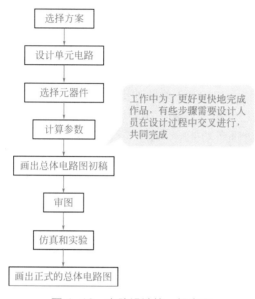

图 1-10　电路设计的一般步骤

（1）**选择方案**　设计电路的第一步就是选择总体方案。所谓总体方案是用具有一定功能的若干单元电路构成一个整体，以满足课题所提出的要求和性能指标，实现各项功能。选择方案就是按照系统总的要求，把电路划分成若干个功能块，得出能表示单元功能的整机原理框图。每个方框即是一个单元功能电路，按照系统性能指标要求，规划出各单元功能电路所要完成的任务，确定输出与输入的关系，确定单元电路的结构。

由于符合要求的总体方案往往不止一个，所以应当针对系统提出的任务、要求和条件，进行广泛调查研究，大量查阅参考文献和有关资料，仔细分析每个方案的可行性和优缺点，反复比较，争取方案设计得合理、可靠、经济、功能齐全、技术先进。

框图应能说明方案的基本原理，应能正确反映系统完成的任务和各组成部分的功能，清楚表示出系统的基本组成和相互关系。

方案选择时必须注意以下两个问题。

① 要有全局观念，从全局出发，抓住主要矛盾。因为有时局部电路方案为最优，但系统方案不一定是最佳的。

② 在方案选择时不仅要考虑方案是否可行，还要考虑如何保证性能可靠，如何降低成本、降低功耗、减小体积等许多实际的问题。

（2）**设计单元电路**　单元电路是整机的一部分，只有把单元电路设计好才能提高整体设计水平。设计单元电路的一般步骤如下。

① 根据设计要求和已选定的总体方案原理框图，确定对各单元电路的设计要求，必要时应详细拟定主要单元电路的性能指标、与前后级之间的关系、电路的构成形式。应注意各

单元电路之间的相互配合，注意各部分输入信号、输出信号和控制信号的关系。尽量少用或不用电平转换之类的接口电路，并考虑使各单元电路采用统一的供电电源，以简化电路结构，降低成本。

② 拟定好各单元电路的要求后，应全面检查一遍，确定无误后方可按信号流程顺序或从难到易或从易到难的顺序分别设计各单元电路。

③ 选择单元电路的组成形式。一般情况下，应查阅有关资料，以丰富知识，开阔眼界，从已掌握的知识和了解的各种电路中选择一个合适的电路。如确实找不到性能指标完全满足要求的电路时，也可选用与设计要求比较接近的电路，然后调整电路参数。

在单元电路的设计中特别要注意保证各功能块协调一致地工作。对于模拟系统，要按照需要采用不同的耦合方式把它们连接起来；对于数字系统，协调工作主要通过控制器来进行，控制器不允许有竞争冒险和过渡干扰脉冲出现，以免发生控制失误。对所选各功能块进行设计时，要根据集成电路的技术要求和功能块应完成的任务，正确计算外围电路的参数。对于数字集成电路要正确处理各功能输入端。

（3）**计算参数** 为保证单元电路达到功能指标要求，常需计算某些参数。例如放大电路中各电阻值、放大倍数，振荡器中电阻、电容、振荡频率等参数。只有很好地理解电路的工作原理，正确利用计算公式，计算的参数才能满足设计要求。

一般来说，计算参数应注意以下几点。

① 各元器件的工作电压、电流、频率和功耗等应在允许的范围内，并留有适当的余量，以保证电路在规定的条件下能正常工作，达到所要求的性能指标。

② 对于环境温度、交流电网电压等工作条件，计算参数时应按最不利的情况考虑。

③ 涉及元器件的极限参数（例如整流器的耐压）时，必须留有足够的余量，一般按 1.5 倍左右考虑。例如，如果实际电路中三极管 U_{CE} 的最大值为 20V，那么挑选三极管时应按 $U_{(BR)CEO} \geqslant 30V$ 考虑。

④ 电阻值尽可能选在 $1M\Omega$ 范围内，最大一般不应超过 $10M\Omega$，其数值应在常用电阻标称值系列之内，并根据具体情况正确选择电阻的品种。

⑤ 非电解电容尽可能在 $100pF \sim 0.1\mu F$ 范围内选择，其数值应在常用电容标称值系列之内，并根据具体情况正确选择电容的品种。

⑥ 在保证电路性能的前提下，尽可能设法降低成本，减少元器件品种，减小元器件的功耗和体积，为安装调试创造有利条件。

⑦ 有些参数很难用公式计算确定，需要设计人员具备一定的实际经验。如确实无法确定，个别参数可待仿真时再确定。

（4）**审图** 由于在设计过程中有些问题难免考虑不周全，各种参数计算也可能出错，因此在画出总原理初图并计算参数后，进行审图是很有必要的。审图可以发现原理图中不当或错误之处，能将错误减少到最低程度，使仿真阶段少走弯路。尤其是比较复杂的电路，仿真之前应进行全面审查，必要时还可请经验丰富的同行共同审查，以发现和解决大部分问题。审图时应注意以下几点。

① 先从全局出发，检查总体方案是否合适，有无问题，是否有更佳方案。

② 检查各单元电路是否正确，电路形式是否合适。

③ 模拟电路各电路之间的耦合方式有无问题；数字电路各单元电路之间的电平、时序等配合有无问题；逻辑关系是否正确，是否存在竞争冒险。

④ 检查电路中有无烦琐之处，是否可以简化。

⑤ 根据图中所标出的各元器件的型号、参数，验算能否达到性能指标，有无恰当的余量。

⑥ 要特别注意检查电路图中各元器件工作是否安全，是否工作在额定值范围内。

⑦ 解决所发现的全部问题后，若改动较多，应复查一遍。

（5）**仿真和实验**　电子产品的研制或电子电路的制作都离不开仿真和实验。设计一个具有实用价值的电子电路，需要考虑的因素和问题很多，既要考虑总体方案是否可行，还要考虑各种细节问题。

例如，用模拟电路实现还是用数字电路实现，或者用模拟数字结合的方式实现；各单元电路的组织形式与各单元电路之间的连接用哪些元器件；各种元器件的性能、参数、价格、体积、封装形式、功耗、货源等。电子元器件品种繁多，性能参数各异，仅普通三极管就有几千种。要在众多品种中选用合适的元器件着实不易，再加上设计之初往往经验不足，以及一些新的集成电路尤其是大规模或超大规模集成电路的功能较多、内部电路复杂，如果没有实际用过，单凭资料是很难掌握它们的各种用法及使用的具体细节的。因此，设计时考虑问题不周、出现差错是很正常的。对于比较复杂的电子电路，单凭纸上谈兵就能使自己设计的原理图正确无误并能获得较高的性价比，往往是不现实的，所以必须通过仿真和实验来发现问题、解决问题，从而不断完善电路。

随着计算机的普及和 EDA 技术的发展，电子电路设计中的实验演变为仿真和实验相结合。电路仿真与传统的电路实验相比较，具有快速、安全、省材等特点，可以大大提高工作效率。电路仿真具有下列优点。

① 对电路中只能依据经验来确定的元器件参数，用电路仿真的方法很容易确定，而且电路的参数容易调整。

② 由于设计的电路中可能存在错误或者在搭接电路时出错，可能损坏元器件或者在调试中损坏仪器，从而造成经济损失。而电路仿真中也会"损坏"元器件或仪器，但不会造成经济损失。

③ 电路仿真不受工作场地、仪器设备、元器件品种和数量的限制。

④ 在 EWB 软件下完成的电路文件，可以直接输出至常见的印制电路板排版软件，如 Protel、OrCAD 和 Tango 等软件，自动排出印制电路板，加速产品的开发速度。

电路仿真尽管有诸多优点，但是仍然不能完全代替实验。仿真的电路与实际的电路仍有一定差距，尤其是模拟电路部分。由于仿真系统中元器件库的参数与实际元器件的参数可能不同，可能导致仿真时能实现的电路而实际却不能实现。对于比较成熟的有把握的电路可以只进行仿真，而对于电路中关键部分或采用新技术、新电路、新元器件的部分，应进行实验。

仿真和实验需要完成以下任务。

① 检查各元器件的性能、参数、质量能否满足设计要求。

② 检查各单元电路的功能和性能指标是否达到设计要求。

③ 检查各个接口电路是否起到应有的作用。

④ 把各单元电路组合起来，检查总体电路的功能，检查总体电路的性能是否最佳。

（6）**总体电路图的画法**　电路原理图设计完成后，应画出总体电路图。总体电路图不仅是印制电路板等工艺设计的主要依据，而且在组装、调试和维修时也离不开它。绘制总体电路图需要注意以下几点。

① 布局合理，排列均匀，疏密恰当，图面清晰，美观协调，便于对图进行理解和阅读。

② 注意信号的流向，一般从输入端或信号源画起，由左至右或由上至下按信号的流向依次画出各单元电路。一般不要把电路图画成很长的窄条，电路图的长度和宽度比例要比较合适。

③ 绘图时应尽量把总体电路画在一张图上，如果电路比较复杂，需绘制几张图，则应把主电路画在一张图上，而把一些比较独立或次要的部分（例如直流稳压电源）画在另外的图上，并在图的断口两端作标记，标出信号从一张图纸到另一张图的引出点和引入点，以说明各图在电路连线上的关系。

④ 每一个功能单元电路的组件应集中布置在一起，以便于看清各单元电路的功能关系。

⑤ 连线应为直线，并且通常画成水平线或竖线，一般不画斜线。十字连通的交叉线，应在交叉处用圆点标出。连线要尽量短，少折弯。有的连线可用符号表示，如果把各元器件的每一根连线都画出来，容易使人眼花缭乱，用符号表示简洁明了。比如，元器件的电源一般只标出电源电压的数值（例如 +5V、+15V、-12V），地线用符号来表示。

⑥ 图形符号要标准，图中应加适当的标注。图形符号表示元器件的项目或概念。电路图上的中大规模器件，一般用方框表示，在方框中标出它的型号，在方框的边线两侧标出每根线的功能名称和引脚号。除中大规模器件外，其余元器件符号应当标准化。

⑦ 数字电路中的门电路、触发器在总体电路原理图中建议用门电路符号、触发器符号来画，而不按接线图形式画。比如，一个 CMOS 振荡器经四分频后输出的电路如图 1-11（a）所示，如果画成图 1-11（b）所示的形式不利于看懂它的工作原理，不便与他人进行交流。由于 CMOS 集成电路不用的输入端不能悬空，因此要对图 1-11（b）中 CC4069 和 CC4013 不用的输入端进行处理，否则该图是不正确的。

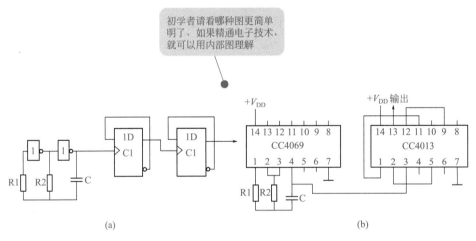

图 1-11　振荡分频器

以上只是总体电路图的一般画法，实际情况千差万别，应根据具体情况灵活掌握。

1.2.4　电子电路基本设计的方法

（1）模拟电路设计的基本方法　　无论是家用的还是工程应用的电子产品，大多数是由模拟电路或模/数混合电路组合而成的。模拟装置（设备）一般是由低频电子电路或高频电子电路组合而成的模拟电子系统，如音频功率放大器、模拟示波器等。虽然它们的性能、用途各不相同，但其电路都是由基本单元电路组成的，电路的基本结构也具有共同的特点。一般来说，模拟装置（设备）由传感器件、信号放大和变换电路以及驱动、执行机构三部分组成，其结构框图如图 1-12 所示。

图 1-12　模拟装置结构框图

传感器件主要是将非电信号转换为电信号。信号放大和变换电路则是对得到的微弱电信号进行放大和变换，再传送到相应的驱动、执行机构。其基本的功能电路有放大器、振荡器、整流器及各种波形产生、变换电路等。驱动、执行机构可输出足够的能量，并根据课题或工程要求，将电能转换成其他形式的能量，完成所需的功能。

对于模拟电子电路的设计方法，从整个系统设计的角度来说，应先根据任务要求进行可行性的分析、研究后，做出系统的总体设计方案，画出总体设计结构框图。

在确定总体方案后，根据设计的技术要求，选择合适的功能单元电路，然后确定所需要的具体元器件（型号及参数）。最后，将元器件及单元电路组合起来，设计出完整的系统电路。

需要说明的是，随着科技的进步，集成电路正在迅速发展，线性集成电路（如集成运算放大器）日渐增多，采用模拟线性集成电路组建电路已趋广泛。这方面的训练对于初学的设计人员来说十分重要。

（2）数字逻辑电路设计的基本方法　近年来，随着数字电子技术的发展，由数字逻辑电路组成的数字测量系统、数字控制系统、数字通信系统及计算机系统等已广泛应用于各个领域。随着电子电路的数字化程度越来越高，数字逻辑电路的设计显得越来越重要，它已成为高等教育中相关专业的学生及工程技术人员必须掌握的基本技能。

数字逻辑电路的设计包括两个方面：基本逻辑功能电路设计和逻辑电路系统设计。这里主要介绍逻辑电路系统的设计，即根据设计的要求和指标，将基本逻辑电路组合成逻辑电路系统。

数字逻辑电路通常由四部分组成：输入电路、控制运算电路、输出电路、电源电路，如图 1-13 所示。

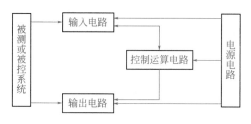

图 1-13　数字逻辑电路组成

输入电路接收被测或被控系统的有关信息并进行必要的变换或处理，以适应控制运算电路的需要。控制运算电路则把接收的信息进行逻辑判断和运算，并将结果输送给输出电路。输出电路将得到的结果再做相应的处理即可驱动被测或被控系统。电源电路的作用是为数字电路系统的各部分提供工作电压或电流。

对于简单的数字逻辑电路的设计，一般是根据任务的要求，画出逻辑状态真值表，然后

利用各种方法化简，求出最简逻辑表达式，最后画出逻辑电路图。近年来，由于中大规模集成电路的迅速发展，使得数字逻辑电路的设计发生了根本性的变化。现在设计中更多的是考虑如何利用各种常用的标准集成电路设计出完整的数字逻辑电路系统。在设计中使用中大规模集成电路，不仅可以减少电路组件的数目，使电路简洁，而且能提高电路的可靠性，降低成本。因此，在数字电路设计中，应充分考虑这一问题。

数字逻辑电路总体方案设计的基本方法如下。

① 根据总的功能和技术要求，把复杂的逻辑系统分解成若干个单元系统，单元系统的数目不宜太多，每个单元系统也不能太复杂，以方便检修。

② 每个单元电路由标准集成电路来组成，选择合适的集成电路及元器件构成单元电路。

③ 考虑各个单元电路之间的连接，所有单元电路在时序上应协调一致，满足工作要求，相互间电气特性应匹配，保证电路能正常、协调工作。

利用"电路移植大法设计法"设计多种电路

电子电路是从简单的电路发展起来的，前人先是设计出了最基础的电路，再经过一代一代人的不同组合形成了不同的大规模多功能分立元件电路，后又将分立元件集成在一起封装形成集成电路，为了便于应用，给出了集成电路的最小单元电路，后人就利用各单元电路对电路不断地组合、附加元件而设计出自己所需电路。所以电路的设计秘法就是用最基础的电路和所需类似电路进行改进再改进，也就是电路移植大法。下面具体介绍移植大法的应用。

（1）常规基本设计法　例如设计一个鱼缸水温自动控制器，使家里养的具有观赏价值的热带鱼安全过冬，下面就介绍电路设计流程。

① 首先考虑鱼缸水温自动控制器设计目的　对于具有观赏价值的热带鱼，为使它们安全过冬，需要对鱼缸水温进行监测，并实现自动加温，从而使得水温保持在26℃左右。在设计中要求鱼缸水温自动控制器运行稳定、可靠性好，而且要求结构尽可能简单。

② 提出鱼缸水温自动控制器设计任务思路、基本要求和主要元器件选择

a. 设计任务思路和基本要求。鱼缸水温自动控制器通过使用负温度系数热敏电阻作为感温探头，将温度变化转换为电压值，然后根据555定时器电压参数变化通过加热管对鱼缸内的水自动加热，从而使鱼缸水温保持在26℃左右。

b. 主要元器件选择。IC选用NE555时基电路；电源需要采用220V整流得到12V直流电压，在这里选用1N4001型硅整流二极管进行整流；感温头RT选用常温下阻值为470Ω的MF51型负温度系数热敏电阻；控制继电器K选用工作电压为12V的JZC-22F型中功率电磁继电器。最后计算出各个元器件参数。

③ 画出鱼缸水温自动控制器单元设计模块

a. 电路设计原理构思。220V电压通过二极管整流、电容滤波后，向电路的控制部分提

供约 12V 的电压。NE555 时基电路接成单稳态触发器（使用两端）。设控制温度为 26℃，通过调节电位器 RP 使得负温度系数热敏电阻达到使用要求。当温度低于 26℃时，RT 阻值升高，NE555 时基电路输出高电平，控制继电器 K 导通，触点吸合，加热管开始加热。直到温度恢复到 26℃时，RT 阻值变小，NE555 时基电路输出低电平，控制继电器 K 失电，触点断开，加热停止。

b. 画出电路设计原理框图，如图 1-14 所示。

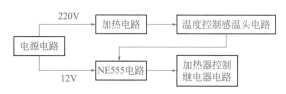

图 1-14 电路设计原理框图

④ 对鱼缸水温自动控制器进行设计

a. 查找主要元件 NE555 资料。NE555 内部功能框图如图 1-15 所示。

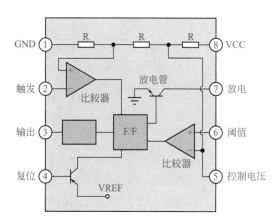

图 1-15 NE555 芯片内部功能框图

NE555 芯片各引脚功能如表 1-1 所示。

表1-1 NE555芯片各引脚功能

引脚号	功能	用途
1	接地	通常被连接到电路公共接地
2	触发	触发 NE555 使其启动时间周期。触发信号上限电压必须大于 $2/3V_{CC}$，下限电压必须低于 $1/3V_{CC}$
3	输出	时间周期开始，NE555 的输出引脚输出比电源电压小 1.7V 的高电位。周期结束，输出 0V 左右的低电位。在高电位时的最大输出电流大约为 200mA
4	重置	一个低逻辑电位送至该引脚时会重置，使输出回到低电位。它通常被接到正电源或忽略不用
5	控制	这个引脚准许由外部电压改变触发和闸限电压。该输入能用来改变或调整输出频率

续表

引脚号	功能	用途
6	重置锁定	重置锁定并使输出呈低阻抗。当这个引脚的电压从 $1/3V_{CC}$ 以下升至 $2/3V_{CC}$ 以上时启动动作
7	放电	这个引脚和主要的输出引脚有相同的电流输出能力，当输出为 ON 时为 LOW，对地为低阻抗；当输出为 OFF 时为 HIGH，对地为高阻抗
8	$V+$	这是 NE555 芯片的正电源电压端。供应电压的范围是 +4.5(最小值) ～ +16V(最大值)

b. 设计鱼缸水温自动控制器电路原理图。按照 NE555 芯片功能，再加上电源电路和感温检测电路、加热执行电路，组成了鱼缸水温自动控制器电路，如图 1-16 所示。

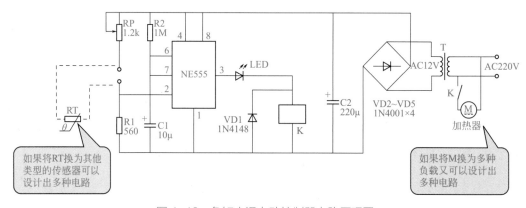

如果将RT换为其他类型的传感器可以设计出多种电路

如果将M换为多种负载又可以设计出多种电路

图 1-16　鱼缸水温自动控制器电路原理图

c. 鱼缸水温自动控制器电路工作原理分析。220V 电源电压通过二极管 VD2 ～ VD5 整流、电容 C2 滤波后，向电路的控制部分提供约 12V 的电压。NE555 时基电路接成单稳态触发器，暂态为 11s。

设控制温度为 26℃，通过调节电位器 RP 使得 $R_P + R_T = 2R_1$，RT 为负温度系数热敏电阻。当温度低于 26℃时，RT 阻值升高，NE555 时基电路的②脚为低电平，则③脚由低电平输出变为高电平输出，继电器 K 导通，触点吸合，加热管开始加热。直到温度恢复到 26℃时，RT 阻值变小，NE555 时基电路的②脚处于高电平，③脚输出低电平，继电器 K 失电，触点断开，加热停止。

d. 电路元器件参数计算。电路元器件的参数计算比较麻烦，并且实际计算出的数值在电路中可能不适用，还需要根据经验处理电路元器件参数。

（2）电路移植大法设计一　以上是利用 NE555 设计的电路，那么如何采用移植大法呢？鱼缸水温自动控制电路还算是一个简单的电路，在设计方面没有特殊之处。如果想要设计一个养鱼用的鱼塘水位自动控制器（当水位低时自动补水），按照常规的设计方法，需要自己找各种元器件，计算各种元器件参数，照这样设计一个电路需要很多知识，需要很长时间。但是，对前面介绍的鱼缸自动控制电路稍加改进，即可得到鱼塘水位自动控制器电路。如图 1-17 所示，按照 NE555 芯片功能，再加上上述的电源电路和水位检测电路、抽水执行电路，组成了想要设计的鱼塘水位自动控制器电路。

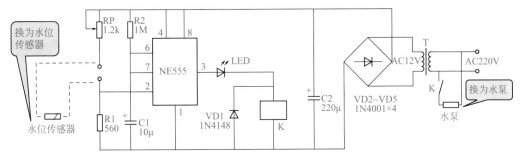

图 1-17　鱼塘水位自动控制器电路

在图 1-17 中，只是把图 1-16 中负温度系数热敏电阻、风机更换为水位传感器和水泵，其他元器件不变，就可轻松地设计出一个新的控制电路。

下面再看一个例子，所设计的除湿自动控制器电路，可用于工业企业自动除湿、计算机房自动除湿，如图 1-18 所示。

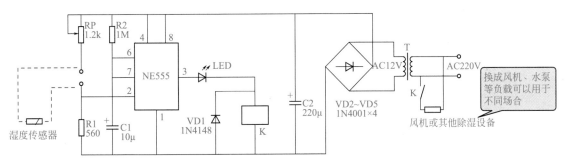

图 1-18　除湿自动控制器电路

图 1-18 中输入端更换为湿度传感器，负载换为风机或其他除湿设备，电路可用于农业种植养殖大棚自动通风或除湿用。把负载换成水泵还可以制作成自动灌溉控制器，当土壤干燥缺水时可自动控制灌溉。

同样是 555 时基电路，可以制作出成百上千种电路，因此要想制作出更多的电路，就要再深入了解和掌握一些 555 时基电路的功能及工作状态（表 1-2）。

表1-2　555时基电路的应用

电路名称	原理图	工作原理	波形图
单稳态		R、C 组成定时电路。常态为稳态，输出端③脚 U_o=0，放电端⑦脚导通到地，C 上无电压 　在输入端②脚输入一负触发信号 U_i（$\leqslant 1/3V_{CC}$）时，电路翻转为暂态，U_o=1，⑦脚截止，电源经 R 对 C 充电。当 C 上电压 U_C 达到 $2/3V_{CC}$ 时，电路再次翻转到稳态，脉宽 T_W=1.1RC，见波形图	

续表

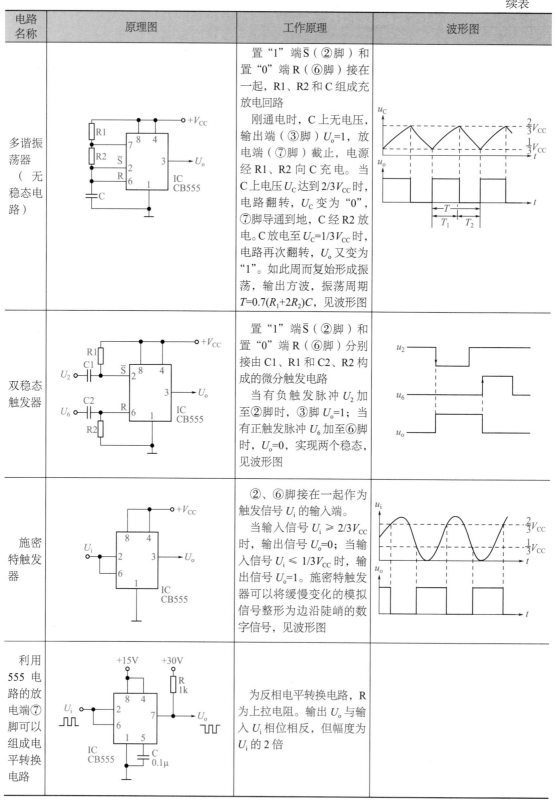

电路名称	原理图	工作原理	波形图
多谐振荡器（无稳态电路）		置"1"端$\overline{S}$（②脚）和置"0"端R（⑥脚）接在一起，R1、R2和C组成充放电回路。刚通电时，C上无电压，输出端（③脚）$U_o=1$，放电端（⑦脚）截止，电源经R1、R2向C充电。当C上电压U_C达到$2/3V_{CC}$时，电路翻转，U_C变为"0"，⑦脚导通到地，C经R2放电。C放电至$U_C=1/3V_{CC}$时，电路再次翻转，U_o又变为"1"。如此周而复始形成振荡，输出方波，振荡周期$T=0.7(R_1+2R_2)C$，见波形图	
双稳态触发器		置"1"端$\overline{S}$（②脚）和置"0"端R（⑥脚）分别接由C1、R1和C2、R2构成的微分触发电路。当有负触发脉冲U_2加至②脚时，③脚$U_o=1$；当有正触发脉冲U_6加至⑥脚时，$U_o=0$，实现两个稳态，见波形图	
施密特触发器		②、⑥脚接在一起作为触发信号U_i的输入端。当输入信号$U_i \geq 2/3V_{CC}$时，输出信号$U_o=0$；当输入信号$U_i \leq 1/3V_{CC}$时，输出信号$U_o=1$。施密特触发器可以将缓慢变化的模拟信号整形为边沿陡峭的数字信号，见波形图	
利用555电路的放电端⑦脚可以组成电平转换电路		为反相电平转换电路，R为上拉电阻。输出U_o与输入U_i相位相反，但幅度为U_i的2倍	

续表

电路名称	原理图	工作原理	波形图
利用 555 时基电路的复位端④脚可组成同相电平转换电路	+15V　+30V　R 1k　8　4　7　5　U_i　U_o　1　IC CB555　C 0.1μ	输出 U_o 与输入 U_i 相位相同，且 $U_o=2U_i$	
延时关灯电路	VD2 1N4001　SB E　C1 47μ　+9V　8 4　2　6　3　K　EL ~220V　VD1 1N4001　R1 510k　1 5　IC NE555　C2 0.1μ	555 接成单稳态模式，C1、R1 为定时元件。按一下 SB，照明灯 EL 亮，延时约 25s 后自动关灯	
可调脉冲信号发生器	R1 510Ω　+15V　R2 510Ω　7 8 6　NE555　3　OUT1　VD1 1N4148　2　1 5　C3 1μ　VD2 1N4148　C2 0.1μ　OUT2　RP1 20k　R3 10k　RP2 1M　C1 6800p	555 接成暂态，RP2 为频率调节，RP1 为占空比调节。输出 100Hz～10kHz 的方波，占空比可在 5%～95% 之间调节。OUT1 输出脉冲方波，OUT2 输出交流方波	

　　通过了解表 1-2，可以利用 555 时基电路设计出很多电路。大家可能觉得这种设计思路过于简单，用了很多原有数据，实际应用中对于各种集成电路必须要有厂家提供的技术参数（电路功能、引脚功能、工作电压）以及最小应用单元单路，才能在此基础上进行设计应用，没有这些原有数据，再好的集成电路也是废芯片，再高明的设计人员也很难设计出合理的电路。因此，要想学会电子技术，学会电路设计，快速入门或者快速设计电路，就必须先学会这种拿来主义法——移植大法，利用芯片厂家提供的设计成熟的集成电路芯片可以节约很多时间。只有这样，初学者才能带着好奇心继续学下去，快速步入电子设计之门。

　　（3）电路移植大法设计二　下面设计一个电源电路，看看如何在一张框图上设计基本的电路。

　　第一步：根据电路工作原理绘制电路原理框图。这个比较容易，而且比电路原理图更容易得到。框图内容越具体，转化为原理图越容易。图 1-19 是串联型稳压电源方框图。

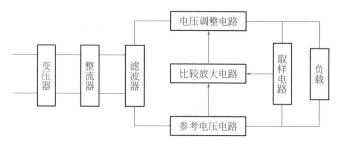

图 1-19　串联型稳压电源方框图

第二步：将框图变为原理图。先将每个方框的内容变为单元电路。

① 变压器单元电路如图 1-20 所示。变压器的原理图比较简单，但实际是整个电路设计中最难的部分。

② 整流（器）单元电路如图 1-21 所示。

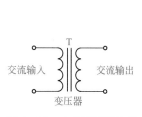

图 1-20　变压器单元电路

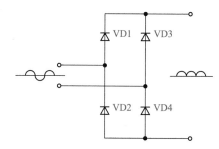

图 1-21　整流器单元电路

整流器将正弦波整流为只有正半周期的电压，频率变为之前的 2 倍。

③ 滤波（器）单元电路如图 1-22 所示。

滤波器电路一般使用电容和电感，用电容最简单。

④ 电压调整电路如图 1-23 所示。

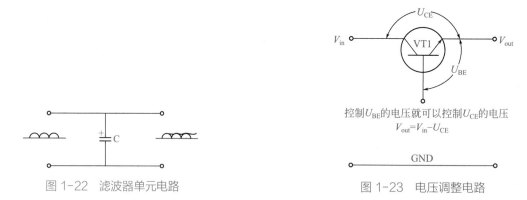

图 1-22　滤波器单元电路

图 1-23　电压调整电路

利用三极管 VT 的 U_{CE} 可变，来控制其分压的大小，保持输出电压不变。

⑤ 比较放大电路如图 1-24 所示。

采用反相放大电路，控制电压大于参考电压与 U_{BE} 之和，三极管 VT2 工作在放大状态才能起控制作用，控制电压控制 V_{out}（输出电压）的大小。

⑥ 参考电压电路如图 1-25 所示。

V_{ref} 即反相放大器的参考电压，参考电压为稳压二极管的电压。

⑦ 电压取样电路如图 1-26 所示。

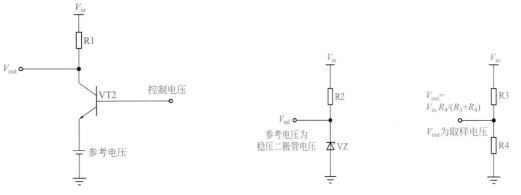

图 1-24 比较放大电路　　　图 1-25 参考电压电路　　　图 1-26 电压取样电路

取样电路采用最简单的电阻分压电路。

⑧ 最终组合电路如图 1-27 所示。

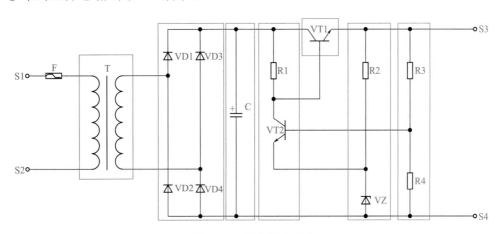

图 1-27 最终组合电路

最后将框图中的各部分按照框图进行组合，即可以完成电路图的初步转化。

此外，还要具体分析各个部分如何合理地组合在一起。这些基础分析属于电路分析的内容。图中的各个框内的电路都可视作二端网络。

通过上述电源电路设计，可知整个电路是由最基础的单元电路构成的，而单元电路又是由元器件按照不同规律的组合形成的。

第**2**章

从放大器到模拟电路设计

2.1 放大器设计

2.1.1 常见三极管放大电路

（1）共发射极放大电路 图 2-1 所示为共发射极放大电路的基本组成电路图。它的特点是：对电压、电流和功率都能进行放大，且输入电阻和输出电阻适中，因此被广泛使用。共射极放大电路对输入的信号电压还具有倒相作用，常用在低频放大电路的输入级、中间级或输出级。

（2）共基极放大电路 图 2-2 所示为共基极放大电路的基本组成电路图。它的主要特点是：输入阻抗低，其放大倍数和共发射极放大电路差不多，频率响应特性好，常用于高频情况下。

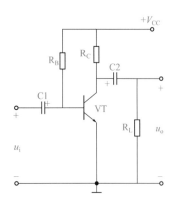

图 2-1 共发射极放大电路的基本组成电路图

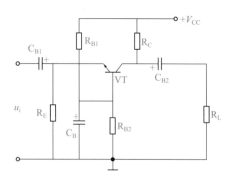

图 2-2 共基极放大电路的基本组成电路图

（3）**共集电极放大电路** 图 2-3 所示为共集电极放大电路的基本组成电路图，它的特点是：电压放大倍数接近而略小于 1，电压跟随特性好；具有一定的电流和功率放大能力；与共发射极放大电路和共集电极放大电路相比，输入阻抗最高，输出阻抗最低。在多级放大电路中，因其具备阻抗变换作用，常用作中间级以隔离前后级间的影响；也可用作输出级，提高不定期负载的能力。

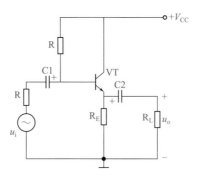

图 2-3 共集电极放大电路的基本组成电路图

2.1.2 三极管放大电路直流工作点的估算

直流工作状态是指三极管处于无信号输入的状态，此时电路中各处的电压、电流都是直流量，通常又称为静态。静态工作点则是静态时三极管直流电压 U_{BE}、U_{CE} 和直流电流 I_B、I_C 的统称，用 Q 表示。

三极管放大电路的常见分析方法有图解法、等效电路法和估算法。本节主要介绍较为简便的估算法。

（1）**固定偏置电路** 按估算法求静态工作点：

$$I_{BQ} = \frac{V_{CC} - U_B}{R_B} \approx \frac{V_{CC}}{R_B}$$

$$I_{CQ} = \beta I_{BQ} + I_{CEQ} \approx \beta I_{BQ}$$

$$U_{CEQ} = V_{CC} - I_{CQ}R_C$$

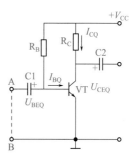

一般情况下规定将 NPN 型三极管看作是硅管且 U_{BEQ} 是 0.7V，PNP 型三极管看作是锗管且 U_{BEQ} 是 0.3V，在估算法中可忽略不计。

图 2-4 所示的放大器中，设 $V_{CC}=10V$，$R_B=100k\Omega$，$R_C=3k\Omega$，若三极管电流放大系数 $\beta=20$，试估算静态工作点。

图 2-4 静态工作点

从电路图可知，三极管是 NPN 型，$U_{BEQ}=0.7V$，则

$$I_{BQ} \approx \frac{V_{CC}}{R_B} = \frac{10V}{100k\Omega} = 100\mu A$$

$$I_{CQ} \approx \beta I_{BQ} = 20 \times 100\mu A = 2mA$$

$$U_{CEQ} = V_{CC} - I_{CQ}R_C = 10V - 2mA \times 3k\Omega = 4V$$

静态工作点的设置对放大电路是很重要的，它关系到电压的增益以及波形的失真情况。

因此为了使放大器得到较好的性能，必须先设置合适的静态工作点。还有多种原因造成静态工作点不稳定，如电源电压不稳定、三极管老化等，其中温度的变化对三极管参数的变化影响也很大。而固定偏置电路的温度稳定性较差，只能用在环境温度变化不大、要求不高的场合。

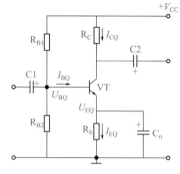

（2）分压式稳定工作点偏置电路　图2-5所示为分压式稳定工作点偏置电路，该电路可以有效地抑制温度对静态工作点的影响。其工作原理：当温度升高时，I_{CQ} 增大引起 I_{EQ} 相应增大，则 R_E 上的电压降 $U_{EQ}=I_{EQ}R_E$ 也增大，U_{BQ} 保持不变，$U_{BEQ}=U_{BQ}-U_{EQ}$，则 U_{BEQ} 减小，使得 I_{BQ} 减小，从而抑制了 I_{CQ} 的增加，达到稳定静态工作点的目的。

图2-5　分压式稳定工作点偏置电路

静态工作点的计算：

$$U_{BQ}=V_{CC}\frac{R_{B2}}{R_{B1}+R_{B2}}$$

$$U_{EQ}=U_{BQ}-U_{BEQ}$$

$$I_{CQ}=I_{EQ}=\frac{U_{EQ}}{R_E}$$

$$U_{CEQ}=V_{CC}-I_{CQ}R_C-I_{EQ}R_E=V_{CC}-I_{CQ}(R_C+R_E)$$

2.1.3　反馈电路及应用

（1）各种反馈　反馈就是指放大电路把输出信号（电压或电流）的一部分或全部，通过一定方式送回到输入回路，从而影响放大电路输入信号的过程。反馈电路在电子电路中应用非常广泛。在放大电路中接入负反馈电路后可使放大电路放大倍数的稳定性、非线性失真和频率特性等性能都得到改善，故负反馈电路广泛应用于自动控制系统及各种放大电路中，如电视机中的 AGC 电路就是负反馈电路，视放级也设计为电流负反馈电路以稳定工作点及补偿频响等。正反馈电路可以提高放大倍数，故也得到了广泛应用，如彩电开关电源电路及行、场振荡电路都采用了正反馈电路。

根据反馈电路与输入电路及输出电路的连接方式，负反馈可以归纳为四种类型：串联电流负反馈、串联电压负反馈、并联电压负反馈和并联电流负反馈。

①正反馈和负反馈　反馈信号增强了原输入信号的称为正反馈，反馈信号削弱了原输入信号的称为负反馈。判别方法：常采用瞬时极性法来进行判断。

a. 先假设输入信号电压瞬时极性为正。

b. 根据"共发射极电路集电极电位与基极电位的瞬时极性相反、发射极电位与基极电位的瞬时极性相同"规律，确定出各极电位的瞬时极性。

c. 当反馈信号回到输入端的基极上时，若两者同极性则表示增强了原输入信号，为正反馈；若不同极性则表示削弱了原输入信号，为负反馈。当反馈信号回到输入端的发射极上时，若两者同极性则表示削弱了原输入信号，为负反馈；若不同极性则表示增强了原输入信号，为正反馈。

② 电压反馈和电流反馈　反馈信号与输出电压成正比的称为电压反馈，反馈信号与输出电流成正比的称为电流反馈。判断方法：常采用输出短路法来进行判断，使输出电压为零，即输出端短路，此时看反馈信号是否还存在，若消失则表示为电压反馈，若存在则表示为电流反馈。

③ 串联反馈和关联反馈　反馈信号与输入信号以电压的形式在输入端串联的反馈称为串联反馈，反馈信号与输入信号以电流的形式在输入端并联的反馈称为并联反馈。判别方法：若输入端短路，反馈信号被短路则称为并联反馈。一般情况下，反馈信号加到共发射极电路基极的反馈称为并联反馈，反馈信号加到共发射极电路发射极的反馈称为串联反馈。

④ 交流反馈和直流反馈　存在于放大电路直流通路中影响直流性能的反馈称为直流反馈，存在于放大电路交流通路中影响交流性能的反馈称为交流反馈。

 **看电路判断反馈类型**

根据下面具体的反馈电路来进行判断。

例2-1　试判断图中电路的反馈组态

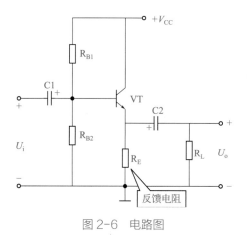

图 2-6　电路图

图 2-6 所示电路是一个共集电极电路（射极输出器）。从图中可看出发射极所接的电阻 R_E 就是反馈电阻。根据瞬时极性法可判断出该电路是负反馈，又因为它既接在输出端上又接输入级三极管发射极，因此可判断出它是电压串联负反馈。

例2-2　试判断图中电路的反馈组态

图 2-7 所示电路图是一个两级放大器，图中电阻 R 与输入端、输出端都有联系，所以 R 肯定是反馈电阻。根据瞬时极性法可判断出该电路是正反馈，又因为 R 既接在输出端上又接

在输入端三极管的基极上，所以可判断出它是电压并联正反馈。

例2-3 试判断图中电路的反馈组态

如图 2-8 所示是一个两级放大器，与输入端、输出端有联系的两个电阻为 R、R_f。根据瞬时极性法可判断出经反馈电阻 R 引入的是负反馈，且 R 加在输入端三极管 VT1 基极上，可见是直流并联负反馈。因反馈信号与输出电流成比例，故为电流反馈。结论：R 引入的是直流电流并联负反馈。

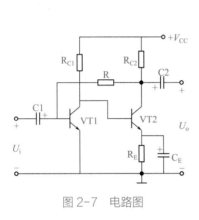

图 2-7　电路图

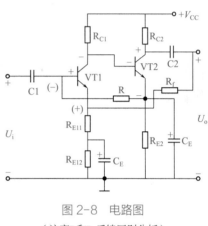

图 2-8　电路图

（注意R和R_f反馈区别分析）

根据瞬时极性法可判断出经反馈电阻 R_f 引入的是交流负反馈，且 R_f 加在输出端上，可见是电压负反馈。因 R_f 的反馈信号和输入信号加在三极管的两个输出电极上，反馈信号回到发射极，故为串联反馈。结论：R_f 引入的是交流电压串联负反馈。

（2）实际反馈电路　在通信、导航、遥测遥控系统中，由于受发射功率大小、收发距离远近、电波传播衰落等各种因素的影响，接收机所接收的信号强弱变化范围很大（信号最强时与最弱时可相差几十分贝）。如果接收机增益不变，则信号太强时会造成接收机饱和或阻塞，而信号太弱时又可能被丢失，因此，必须采用自动增益控制（AGC）电路，利用反馈电路使接收机的增益随输入信号的强弱而变化。AGC 电路是接收机中几乎不可缺少的辅助电路，在发射机或其他电子设备中，AGC 电路也有广泛的应用。下面简单分析一个具体的 AGC 电路。

图 2-9 所示为晶体管收音机中的简单 AGC 电路。R2、C4 组成低通滤波器，从检波后的音频信号中取出缓变直流分量作为控制信号直接对三极管进行增益控制。经分析可知，这是反向 AGC。调节可变电阻 RP1，可以使低通滤波器的截止频率低于解调后音频信号的最低频率，避免出现反调制。

从图 2-9 中可看出 RP1 为反馈电阻。根据检波二极管 VD1 的接法，检波后的直流分

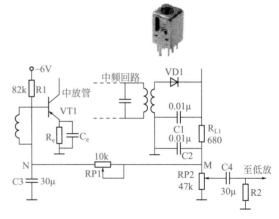

图 2-9　晶体管收音机中的简单 AGC 电路

量由 M 点流入地，因此 U_M 对地为正。当输入信号增大时，U_M 增加，U_M 通过电阻 RP1 加到 VT1 基极的电压也增加。VT1 是 PNP 型三极管，所以中放管 VT1 的发射结偏压 U_{BE} 下降，集电极电流 I_{C1} 减小，从而使中放管的增益下降。当输入信号减弱时，U_M 下降，U_{BE} 上升，从而使中放管的增益上升，通过反馈电路实现了自动增益控制的作用。

2.1.4 运算放大器的类型与参数

（1）**运算放大器** 集成运算放大器是一种具有高增益、高输入阻抗和低输出阻抗的直接耦合放大器。运算放大器电路大致可分为输入级、中间级和输出级。输入级采用差动放大电路，目的是减小零点漂移；中间级采用具有高增益的放大电路；输出级采用互补对称放大电路，这样使输出阻抗降低，从而提高了电路的带负载能力。

集成运算放大器在电路中的图形符号如图 2-10 所示。图中"△∞"表示额定开路增益很高；左边表示输入端，"+"表示同相端，"−"表示反相端；右边表示输出端。

图 2-10 集成运算放大器的图形符号

（2）**运算放大器的主要参数**

① 开环差模电压增益 A_{UD} 指运算放大器工作在线性区，且外围未接负反馈电路时，输出电压与两输入端间电压的比值，又可称为开环放大倍数。

② 输入失调电压 U_{IO} 实际的运算放大器差分输入级很难做到完全对称，通常为使输入电压为零时，输出电压也为零，在输入端间加的补偿电压称为输入失调电压。U_{IO} 越小，表明电路对称性越好。

③ 输入失调电流 I_{IO} 指输出电压为零时，运算放大器两输入端静态基极电流之差。

④ 输入偏置电流 I_{IB} 指输出电压为零时，运算放大器两输入端静态基极电流的平均值。I_{IB} 越小，表示信号源内阻对输出电压影响越小，性能越好。

⑤ 静态功耗 P_c 指输入电压为零，输出端空载时所消耗的功率。

⑥ 共模抑制比（CMRR）K_{CMR} 指运算放大器开环时，差模放大倍数 A_{UD} 与共模放大倍数 A_{UC} 的比值。

⑦ 开环频宽（开环带宽）BW 指开环差模电压增益下降 3dB 时对应的频率 f_H。

（3）**运算放大器的分类及应用范围** 通用型运算放大器具有较高的差模输入电压和共模输入电压、输出端有短路保护功能、高电压增益等优点。除通用型外，运算放大器还具有特殊型，主要分以下几类。

① 高输入阻抗型 其差模输入电阻大于 $10^9 \sim 10^{12}\Omega$，输入偏置电流较小。该运算放大器被广泛用于有源滤波器、取样-保持放大器、对数和反对数放大器及 A/D 与 D/A 转换器等方面。

② 高精度型（又称低漂移型） 一般用于毫伏量级或更精密的弱信号检测仪、高精度稳压电源或自动控制仪表中。

③ 低功耗型 这种运算放大器要求电源电压为 ±15V 时，最大功耗不大于 6mW。该运算放大器一般应用于对能源有严格控制的遥测、遥感、生物医学和空间技术研究的设备中。

④ 高压型 能输出较高的电压或较大的功率。

⑤ 高速型 这类运算放大器转换速率大于 30V/μs，通常用于快速 D/A 与 A/D 转换器、精密比较器、锁相环和视频放大器中。

2.1.5 运算放大器的基本应用电路

运算放大器的应用极为广泛，以下举例说明。

（1）线性应用

① 比例运算电路

a. 同相输入比例运算电路。图 2-11 所示为同相输入比例运算电路，在该电路中输入信号 U_i 从同相输入端输入，输出电压 U_o 通过反馈电阻 R_f 回到反相输入端。

已知 $I_i=0$，所以 $U_f=U_i$，且有 $I_f=I_1$，$U_- = U_o \dfrac{R_1}{R_1 + R_f}$，$A_{UD}= \infty$，$U_f - U_- = \dfrac{U_o}{A_{UD}} = 0$，故 $U_f=U_-$。

则有 $U_i = U_o \dfrac{R_1}{R_1 + R_f}$，即 $U_o = \left(1+\dfrac{R_f}{R_1}\right)U_i$

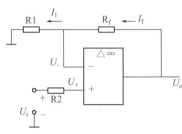

图 2-11 同相输入比例运算电路

从上式可知：输出电压与输入电压同相且有比例关系，所以习惯上称该电路为同相输入比例运算电路。

b. 反相输入比例运算电路。如图 2-12 所示，输入信号 U_i 从反相输入端输入，输出电压通过 R_f 反馈到反相输入端。

已知 $I_i=0$，R2 无压降，则 $U_f=0$，且有 $I_1=I_f$，$I_1 = \dfrac{U_i - U_-}{R_1}$，$I_f = \dfrac{-U_o - U_-}{R_f}$，可得 $\dfrac{U_i - U_-}{R_1} = -\dfrac{U_o - U_-}{R_f}$，又 $U_+=U_-=0$，则推出

$$U_o = -\dfrac{R_f}{R_1}U_i$$

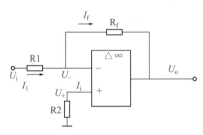

图 2-12 反相输入比例运算电路

从上式可知：输出电压与输入电压反相且存在比例关系，比例常数为 $-R_f/R_1$，所以习惯上称该电路为反相输入比例运算电路。在该电路中，同相输入端接地而反相输入端 U_- 近似为零，故称反相输入端"虚地"。

当 $R_f=R_1$ 时，$U_o=-U_i$，称为反相器。

② 加法比例运算电路 如图 2-13 所示，反相输入端有若干个输入信号，输出电压通过反馈电阻 R_f 接到反相输入端。

为使运算放大器输入端对称，故取 $R_4=R_1//R_2//R_3$。

由 $I_i=0$ 可知同相输入端接地，反相输入端虚地。

$I_1 = \dfrac{U_{i1}}{R_1}$，$I_2 = \dfrac{U_{i2}}{R_2}$，$I_3 = \dfrac{U_{i3}}{R_3}$，$I_1+I_2+I_3=I=I_f$

可得

$$\dfrac{U_{i1}}{R_1}+\dfrac{U_{i2}}{R_2}+\dfrac{U_{i3}}{R_3} = -\dfrac{U_o}{R_f}$$

可推出

$$U_o = -R_f\left(\dfrac{U_{i1}}{R_1}+\dfrac{U_{i2}}{R_2}+\dfrac{U_{i3}}{R_3}\right)$$

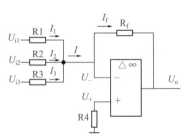

图 2-13 加法比例运算电路

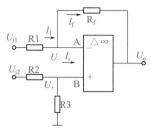

若取 $R_1=R_2=R_3=R_f$ 时，$U_o=-(U_{i1}+U_{i2}+U_{i3})$ 即为加法器。

③ 减法比例运算电路　如图 2-14 所示，两输入信号 U_{i1} 和 U_{i2} 分别通过 R1 和 R2 加到运算放大器两输入端，输出电压通过电阻 R_f 反馈到反相输入端。

为使运算放大器两端对称，通常取 $R_1=R_2$，$R_3=R_f$。

从图中可知，$I_1=\dfrac{U_{i1}-U_-}{R_1}$，$I_f=\dfrac{U_--U_o}{R_f}$。由 $I_i=0$ 可得 $I_1=I_f$，

图 2-14　减法比例运算电路

即 $\dfrac{U_{i1}-U_-}{R_1}=\dfrac{U_--U_o}{R_f}$，可推出 $U_-=\dfrac{U_{i1}R_f+U_oR_1}{R_1+R_f}$。

又知 $U_+=\dfrac{R_3}{R_2+R_3}U_{i2}$，由 $U_+=U_-$ 可得

$$\frac{U_{i1}R_f+U_oR_1}{R_1+R_f}=\frac{R_3}{R_2+R_3}U_{i2}$$

又因 $R_1=R_2$，$R_3=R_f$，故上式化简后得

$$U_o=\frac{R_f}{R_1}\left(U_{i2}-U_{i1}\right)$$

若取 $R_1=R_f$，则 $U_o=U_{i2}-U_{i1}$，可称为减法器。

另外，运算放大器还可以组成积分、微分、乘法、除法、对数等多种运算电路，这里不再介绍。

（2）非线性应用　前面介绍的运算放大器是工作于线性区域的，非线性应用是指运算放大器工作在传输特性的饱和段，即输出电压只有 $\pm U_{om}$ 两种取值。非线性应用很广泛，下面介绍最基本的应用——比较器。

比较器是将输入信号电压 U_i 与参考电压 U_{REF} 进行比较，比较结果用输出电压正、负两种极性来显示。如图 2-15 所示，该比较器输入信号通过电阻 R1 加到运算放大器的同相输入端，参考电压 U_{REF} 加在反相端。

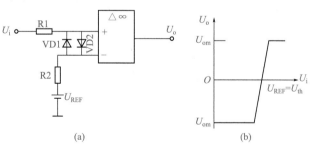

图 2-15　比较器

由于运算放大器开环放大倍数 A_{UD} 很高，当 U_i 略大于 U_{REF} 时，U_i 输出正饱和电压值 $+U_{om}$；当 U_i 略小于 U_{REF} 时，U_i 输出负饱和电压值 $-U_{om}$。把比较器输出电压 U_o 从一个电平跳到另一个电平时对应的输入电平 U_i 的值称为门限电压或阈值电压 U_{th}，在图 2-15 中 $U_{th}=U_{REF}$。

从图 2-15 中可看出，在运算放大器两输入端间接了两个反相二极管 VD1 和 VD2，目的是防止 U_i 和 U_{REF} 相差太大时烧坏运算放大器，起到限幅保护作用，且同时串入了两个限流电阻 R1 和 R2。

在图 2-15 中信号加在了同相端，故称为同相比较器；若信号加在反相端，则称为反相

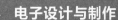

比较器；若参考电压 $U_{REF}=0$，则称为零比较器。

运算放大器还可应用于电源保护电路、定时电路、自动控制电路等众多领域中。

2.1.6　放大电路设计制作实例

 知识拓展 4 》**功率放大电路的设计特点、类型与连接**

（1）功率放大电路的特点

① 输出功率大。

② 效率高。

③ 处于大信号工作状态。

④ 散热好。

（2）功率放大电路的类型

① 甲类功率放大器。

a. 优点。

● 工作点 Q 处于放大区，基本在负载线的中间，如图 2-16 所示。

● 在输入信号的整个周期内，三极管都有电流通过。

● 导通角为 360°。

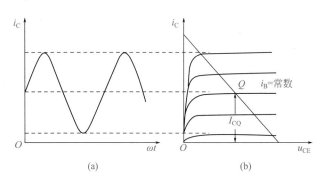

图 2-16　甲类功率放大器的波形及工作点

b. 缺点。

● 效率较低，即使在理想情况下，效率也只能达到 50%。

● 由于有 I_{CQ} 的存在，无论有没有信号，电源始终不断地输送功率。当没有信号输入时，这些功率全部消耗在三极管和电阻上，并转化为热量形式耗散出去；当有信号输入时，其中一部分功率转化为有用的输出功率。

c. 作用：通常用于音频小信号前置电压放大器，也可以用于小功率的功率放大器。

② 乙类功率放大器。

a. 优点。

● 工作点 Q 处于截止区。

- 半个周期内有电流流过三极管，导通角为 180°。
- 由于 $I_{CQ}=0$，使得没有信号时，管耗很小，从而效率得以提高。

b. 缺点：波形被切掉一半，严重失真，如图 2-17 所示。

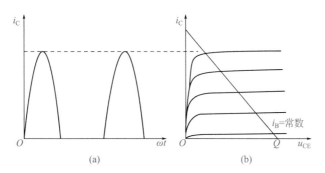

图 2-17　乙类功率放大器的波形及工作点

c. 作用：用于大功率放大。

③ 甲乙类功率放大器。

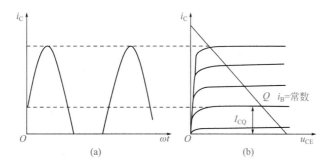

图 2-18　甲乙类功率放大器的波形及工作点

a. 优点。
- 工作点 Q 处于放大区偏下。
- 大半个周期内有电流流过三极管，导通角大于 180° 且小于 360°。
- 由于存在较小的 I_{CQ}，所以效率较乙类低、较甲类高。

b. 缺点：波形被切掉一部分，严重失真，如图 2-18 所示。

c. 作用：用于大功率放大。

（3）常见功放管的连接方式　在图 2-19 所示电路中，两只三极管分别为 NPN 管和 PNP 管，由于它们的特性相近，故称为互补对称管。

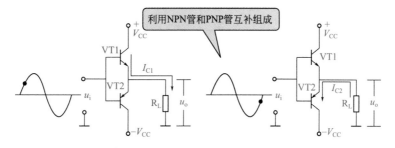

图 2-19　互补对称管电路

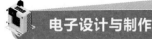

静态时，两管的 $I_{CQ}=0$；有输入信号时，两管轮流导通，相互补充。这样既避免了输出波形的严重失真，又提高了电路的效率。由于两管互补对方的不足，工作性能对称，所以这种电路通常称为互补对称电路。图 2-20 所示为最常见的功放管连接方式。

图 2-20 所示电路具有电路简单、效率高等特点。但由于三极管的 $I_{CQ}=0$，因此在输入信号幅度较小时，不可避免地要产生非线性失真，即交越失真，如图 2-21 所示。因此，该电路不能直接应用于音频功率放大器。

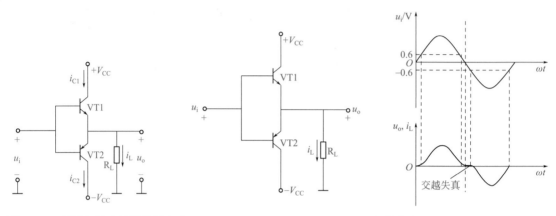

图 2-20　最常见的功放管连接方式　　　　　　　　图 2-21　交越失真

产生交越失真的原因：功率三极管处于零偏置状态，即 $U_{BE1}+U_{BE2}=0$。

解决办法：为消除交越失真，可以给每只三极管一个很小的静态电流，这样既能减少交越失真，又不至于对功率和效率有太大影响，即让功率三极管在甲乙类状态下工作，增大 $U_{BE1}+U_{BE2}$。

例2-4　OTL功放电路设计

OTL（Output Transformer Less）功放电路是没有输出变压器的功放电路。

（1）基本电路　图 2-22 是采用一个电源的互补对称电路，图中由 VT3 组成前置放大级，VT1 和 VT2 组成互补对称电路输出级。静态时，一般只要 R1、R2 有适当的阻值，就可使 VT3 的集电极电流 I_{C3}、VT1 的基极电压 U_{B1} 和 VT2 的基极电压 U_{B2} 达到所需大小，给 VT1 和 VT2 提供一个合适的偏置，从而使 K 点电位 $U_K=V_{CC}/2$。

当有信号 u_i 时，在信号的负半周，VT1 导电，有电流通过负载电阻 R_L，同时向 C2 充电；在信号的正半周，VT2 导电，则已充电的电容 C2 起着电源 $-V_{CC}$ 的作用，通过负载电阻 R_L 放电。只要选择时间常数 τ_{LC} 足够大（比信号 u_i 的最长周期还大得多），就可以认为用电容 C2 和一个电源 V_{CC} 可代替原来的 $+V_{CC}$ 和 $-V_{CC}$ 两个电源的作用。

（2）电路特点

① 静态时 R_L 上无电流。

② VD1、VD2 供给 VT1、VT2 两管一定的正偏压，使两管处于微导通状态，即工作于甲乙类状态。

③ R_C 是 VT3 的集电极负载电阻，B1、B2 两点的直流电位差始终为 1.4V 左右，但交流电压的变化量相等。

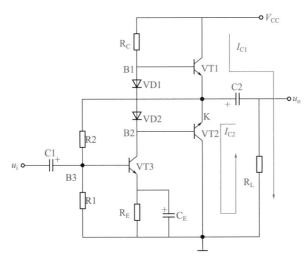

图 2-22　单电源的互补对称电路

④ 仅需使用单电源，但增加了电容 C2，C2 的选择要满足时间常数 τ_{LC} 足够大（比 u_i 的最大周期还要大得多），使 $U_{C2}=0.5V_{CC}$。

VT3 的偏置电压取自 K 点，具有自动稳定 Q 点的作用，调节 R2 可以调整 U_K。

$$U_K \uparrow \rightarrow U_{B3} \uparrow \rightarrow I_{C3} \uparrow \rightarrow U_{B1} \ 与 \ U_{B2} \downarrow$$
$$U_{R2} \leftarrow$$

（3）静态工作点的调整　　电路如图 2-23 所示。

① $U_{C2}=0.5V_{CC}$ 的调整　用电压表测量 K 点对地的电压，调整 R2 使 $U_K=0.5V_{CC}$。

② 静态电流 I_{C1}、I_{C2} 的调整　首先将 RP 的阻值调到最小，接通电源后，在输入端加入正弦信号，用示波器测量负载 R_L 两端的电压波形，然后调整 RP 阻值，直到输出波形的交越失真刚好消失为止。

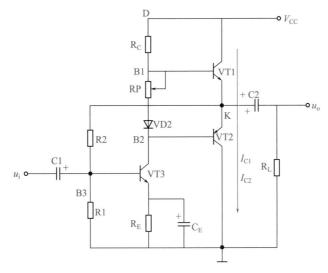

图 2-23　静态工作点的调整电路

（4）存在的问题及解决办法

① 存在问题　上述情况是理想的。实际上，静态工作点的调整电路中的输出电压幅值达

不到 $U_{om}=V_{CC}/2$，这是因为当 u_i 为负半周时，VT1 导通，因而 I_{B1} 增加。由于 R_C 上的压降和 U_{BE1} 的存在，当 K 点电位向 V_{CC} 接近时，VT1 的基极电流将受限制而不能增加很多，因而也就限制了 VT1 输向负载的电流，使 R_L 两端得不到足够的电压变化量，致使 U_{om} 明显小于 $V_{CC}/2$。

② 改进办法　如果要把图中 D 点电位升高，使 $U_D > V_{CC}$，可将图中 D 点与 V_{CC} 的连线切断，U_D 由另一电源供给，则问题即可得到解决。通常的解决方法是在电路中引入由 R_C 等元件组成的所谓自举电路，如图 2-24 所示。

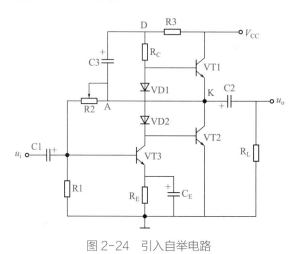

图 2-24　引入自举电路

（5）几点说明

① 由于互补对称电路中的二极管都采用共集电极的接法，所以输入电压必须稍大于输出电压。为此，输入信号需经 1～2 级电压放大后，再用来驱动互补对称功率放大器。

② 应采取复合管解决功率互补管的配对问题。异型管的大功率配对比同型管的大功率配对困难。为此，常用一对同型号的大功率管和一个异型号的小功率管来构成复合管以取代互补对称管。复合管的连接形式如图 2-25 所示。

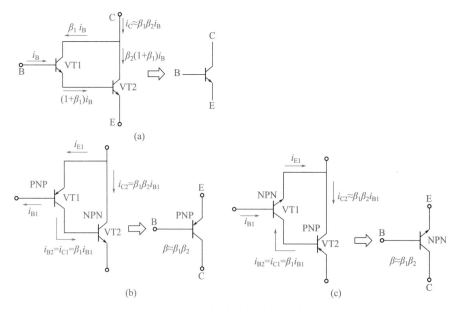

图 2-25　复合管的连接形式

其等效电流放大系数和输入阻抗可以表示为

$$\beta = \frac{i_{C2}}{i_{B1}} = \frac{\beta_2(1+\beta_2)i_{B1}}{i_{B1}} \approx \beta_1 \beta_2$$

$$r_{BE} = r_{BE1} + (1+\beta_2) r_{BE2}$$

③ 必要时注意增加功率管保护电路。

例2-5　OCL功放电路设计

OCL（Output Capacitor Less）功放电路是"没有输出电容器"的功放电路。OCL 电路是一种互补对称输出的单端推挽电路，为甲乙类电路工作方式，是由 OTL（无输出变压器）电路改进设计而成的。它的特点是前置级、推动级、功放级及负载（如扬声器）全部都是直流耦合的，既省略了匹配用的输入、输出变压器，也省略了输出电容器，克服了低频时电容器容抗使扬声器低频输出下跌、低频相移的不足以及浪涌电流对扬声器的冲击，避免了扬声器对电源不对称使正负半周幅度不同而产生的失真，成为当今大功率放音设备的主流电路。

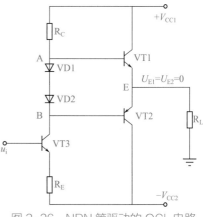

图 2-26　NPN 管驱动的 OCL 电路
（OCL 电路设计时 VT1、VT2 特性对称）

图 2-26 所示是用 NPN 管驱动的 OCL 电路，其特点如下。

① 静态时 R_L 上无电流。

② VD1、VD2 供给 VT1、VT2 两管一定的正偏压，使两管处于微导通状态。

③ R_C 是 VT3 的集电极负载电阻，A、B 两点的直流电位差始终为 1.4V 左右，但交流电压的变化量相等。

④ 电路要求 VT1、VT2 的特性对称。

⑤ 需要使用对称的双电源。

例2-6　集成功率放大器电路设计

集成功率放大器的型号有很多，像 TDA 系列、LA 系列、LM 系列等。由于用集成功率放大器制成的功放电路简单，自制方便，所以应用广泛。

（1）集成功率放大器电路实例

① TDA2822M　集成功放电路 TDA2822M 常用于随身听、便携式 DVD 等中，且具有电路简单、音质好、电压范围宽等特点，是制作小功放的较佳选择。

集成功放电路如图 2-27 所示。用一块集成功放电路 TDA2822M 接成 BTL（桥式推挽）方式（单声道使用，立体声时需要两片），外围元器件只有一个电阻和两个电容，不用装散热器，放音效果也很好。

集成功放电路 TDA2822M 为 8 脚双列直插式封装，如果没有 TDA2822M，可用

TDA2822 代替。TDA2822 的封装与 TDA2822M 相同，它们区别在于：TDA2822M 在 3 ～ 15V 均可工作，而 TDA2822 的最高工作电压只有 8V。使用 TDA2822 必须把电压降到 8V 以下。R 的阻值要求不严格，一般选用 10kΩ 的碳膜电阻。C1 可选用 0.1μF 的涤纶电容，C2 选用 100μF/16V 的电解电容。

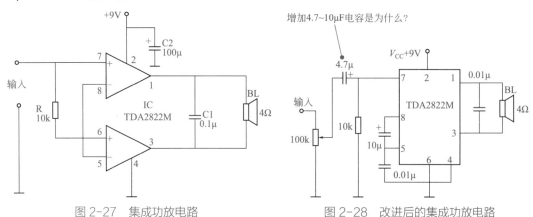

图 2-27　集成功放电路　　　　　图 2-28　改进后的集成功放电路

　　使用时应注意：由于本功放为直接耦合，所以输入信号不能带直流成分。如果输入信号有直流成分，则必须在输入端串接一只 4.7 ～ 10μF 的电容将其隔开，否则将有很大的直流电流流过扬声器，使之发热烧毁。在实践中，若对图 2-27 进行适当的改进则效果更为理想，改进后的电路如图 2-28 所示。如果 TDA2822M 发热烫手，可以给 TDA2822M 加散热器。散热器可以自己动手用铝片制作。

　　② TDA1521A　用高保真 TDA1521A 制作功放电路，具有外围元器件少、不用调试、一装就响的特点，用于随身听功率接续，或用于改造低档计算机有源音箱。

　　TDA1521A 采用 9 脚单列直插式塑料封装，具有输出功率大、两声道增益差小、开关机时扬声器无冲击声以及可靠的过热、过载、短路保护等特点。TDA1521A 既可用双电源供电，也可用单电源供电，如图 2-29（a）、（b）所示。双电源供电时，可省去两个音频输出电容，高低音音质更佳。单电源供电时，电源滤波电容应尽量靠近集成电路的电源端，以避免电路内部自励。制作时应给集成电路装上散热片才能通电试音，否则容易损坏集成电路。散热片尺寸不能小于 200mm × 100mm × 2mm。

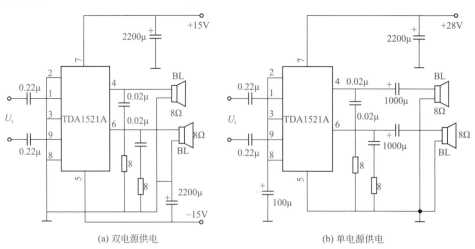

(a) 双电源供电　　　　　(b) 单电源供电

图 2-29　TDA1521A 制作功放电路

（2）设计原则　对于由分立元件组成的功放电路，如果电路选择得好、参数选择恰当、元器件性能优良，则性能也很优良。许多优质功放均是分立功放，但只要其中一个环节出现问题，则性能会低于一般集成功放，且为了不致过载、过电流、过热等损坏元器件，需要加以复杂的保护电路。由分立元件组成的功放电路中，由三极管、二极管、电阻、电容等元器件组成核心电路，提供了自由调整的余地。

分立功放电路设计原则如下。

① 设计指标的给出：确定输出功率 P_o 和负载电阻 R_L。

② 设计步骤。

a. 确定电源电压 E_C。根据输出功率和负载电阻的设计要求，确定电源电压。已知 P_om、R_L，所以 $E_\text{C}= 8P_\text{om}R_\text{L}$。

b. 选取发射极电阻 R_E。R_E 主要用来稳定静态工作点，一般取 $R_\text{E}=（0.05 \sim 0.1）R_\text{L}$。

c. 选择大功率管 VT1 和 VT2。选取大功率管只要考虑三个参数，即三极管 CE 极间承受的最大反向电压 $U_\text{(BR)CEO}$、集电极最大电流 I_CM 和集电极最大功耗 P_CM。

● 当电源电压 E_C 确定之后，VT1 和 VT2 承受的最大反压为

$$U_\text{(BR)CEO}=E_\text{C}$$

● 若忽略管压降，每管最大集电极电流为

$$I_\text{CM}=[E_\text{C}/（R_\text{L}+R_\text{E}）]/2$$

因为 VT1 和 VT2 的发射极电阻 R_E 选得过小，复合管稳定性差，R_E 过大又会损耗较多的输出功率，一般取 $R_\text{E}=（0.05 \sim 0.1）R_\text{L}$。

● 单管最大集电极功耗为

$$P_\text{CM} \geqslant P_\text{om}$$

集成功放电路成熟，低频性能好，内部设计具有复合保护电路，可以增加其工作的可靠性。尤其是集成厚膜器件参数稳定，无须调整，信噪比较小，而且电路布局合理，外围电路简单，保护功能齐全，还可外加散热片解决散热问题。

例2-7　LM1875组成的高品质功放电路设计

（1）LM1875 的参数简介　LM1875 采用 TO-220 封装结构，形如一只中功率管，体积小巧，外围电路简单，且输出功率较大。该集成电路内部设有过载、过热保护以及感性负载反向电势安全工作保护。

LM1875 的主要参数如下。

电压范围：16 ～ 60V。

静态电流：50mA。

输出功率：25W。

谐波失真：< 0.02%（当 f=1kHz、R_L=8Ω、P_o=20W 时）。

额定增益：26dB（当 f=1kHz 时）。

工作电压：± 25V。

转换速率：18V/μs。

LM1875 的极限参数如下。

电源电压（ V_s ）：60V。

输入电压（ V_{in} ）： $-V_{EE} \sim V_{CC}$ 。

工作结温（ T_j ）：+150 ℃。

存储结温（ T_{stg} ）：$-65 \sim +150$℃。

（2）LM1875 的电路特点　LM1875 功率较 TDA2030 及 TDA2009 都大，电压范围为 16 ～ 60V。不失真功率为 20W（ THD =0.08%），THD=1% 时功率可达 40W（人耳对 $THD < 10\%$ 以下的失真没有明显的感觉），保护功能完善。LM1875 是美国国家半导体器件公司生产的音频功放电路，采用 V 形 5 脚单列直插式塑料封装结构，如图 2-30 所示。该集成电路在 ±25V 电源电压、4Ω 负载时可获得 20W 的输出功率，在 ±30V 电源电压、8Ω 负载时可获得 30W 的功率，内置有多种保护电路。它广泛应用于汽车高品质的中功率立体声音响设备，具有体积小、输出功率大、失真小等特点。

图 2-30　LM1875 外形

（3）LM1875 的典型应用电路　LM1875 的典型应用电路分为两种：一种为单电源供电，另一种为双电源供电。两种典型应用电路如图 2-31 所示。

　　LM1875 单电源供电与双电源供电的基本工作原理相同，不同之处在于：单电源供电时，采用 R1、R2 分压，取 $1/2V_{CC}$ 作为偏置电压经过 R3 加到①脚，使输出电压以 $1/2V_{CC}$ 为基准上下变化，因此可以获得最大的动态范围。但在这里只希望能对音频放大器的音量和音频进行调节，即得到更理想更直观的设计，在此次设计中采用双电源供电的方法。

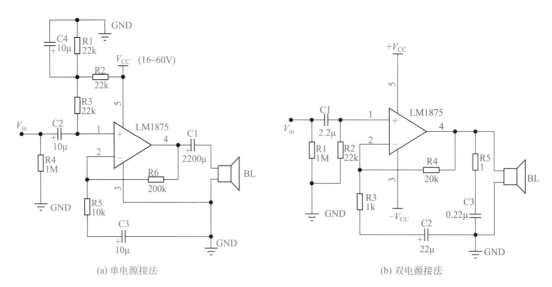

(a) 单电源接法　　　　　　　　　　　　(b) 双电源接法

图 2-31　LM1875 的典型应用电路

（4）双电源 LM1875 音频功率放大器设计　按照上面介绍，利用 Protel 99 软件画出双电源 LM1875 音频功率放大器原理图，如图 2-32 所示。

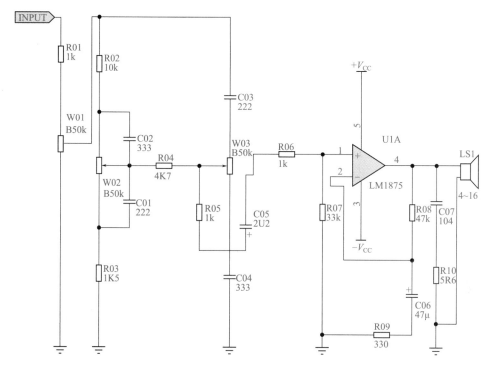

图 2-32　双电源 LM1875 音频功率放大器原理图

电路设计原理：LM1875 功放板由衰减式音调控制电路、LM1875 放大电路以及电源供电电路三大部分组成。音调部分采用的是高低音分别控制的衰减式音调控制电路。其中的 R02、R03、C02、C01、W02 组成低音控制电路；C03、C04、W03 组成高音控制电路；R04 为隔离电阻；W01 为音量控制器，调节放大器的音量大小；C05 为隔直电容，防止后级 LM1875 的直流电位对前级音调电路的影响。放大电路主要采用 LM1875，由 LM1875、R08、R09、C06 等组成，电路的放大倍数由 R08 与 R09 的比值决定，C06 用于稳定 LM1875 的④脚直流零电位的漂移，但是对音质有一定的影响。C07、R10 的作用是防止扬声器产生低频自励。扬声器的负载阻抗为 $4 \sim 16\Omega$。

为了保证功放的音质，电源的输出功率不得低于 80W，输出电压为 $2 \times 25V$。阻值标注 104（即 $100k\Omega$）的独石电容是高频滤波电容，有利于放大器的音质。

（5）双电源 LM1875 音频功率放大器印制电路板图　在电路原理图的基础上，绘制印制电路板图，如图 2-33 所示。

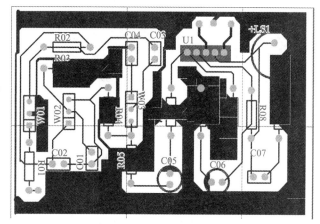

图 2-33　双电源 LM1875 音频功率放大器印制电路板图

例2-8 有源滤波器设计

（1）滤波器的组成及特性 滤波器（filter）是一种能从信号中选出有用频率信号、衰减无用频率信号的电路，它在无线电通信、自动控制和各种测量系统中有着重要的应用。滤波器有无源滤波器和有源滤波器之分，这里主要介绍有源滤波器的基本应用电路，供读者在设计时参考。

滤波器主要采用无源元件 L、C 组成，称为无源 LC 滤波器。LC 滤波器在高频领域应用中具有无可置疑的优点，一直使用至今；但在低频工作时，为了获得良好的选择性，电感和电容都必须做得很大，以致体积、重量、价格等都超出实际应用的范围。自 20 世纪 60 年代以来，由于集成运放的迅速发展，由 RC 和集成运放组成的有源滤波器获得了发展。有源滤波器的主要优点是：不用电感，因而体积小、重量轻，便于集成化；因集成运放具有高增益、高输入阻抗、低输出阻抗，所构成的有源滤波器具有一定的电压增益和良好的隔离性能，便于级联。有源滤波器的主要缺点是：受集成运放带宽的限制，其工作频率较低，所以仅适用于低频范围。

滤波器通常按所能传输信号的频率范围来分类，可分为低通、高通、带通、带阻四大类。低通滤波器（low-pass filter）是指能让低频信号通过而高频信号不能通过的滤波器；高通滤波器（high-pass filter）的性能则与低通滤波器相反；带通滤波器（band-pass filter）是指能让某一个频率范围的信号通过而在此之外的信号不能通过的滤波器；带阻滤波器（band-elimination filter）的性能与带通滤波器相反。这四种类型的滤波器的理想特性如图 2-34 所示。

图 2-34 中 ω_c 为截止角频率（cut-off frequency），它是指传输函数的幅值由最大值下降 3dB 时所对应的角频率；ω_0 为带通滤波器或带阻滤波器的中心角频率（center frequenvy）。ω_c、ω_0 都是滤波器的重要指标。

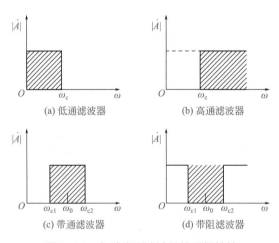

(a) 低通滤波器   (b) 高通滤波器

(c) 带通滤波器   (d) 带阻滤波器

图 2-34 各种类型滤波器的理想特性

（2）二阶有源低通滤波器 理想幅频特性的滤波器是很难实现的，只能用实际滤波器的幅频特性去逼近理想的滤波器。一般来说，滤波器的阶数 n 越高，幅频特性衰减的速率越快，越接近理想的滤波器，但 RC 网络的阶数越高，元器件参数计算越烦琐，电路调试越困难。所以这里主要介绍具有巴特沃斯响应的二阶有源低通滤波器的基本设计方法。

① 基本原理　典型的二阶有源低通滤波器如图 2-35 所示。为防止自励和抑制尖峰脉冲，在负反馈回路可增加电容 C3，C3 的容量一般为 22 ～ 51pF。该滤波器每阶 RC 电路衰减 -20dB/10 倍频程，每级滤波器衰减 -40dB/10 倍频程。

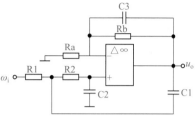

图 2-35　典型的二阶有源低通滤波器

a. 二阶有源低通滤波器传递函数的关系式为

$$A(s) = \frac{A_{\mathrm{Uf}}\omega_{\mathrm{n}}^2}{s^2 + \dfrac{\omega_{\mathrm{n}}}{Q}s + \omega_{\mathrm{n}}^2}$$

式中，A_{Uf}、ω_{n}、Q 分别表示如下。

通带增益：$A_{\mathrm{Uf}} = 1 + \dfrac{R_{\mathrm{b}}}{R_{\mathrm{a}}}$

固有角频率：$\omega_{\mathrm{n}} = \dfrac{1}{\sqrt{R_1 R_2 C_1 C_2}}$

品质因数：$Q = \dfrac{\sqrt{R_1 R_2 C_1 C_2}}{C_2(R_1 + R_2) + (1 - A_{\mathrm{Uf}})R_1 C_1}$

b. 设计二阶有源低通滤波器时选用 R、C 的两种方法。

方法一：设 $A_{\mathrm{Uf}} = 1$，$R_1 = R_2 = R$，则 $R_{\mathrm{a}} = \infty$，以及

$$Q = \frac{1}{2}\sqrt{\frac{C_1}{C_2}}, \quad f_{\mathrm{n}} = \frac{1}{2\pi R\sqrt{C_1 C_2}}, \quad C_1 = \frac{2Q}{\omega_{\mathrm{n}} R}, \quad C_2 = \frac{1}{2Q\omega_{\mathrm{n}} R}, \quad n = \frac{C_1}{C_2} = 4Q^2$$

方法二：$R_1 = R_2 = R$，$C_1 = C_2 = C$，则有

$$Q = \frac{1}{3 - A_{\mathrm{Uf}}}, \quad f_{\mathrm{n}} = \frac{1}{2\pi RC}$$

由上式得知 f_{n}、Q 可分别由 R、C 值和通带增益 A_{Uf} 来单独调整，相互影响不大，因此该设计法对要求特性保持一定 f_{n} 且在较宽范围内变化的情况比较适用，但必须使用精度和稳定性均较高的元件。

② 设计实例　要求设计如图 2-35 所示的具有巴特沃斯特性（$Q \approx 0.71$）的二阶有源低通滤波器，$f_{\mathrm{n}} = 1\mathrm{kHz}$。按方法一和方法二两种设计方法分别进行计算，可得出如下两种结果。

方法一：取 $A_{\mathrm{Uf}} = 1$，$Q \approx 0.71$，选取 $R_1 = R_2 = R = 160\mathrm{k}\Omega$，可得

$$\frac{C_1}{C_2} \approx 2, \quad f_{\mathrm{n}} = \frac{\omega_{\mathrm{n}}}{2\pi}, \quad C_1 = \frac{2Q}{\omega_{\mathrm{n}} R} = 1400\mathrm{pF}, \quad C_2 = \frac{C_1}{2} = 700\mathrm{pF}$$

方法二：取 $R_1 = R_2 = R = 160\mathrm{k}\Omega$，$Q = 0.71$，从而可得

$$C_1 = C_2 = \frac{1}{2\pi f_{\mathrm{n}} R} = 0.001\mu\mathrm{F}$$

（3）二阶有源高通滤波器

① 基本原理　高通滤波器与低通滤波器几乎具有完全的对偶性，把图 2-35 中的 R1、R2

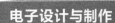

和 C1、C2 位置互换就构成如图 2-36 所示的二阶有源高通滤波器。两者的参数表达式与特性也有对偶性。

a. 二阶有源高通滤波器的传递函数为

$$A(s) = \frac{A_{Uf}\omega_n^2}{s^2 + \dfrac{\omega_n}{Q}s + \omega_n^2}$$

式中：

$$A_{Uf} = 1 + \frac{R_b}{R_a}, \ \omega_n = \frac{1}{\sqrt{R_1 R_2 C_1 C_2}}, \ Q = \frac{1/\omega_n}{R_2(C_1 + C_2) + (1 - A_{Uf})R_2 C_2}$$

b. 二阶有源高通滤波器中 R、C 参数的设计方法也与二阶有源低通滤波器相似，有以下两种。

方法一：设 $Q=1$，取 $C_1=C_2=C$，根据所要求的 Q、f_n（ω_n）、A_{Uf} 可得

$$R_1 = \frac{2Q}{\omega_n C}, \ R_2 = \frac{1}{2Q\omega_n C}, \ n = \frac{R_1}{R_2} = 4Q^2$$

方法二：设 $C_1=C_2=C$，$R_1=R_2=R$，根据所要求的 Q、ω_n，可得

$$A_{Uf} = 3 - \frac{1}{Q}, \ R = \frac{1}{\omega_n C}$$

有关这两种方法的应用特点与二阶有源低通滤波器情况完全相同。

② 设计实例　设计如图 2-36 所示的具有巴特沃斯特性的二阶有源高通滤波器（$Q \approx 0.71$），已知 $f_n=1\text{kHz}$，计算 R、C 的参数。

若按方法一：设 $A_{Uf}=1$，选取 $C_1=C_2=C=1000\text{pF}$，求得 $R_1=112\text{k}\Omega$，$R_2=216\text{k}\Omega$，各选用 $110\text{k}\Omega$ 与 $220\text{k}\Omega$ 标称值即可。

若按方法二：选取 $R_1=R_2=R=160\text{k}\Omega$，求得 $A_{Uf}=1.58$，$C_1=C_2=C=1000\text{pF}$。

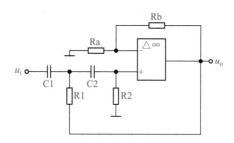

图 2-36　二阶有源高通滤波器

（4）二阶有源带通滤波器

① 基本原理　带通滤波器（BPF）能通过规定范围的频率，这个频率范围就是电路的带宽 BW，滤波器的最大输出电压峰值出现在中心频率 f_0 的频率点上。带通滤波器的带宽越窄，选择性越好，也就是电路的品质因数 Q 越高。电路的 Q 值可用下式求出：

$$Q = \frac{f_0}{BW}$$

可见，高 Q 值滤波器有较窄的带宽，输出电压较大；反之，低 Q 值滤波器有较宽的带宽，势必输出电压较小。

② 参考电路 带通滤波器的电路形式较多，图 2-37 为宽带滤波器的示例。在满足低通滤波器的通带截止频率高于高通滤波器的通带截止频率的条件下，把相同元器件压控电压有源滤波器的低通滤波器和高通滤波器串接起来可以实现 Butterworth（巴特沃斯）通带响应，如图 2-37 所示。

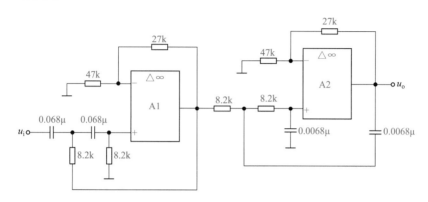

图 2-37 宽带滤波器

用该方法构成的带通滤波器的通带较宽，通带截止频率易于调整，因此多用作测量信号噪声比（S/N）的音频带通滤波器。如在电话系统中采用图 2-37 所示滤波器，能抑制频率低于 300Hz 和高于 3000Hz 的信号，整个通带增益为 8dB。

例2-9 扩声电路设计

（1）设计任务的要求 采用运算放大集成电路和音频功率放大集成电路设计一个对传声器输出信号具有放大能力的扩声电路。其要求如下。

① 最大输出功率为 8W。

② 负载阻抗为 8Ω。

③ 非线性失真系数不大于 3%（在通带内、满功率下）。

④ 具有音调控制功能，即用两只电位器分别调节高音和低音。当输入信号为 1kHz 正弦波时，输出为 0dB；当输入信号为 100Hz 正弦波时，调节低音电位器可以使输出功率变化 ±12dB；当输入信号为 10kHz 正弦波时，调节高音电位器也可以使输出功率变化 ±12dB。

⑤ 输出功率的大小连续可调，即用电位器可调节音量的大小。

⑥ 频率响应：当高、低音电位器处于不提升也不衰减的位置时，-3dB 的频带范围是 80Hz ～ 6kHz，即 BW=6kHz。

⑦ 输入信号源为传声器输入，输入灵敏度不大于 20mV。

⑧ 输入阻抗不小于 50kΩ。

⑨ 输入端短路时，噪声输出电压的有效值不超过 10mV，直流输出电压不超过 50mV，静态电源电流不超过 100mA。

（2）基本原理 扩声电路实际上是一个典型的多级放大器，其原理框图如图 2-38 所示。前置放大级主要完成对小信号的放大，一般要求输入阻抗高，输出阻抗低，频带宽，噪声小；音调控制级主要实现对输入信号高、低音的提升和衰减；功率放大级决定了整机的输出功率、非线性失真系数等指标，要求效率高、失真尽可能小、输出功率大。设计时首先根据技术指标要求，对整机电路做出适当安排，确定各级的增益分配，然后对各级电路进行具体的设计。

因为 $P_{omax}=8W$，所以此时的输出电压 $U_{om}=\sqrt{P_{omax}R_L}=8V$。要使输入为 5mV 的信号放大到输出的 8V，所需的总放大倍数为

$$A_U = \frac{u_o}{u_i} = \frac{8V}{5mV} = 1600$$

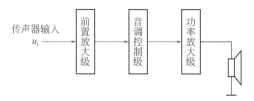

图 2-38　扩声电路原理框图

扩声电路中各级增益的分配为：前置放大级电压放大倍数为 80，音调控制级中频电压放大倍数为 1，功率放大级电压放大倍数为 20。

（3）设计过程

① 前置放大器的设计　由于传声器提供的信号非常微弱，故一般在音调控制器前面要加一个前置放大器。该前置放大器的下限频率要小于音调控制器的低音转折频率，上限频率要大于音调控制器的高音转折频率。考虑到所设计电路对频率响应及零输入（即输入短路）时的噪声、电流、电压的要求，前置放大器选用集成运算放大器 LF353。

LF353 是一种双路运算放大器，属于高输入阻抗、低噪声集成器件。其输入阻抗高（为 $10^4 M\Omega$），输入偏置电流仅有 $50\times10^{-12}A$，单位增益频率为 4MHz，转换速率为 13V/μs，用作音频前置放大器十分理想。LF353 外引线图如图 2-39 所示。

前置放大器电路由 LF353 组成的两级放大电路构成，如图 2-40 所示。第一级放大电路的 $A_{U1}=10$，即 $1+R_3/R_2=10$，取 $R_2=10k\Omega$，$R_3=100k\Omega$。取 $A_{U2}=10$（考虑增益余量），同样 $R_5=10k\Omega$，$R_6=100k\Omega$。电阻 R1、R4 为放大电路偏置电阻，取 $R_1=R_4=100k\Omega$。耦合电容 C1 与 C2 的容量取 10μF，C4 与 C11 的容量取 100μF，以保证扩声电路的低频响应。

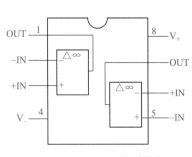

图 2-39　LF353 外引线图

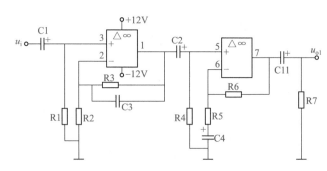

图 2-40　前置放大器电路

其他元器件的参数选择为：$C_3=100pF$，$R_7=22k\Omega$。电路电源电压为 ±12V。

② 音调控制器的设计　音调控制器的功能是：根据需要按一定的规律控制、调节音响放大器的频率响应，更好地满足入耳的听觉感受。一般音调控制器只对低音信号和高音信号的增益进行提升或衰减，而中音信号的增益不变。音调控制器的电路结构有多种形式，常用的典型电路结构如图 2-41 所示。

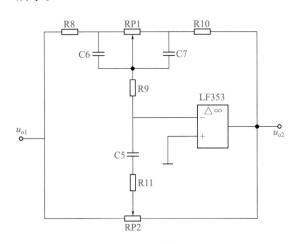

图 2-41　音调控制器电路

该电路的音调控制曲线（即频率响应曲线）如图 2-42 所示。音调控制曲线中给出了相应的转折频率：f_{L1} 表示低音转折频率，f_{L2} 表示中音下限频率，f_0 表示中音频率（即中心频率，要求电路对此频率信号没有衰减和提升作用），f_{H1} 表示中音上限频率，f_{H2} 表示高音转折频率。

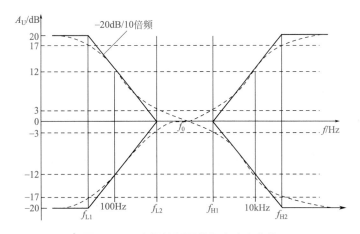

图 2-42　音调控制器的频率响应曲线

音调控制器的设计主要根据转折频率的不同来选择电位器、电阻及电容参数。

a. 低频工作时元器件参数的计算。音调控制器工作在低频时，由于电容 $C_5 \leqslant C_6 = C_7$，故在低频时 C5 可看成开路，音调控制器电路此时可简化为图 2-43 所示电路。图 2-43（a）所示为电位器 RP1 中间抽头处在最左端，对应于低频提升最大的情况。图 2-43（b）所示为电位器 RP1 中间抽头处在最右端，对应于低频衰减最大的情况。下面分别进行讨论。

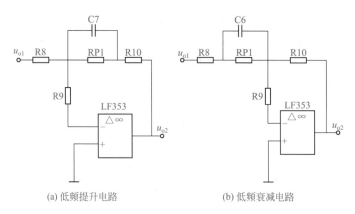

(a) 低频提升电路　　　　　　　(b) 低频衰减电路

图 2-43　音调控制器电路在低频段时的简化等效电路

- 低频提升。由图 2-43（a）可求出低频提升电路的频率响应函数为

$$A(\mathrm{j}\omega) = \frac{u_o}{u_i} = -\frac{R_{10} + R_{P1}}{R_8} \times \frac{1 + \dfrac{\mathrm{j}\omega}{\omega_{L2}}}{1 + \dfrac{\mathrm{j}\omega}{\omega_{L1}}}$$

式中，$\omega_{L1} = \dfrac{1}{C_7 R_{P1}}$，$\omega_{L2} = \dfrac{R_{P1} + R_{10}}{C_7 R_{P1} R_{10}}$。

当频率 f 远远小于 f_{L1} 时，电容 C7 近似开路，此时的增益为

$$A_L = \frac{R_{P1} + R_{10}}{R_8}$$

当频率升高时 C7 的容抗减小，当频率 f 远远大于 f_{L2} 时，C7 近似短路，此时的增益为

$$A_0 = \frac{R_{10}}{R_8}$$

在 $f_{L1} < f < f_{L2}$ 的频率范围内，电压增益衰减速率为 -20dB/10 倍频，即 A_0 为 -6dB（若 40Hz 对应的增益是 20dB，则 2×40Hz=80Hz 时所对应的增益是 14dB）。

本设计要求中频增益为 A_0=1（0dB），且在 100Hz 处有 ±12dB 的调节范围。故当增益为 0dB 时，对应的转折频率为 400Hz（因为从 12dB 到 0dB 对应两个倍频程，所以对应频率是 2×2×100Hz=400Hz），该频率即是中音下限频率 f_{L2}=400Hz。最大提升增益一般为 10 倍，因此音调控制器的低音转折频率 $f_{L1}=f_{L2}/10$=40Hz。电阻 R8、R10 及 RP1 的取值范围一般为几千欧到数百千欧。若取值过大，则运算放大器的漏电流的影响变大；若取值过小，则流入运算放大器的电流将超过其最大输出能力。这里取 R_{P1}=470kΩ。由于 A_0=1，故 R_8=R_{10}。又因为 $\omega_{L2}/\omega_{L1}=(R_{P1}+R_{10})/R_{10}$=10，所以 R_8=R_{10}=R_{P1}/（10-1）=52kΩ，取 R_9=R_8=R_{10}=51kΩ。由式 $C_7 = \dfrac{1}{\left(2\pi f_{L1} R_{P1}\right)}$ 求得 C_7=0.0085μF，取 C_7=0.01μF。

- 低频衰减。在低频衰减电路中［图 2-43（b）］，若取电容 C_6=C_7，则当工作频率 f 远小于 f_{L1} 时，电容 C6 近似开路，此时电路增益为

$$A_L = \frac{R_{10}}{R_8 + R_{P1}}$$

当频率 f 远大于 f_{L2} 时，电容 C6 近似短路，此时电路增益为

$$A_0 = \frac{R_{10}}{R_8}$$

可见，低频端最大衰减倍数为 1/10（即 -20dB）。

b. 高频工作时元器件的参数计算。音调控制器在高频段工作时，电容 C6、C7 近似短路，此时音调控制器电路可简化成图 2-44 所示电路。为便于分析，将星形连接的电阻 R8 ~ R10 转换成三角形连接，转换后的电路如图 2-45 所示。因为 $R_8=R_9=R_{10}$，所以 $R_a=R_b=R_c=3R_8$。由于 Rc 跨接在电路的输入端和输出端之间，对控制电路无影响，故可将它忽略不计。

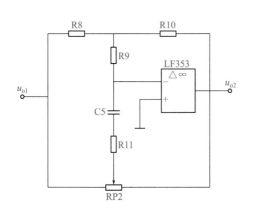

图 2-44　音调控制器电路在高频段时的简化
　　　　　等效电路图

图 2-45　音调控制器电路高频段简化电路的
　　　　　等效变换电路

当 RP2 中间抽头处于最左端时，此时高频提升最大，等效电路如图 2-46（a）所示；当 RP2 中间抽头处于最右端时，此时高频衰减最大，等效电路如图 2-46（b）所示。

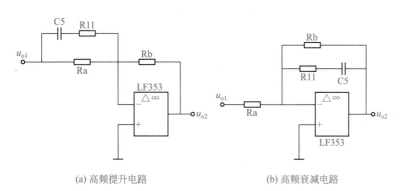

(a) 高频提升电路　　　　　　　　(b) 高频衰减电路

图 2-46　音调控制器的高频等效电路

● 高频提升。由图 2-46（a）可知，该电路是一个典型的高通滤波器，其增益函数为

$$A(j\omega) = \frac{u_o}{u_i} = -\frac{R_b}{R_a} \times \frac{1+\dfrac{j\omega}{\omega_{H1}}}{1+\dfrac{j\omega}{\omega_{H2}}}$$

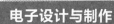

其中，$\omega_{\mathrm{H1}} = \dfrac{1}{(R_\mathrm{a}+R_{11})C_5}$，$\omega_{\mathrm{H2}} = \dfrac{1}{R_{11}C_5}$。

当 f 远小于 f_{H1} 时，电容 C5 可近似开路，此时的电压增益为

$$A_0 = \frac{R_\mathrm{b}}{R_\mathrm{a}} = 1 \quad (\text{中频增益})$$

当 f 远大于 f_{H2} 时，电容 C5 近似为短路，此时的电压增益为

$$A_\mathrm{H} = \frac{R_\mathrm{b}}{R_\mathrm{a}//R_{11}}$$

当 $f_{\mathrm{H1}} \le f \le f_{\mathrm{H2}}$ 时，电压增益按 20dB/10 倍频的斜率增加。

由于设计任务中要求中频增益 $A_0=1$，在 10kHz 处有 ±12dB 的调节范围，所以求得 $f_{\mathrm{H1}}=2.5$kHz。又因为 $\omega_{\mathrm{H2}}/\omega_{\mathrm{H1}} = (R_{11}+R_\mathrm{a})/R_{11}=A_\mathrm{H}$，高频最大提升量 A_H 一般也取 10 倍，所以 $f_{\mathrm{H2}} = A_\mathrm{H}f_{\mathrm{H1}}=25$kHz。由 $(R_{11}+R_\mathrm{a})/R_{11}=A_\mathrm{H}$ 得 $R_{11}=R_\mathrm{a}/(A_\mathrm{H}-1)=17k\Omega$，取 $R_{11}=18$kΩ。由 $\omega_{\mathrm{H2}} = \dfrac{1}{R_{11}C_5}$ 得 $C_5=1/(2\pi f_{\mathrm{H2}}R_{11})=354$pF，取 $C_5=330$pF。高音调节电位器 RP2 的阻值与 RP1 阻值相同，取 $R_{\mathrm{P2}}=470$kΩ。

● 高频衰减。在高频衰减等效电路中，由于 $R_\mathrm{a}=R_\mathrm{b}$，其余元器件参数也相同，所以高频衰减的转折频率与高频提升的转折频率相同。高频最大衰减为 1/10（即 -20dB）。

③ 功率放大器的设计　功率放大器电路结构有许多种形式，选择由分立元件组成的功率放大器或单片集成功率放大器均可。为了巩固在电子电路设计课程中所学的理论知识，这里选用集成运算放大器组成的典型 OCL 功率放大器，其电路如图 2-47 所示。其中由运算放大器组成输入电压放大驱动级，由三极管 VT1 ～ VT4 组成的复合管为功率输出级。三极管 VT1 与 VT2 都为 NPN 管，仍组成 NPN 型复合管。VT3 与 VT4 为不同类型的三极管，所组成的复合管导电极性由第一只管决定，为 PNP 型复合管。

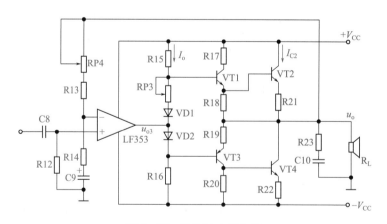

图 2-47　功率放大器电路

a. 确定电源电压 V_{CC}。功率放大器的设计要求是最大输出功率 $P_{\mathrm{omax}}=8$W。由式 $P_{\mathrm{omax}} = \dfrac{U_{\mathrm{om}}^2}{R_\mathrm{L}}$ 可得 $U_{\mathrm{om}}=\sqrt{P_{\mathrm{omax}}R_\mathrm{L}}$。考虑到输出功率管 VT2 与 VT4 的饱和压降和发射极电阻 R21 与 R22 的压降，电源电压常取 $V_{\mathrm{CC}}=(1.2 \sim 1.5)U_{\mathrm{om}}$。将已知参数代入上式，电源电压

选取 ±12V。

　　b.功率输出级设计。

　　● 输出三极管的选择。输出功率管 VT2 与 VT4 选择同类型的 NPN 型大功率管，其承受的最大反向电压为 $U_{CEmax}=2V_{CC}$。每只三极管的最大集电极电流 $I_{Cmax}=\dfrac{V_{CC}}{R_L}=1.5A$；每只三极管的最大集电极功耗为 $P_{Cmax}=0.2P_{omax}=1.6W$。所以，在选择功率三极管时，除应使两管 β 值尽量对称之外，其极限参数应满足一系列关系：$U_{(BR)CEO}>2V_{CC}$，$I_{CM}>I_{Cmax}$，$P_{CM}>P_{Cmax}$。根据这个关系，选择功率三极管为 3DD01。

　　● 复合管的选择。VT1 与 VT3 分别和 VT2 与 VT4 组成复合管，它们承受的最大电压均为 $2V_{CC}$，考虑到 R18 与 R20 的分流作用和三极管的损耗，三极管 VT1 与 VT3 的集电极功耗为 $P_{Cmax}=(1.1\sim1.5)\dfrac{P_{C2max}}{\beta_2}$，而实际选择 VT1 与 VT3 的参数要大于其最大值。另外为了复合出互补类型的三极管，应使 VT1 与 VT3 互补，且要求尽可能对称性好。可选用 VT1 为 9013，VT3 为 9015。

　　● 电阻 R17 ～ R22 的估算。R18 与 R20 用来减小复合管的穿透电流，其值太小会影响复合管的稳定性，其值太大又会影响输出功率，一般取 $R_{18}=R_{20}=(5\sim10)r_{i2}$。$r_{i2}$ 为 VT2 的输入端等效电阻，其大小可用公式 $r_{i2}=r_{BE2}+(1+\beta_2)R_{21}$ 来计算，大功率管的 r_{BE} 约为 10Ω，β 为 20 倍。

　　输出功率管的发射极电阻 R21 与 R22 起到电流的负反馈作用，可使电路的工作更加稳定，从而减少非线性失真。一般取 $R_{21}=R_{22}=(0.05\sim0.1)R_L$。

　　由于 VT1 与 VT3 的类型不同，接法也不同，因此两只管的输入阻抗不相等，这样加到 VT1 与 VT3 的基极输入端的信号将不对称。为此，增加 R17 与 R19 作为平衡电阻，使两只管的输入阻抗相等。一般选择 $R_{17}=R_{19}=R_{18}//r_{i2}$。

　　根据以上条件，选择电路元器件值为 $R_{21}=R_{22}=1\Omega$，$R_{18}=R_{20}=270\Omega$，$R_{17}=R_{19}=30\Omega$。

　　● 确定静态偏置电路。为了克服交越失真，由 R15、R16、RP3 和二极管 VD1、VD2 共同组成两对复合管的偏置电路，使输出级工作于甲乙类状态。R15 与 R16 的阻值需要根据输出级输出信号的幅度和前级运算放大器的最大允许输出电流来考虑。静态时功率放大器的输出端对地的电位应为 0（VT1 与 VT3 应处于微导通状态），即 $u_o=0V$。运算放大器的输出电位 $u_{o3}=0V$，若取电流 $I_o=1mA$，$R_{P3}=0$（RP3 用于调整复合管的微导通状态，其调节范围不能太大，可采用 $1k\Omega$ 左右的精密电位器，其初始位置应调在零阻值，当调整输出级静态工作电流或者输出波形的交越失真时再逐渐增大阻值），则有

$$I_o=\frac{V_{CC}-V_D}{R_{15}+R_{P3}}=\frac{V_{CC}-V_D}{R_{15}}=\frac{12-0.7}{R_{15}}$$

所以 $R_{15}=11.3k\Omega$，取 $R_{15}=11k\Omega$。为了保证对称性，电阻 $R_{16}=11k\Omega$。取 $R_{P3}=1k\Omega$。电路中的 VD1 与 VD2 选择 1N4148。

　　● 反馈电阻 R13 与 R14 的确定。在这里，运算放大器选用 LF353，功率放大器的电压增益可表示为 $A_U=1+(R_{13}+R_{14})/R_{14}=20$，取 $R_{14}=1k\Omega$，则 $R_{13}+R_{P4}=19k\Omega$。为了使功率放大器电压增益可调，取 $R_{13}=15k\Omega$，$R_{P4}=4.7k\Omega$。电阻 R12 是运算放大器的偏置电阻；电容 C8 是输入耦合电容，其容量大小决定了扩声电路的下限频率。取 $R_{12}=100k\Omega$，$C_8=100\mu F$。并联在扬声器两端的 R23 与 C10 消振网络，可以改善扬声器的高频率响应，这里取 $R_{23}=27\Omega$，$C_{10}=0.1\mu F$。一般取 $C_9=4.7\mu F$。

扩声电路总体原理图如图 2-48 所示。

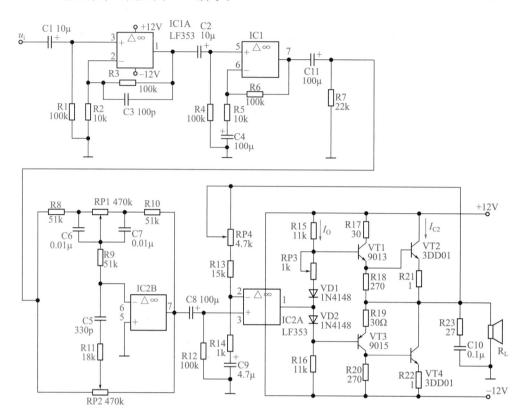

图 2-48   扩声电路总体原理图

（4）调试要点   图 2-49 所示为扩声电路印制电路板图。在调试安装前，首先将所选用的电子元器件测试一遍，以确保元器件完好。在进行元器件安装时，布局要合理，连线应尽可能短而直，所用的测量仪器也要准备好。

① 前置放大器调试   当无输入交流信号时，用万用表分别测量 LF353 的输出电位，正常时应在 0V 附近。若输出端直流电位为电源电压值，则可能运算放大器已损坏或工作在开环状态。

输入端加入 $u_i=5mV$、$f=1000Hz$ 的交流信号，用示波器观察有无输出波形。如有自励振荡，应首先消除（例如通过在电源对地端并接滤波电容等措施）。当工作正常后，用交流毫伏表测量放大器的输出，并求其电压放大倍数。

输入信号幅值保持不变，改变其频率，测量幅频特性，并画出幅频特性曲线。

② 音调控制器调试   静态测试同上。

动态调试：用低频信号发生器在音调控制器输入 400mV 的正弦信号，保持幅值不变。将低音控制电位器调到最大提升，同时将高音控制电位器调到最大衰减，分别测量其幅频特性曲线，然后将两只电位器的位置调到相反状态，重新测试其幅频特性曲线。若不符合要求，应检查电路的连接、元器件值、输入 / 输出耦合电容是否正确。

③ 功率放大器调试

a. 静态调试：首先将输入电容 C8 输入端对地短路，然后接通电源，用万用表测试 u_o，调节电位器 RP3，使输出的电位近似为零。

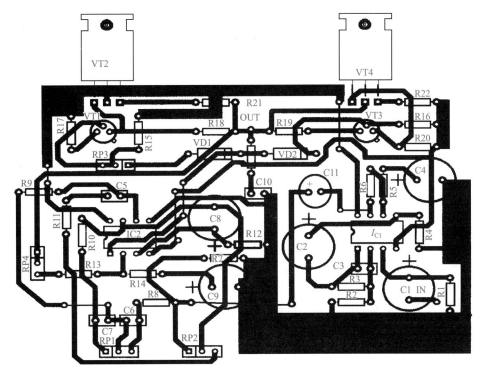

图 2-49 扩声电路印制电路板图

b.动态调试：在输入端接入 400mV/1000Hz 的正弦信号，用示波器观察输出波形的失真情况，调整电位器 RP3 使输出波形交越失真最小。调节音量电位器 RP4 使输出电压的峰值不小于 11V，以满足输出功率的要求。

④ 整机调试　将三级电路连接起来，在输入端连接一个传声器，此时调节音量控制电位器 RP4，应能改变音量的大小。调节高、低音控制电位器，应能明显听出高、低音调的变化。敲击电路板应无声音间断和自励现象。

例2-10　多媒体音箱电路设计

（1）多媒体音箱的基本结构组成和设计思路　有源音箱通常由前置放大电路、效果处理电路、功率放大电路、扬声器系统和电源电路五个部分组成，如图 2-50 所示。

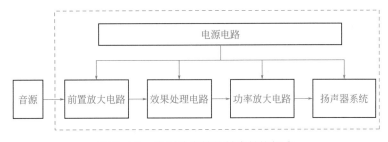

图 2-50　多媒体音箱的基本结构组成

图中音源是指为音箱提供声音电信号的设备，如计算机的声卡等。在实际中音源虽然不

是音箱的一部分，但是其对音箱输出的效果有着决定性的作用。假如音源输出的声音信号很差，再好的音箱也无法放出美妙的声音。

在多媒体音箱电路中音源产生的声音电信号进入音箱后首先进行前置放大处理，这是因为音源输出的信号幅度通常较小，无法直接对其进行效果处理和功率放大。

经过前置放大后的声音电信号则可满足要求。为了追求放大作用，前置放大电路不会提高音箱的音质，相反其可能造成信号变差。若要避免前置放大电路对信号的影响，应当使用低噪声的器件来完成前置放大的任务。

效果处理电路就是对放大的音频信号进行高中低音的分离、声音的均衡等处理。效果处理电路可以使音箱最终输出的声音品质有一个质的提升，通过效果处理后的声音播放出来就能让人们对音乐有一种美的感受。

功率放大电路好坏决定了音箱最后能够输出多大的声音。一对大功率的音箱输出的声音大而饱满，能带给人们震撼的感觉；相反，小功率的音箱只能播放出较小的声音，不适合进行高品质声音的演绎。

扬声器系统负责完成最后的电声转换，输出声音。扬声器系统也是影响音箱品质的重要环节，品质好的扬声器输出的声音细节丰富、层次感分明、清澈悦耳；品质较差的扬声器输出的声音则会混成一团，难以分辨。

电源电路保证了音箱的各个部件有稳定、纯净的直流电供应，是整个音箱正常工作的基础。同时，质量好的电源电路可以避免在声音电信号中引入50Hz的交流噪声，进一步提升音箱的品质。

（2）多媒体音箱中电气元器件选择和各部分电路设计

① 音箱用扬声器 扬声器是多媒体音箱必备器件，其外形和图形符号如图2-51所示。

扬声器是利用电流改变时产生的磁场带动振膜运动来发声的，因此在多媒体音箱中必不可少。选用扬声器时应考虑扬声器的频率响应范围、信噪比、阻抗和功率。频率响应范围是指扬声器能够播放出的声音的频率范围，通常频率响应范围

 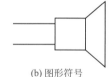

(a) 外形　　　　(b) 图形符号

图 2-51　扬声器的外形和图形符号

只要能够覆盖正常人听觉对声音的频率响应范围（20Hz～20kHz）即可；信噪比是指扬声器输出的正常声音信号与无信号时噪声信号（功率）的比值，单位为dB，信噪比越高意味着扬声器的品质越好，高品质的扬声器信噪比通常在90dB以上；阻抗是指扬声器接入音响电路后的等效阻抗，其会随频率发生变化，扬声器的阻抗标准值为8Ω，为低阻抗电声器件；功率决定了扬声器输出声音的大小，功率不直接决定音质，却影响扬声器最终的效果，过小的声音是无法给人的听觉带来震撼的。当然，扬声器的功率也不是越大越好，一般家用100W的输出功率就能满足要求。

② 多媒体音箱中的电源电路元器件选择 通常多媒体音箱需要使用家用220V/50Hz的交流电作为供电电源，而多媒体音箱中的元器件大多需要稳定的直流电才能工作，常用的集成电路如运算放大器还需要正负双电源的直流电供电，这都需要多媒体音箱中的电源电路来提供。

a. 电源电路中的变压器。常用变压器的外形和图形符号如图2-52所示。

对于变压器1、2端之间的绕组为一次绕组，3、4端之间的绕组为二次绕组。根据理想变压器的结论，如果一次绕组与二次绕组的匝数比为20∶1，当1、2端之间输入220V交

流电时，在 3、4 端之间就得到了电压为 11V 的交流电。

当电路中元器件需要使用正负双电源供电时，就需要在变压器端提供大小相同、相位相反的两路交流电，使用双绕组变压器便可以完成这个任务。配合桥式整流电路，可得到变压器双电源供电电路，如图 2-53 所示。

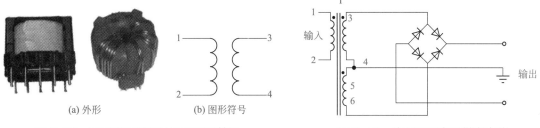

图 2-52　常用变压器的外形和图形符号　　　　图 2-53　变压器双电源供电电路

在图 2-53 中 T 是双绕组变压器，这里要求 T 的两个次级线圈匝数相同。图中将两个次级线圈的 4 端和 5 端连接，作为输出的参考零电位，3 端和 6 端接入二极管整流电路中，在输出端就得到了正负双电源。

b. 多媒体音箱中的电源滤波电容。220V 正弦交流电经过变压、整流之后就变为单向的全波波形。在进行稳压之前，需要对全波波形进行滤波。多媒体音箱电路中如果窜入频率为 50Hz 的噪声，会严重影响音箱的品质。

虽然使用一个电容即可实现简单的滤波，但在实际设计多媒体音箱时需要使用多组不同电容量的电容来实现滤波。在比较高档的音箱中会使用最大电容量为 10000μF 的高品质电容来实现滤波，并且每隔一段距离安置小一个数量级的电容，以保证最大限度地滤除掉电源中的噪声。图 2-54 为一种常见的滤波电容安排方式。

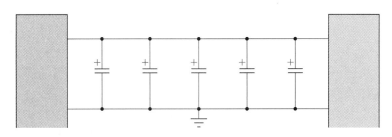

图 2-54　电源电路中的滤波电容安排方式

③ 多媒体音箱中的前置放大电路元器件选择　前置放大电路的作用是对音源输入的电信号进行放大，使其满足后续处理的要求。虽然三极管可以满足信号放大的要求，但由于其存在设计复杂、放大精度不易控制、放大增益较小等缺点，因而无法满足音箱设计中低噪声、高放大精度、高放大增益的要求，因此在实际的多媒体音箱中，全部采用运算放大器来完成前置放大的任务。

运算放大器是一种很常见的集成电路，其将三极管、电阻、电容等元器件集成到一块很小的芯片中，以特定的电路形式来完成前置放大任务。

常用 NE5532N 运算放大器的外形和电路符号如图 2-55 所示。

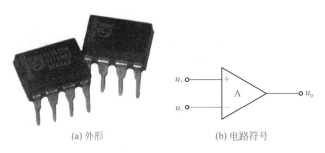

(a) 外形　　　　　　(b) 电路符号

图 2-55　NE5532N 运算放大器的外形和电路符号

图 2-55 中 u_o 端称为运算放大器的输出端，u_- 端称为运算放大器的反相输入端，u_+ 端称为运算放大器的同相输入端。

多媒体音箱中的运算放大器必须具有低噪声、高放大精度、高增益的特点。常用于前置放大的运算放大器有 LM324、LM358、NE5534 和 NE5532 等，其中 LM324 和 LM358 常用于低端音箱中，而 NE5534 和 NE5532 凭借出色的低噪声性能广泛应用于中高端音箱中。图 2-56 是 NE5532 运算放大器的内部结构与封装图。

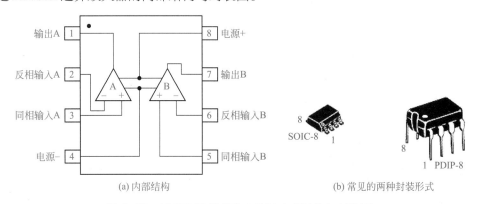

(a) 内部结构　　　　　　(b) 常见的两种封装形式

图 2-56　NE5532 运算放大器的内部结构与封装图

与其他集成电路一样，若要使用 NE5532，首先需要知道其引脚的作用。下面给出了 NE5532 的引脚图，如图 2-57 所示。

由 NE5532 的引脚图可知，NE5532 为单片双运算放大器集成电路。NE5532 的①～③脚分别为运算放大器 A 的输出端、反相输入端、同相输入端，其⑦～⑤脚分别为运算放大器 B 的输出端、反相输入端、同相输入端。⑧脚向两个运算放大器提供正电源，④脚向两个运算放大器提供负电源。

根据 NE5532 的引脚图就可以连接由 NE5532 组成前置放大电路，图 2-58 中给出了一个由 NE5532 构成的单运算放大器前置放大电路。

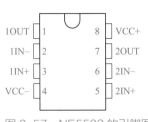

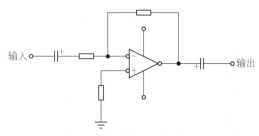

图 2-57　NE5532 的引脚图　　　　　　图 2-58　由 NE5532 构成的单运算放大器前置放大电路

图中的前置放大电路由 NE5532 运算放大器、三只电阻和两只电解电容构成运算放大基本电路。其中运算放大器采用 +V_{CC} 和 -V_{CC} 双电源供电，NE5532 的供电大小根据数据手册查询，通常要求介于 5 ～ 22V 之间，这也是 NE5532 的工作电压范围。在这里，两个电解电容的作用是隔直流，即去掉音源信号中的直流分量，避免在输出时产生直流噪声，其并不参与实际的信号放大，信号放大由电阻和运算放大器来完成。

前置放大仿真电路如图 2-59 所示。

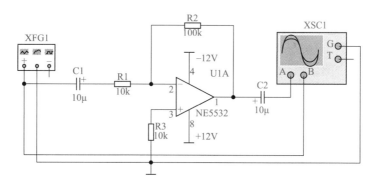

图 2-59　前置放大仿真电路

按照图 2-59 搭建仿真电路，NE5532 使用 ±12V 双电源供电，信号源输出频率 1kHz、峰峰值为 200mV 的正弦信号。观察前置放大器仿真结果，如图 2-60 所示。

根据图 2-60 所示的仿真结果可知，放大器输出为峰峰值 2V 的正弦信号，即信号被放大了 10 倍。

根据仿真结果，R2 的阻值与放大倍数之间可能存在着正比关系。仿真中放大倍数和电阻 R1、R2 的阻值之间恰好存在着如下关系：

$$放大倍数 = \frac{R_2}{R_1}$$

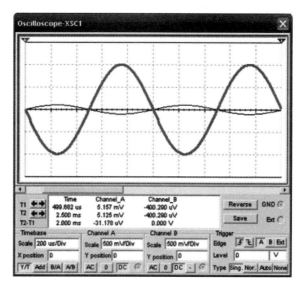

图 2-60　前置放大器仿真结果

同样，这里可以将运算放大器 NE5532 换成其他型号的运算放大器（如 LM358），观察其对放大倍数的影响。最后得出结论：前置放大电路中的放大倍数仅由电阻 R1 和电阻 R2 的阻值决定，其遵循上式，与电阻 R3 的阻值和运算放大器本身无关。可见，由运算放大器搭建的前置放大电路从设计上要比三极管简单得多，并且精度很高。

在上面介绍的仿真结果中，输入波形和输出波形虽然频率相同，但是两者是颠倒的，这里称之为反相，这也是这种放大电路被称为反相放大电路的原因。

除了 NE5532，常见的运算放大器还有 LM324、LM358、NE5534、μA741、OP07 等，这些运算放大器的用途不同，因此其性能指标差异也很大。在选择运算放大器时需要查阅运算放大器的数据手册，以确定所需的运算放大器种类。

④ 多媒体音箱中的分频器选择　在多媒体音箱中除了传统的左右音箱外，2.1 音箱还附带一个专门进行低音播放的低音炮。为了实现左右音频和重低音效果，可借助分频器。

a. 分频器。分频器的任务是将音源信号中的低音和高音成分分离，然后分别送到不同的功放单元进行输出。由于声音中的低音成分对应音源信号中的低频信号，而高音成分则对应音源信号中的高频信号，因此所谓分频器实际上是分别对应于高频和低频的滤波器，在需要低频信号的支路上加入低通滤波器，在需要高频信号的支路上加入高通滤波器，这样就完成了分频的任务。在这里根据前面的知识可设计分频器电路，如图 2-61 所示。

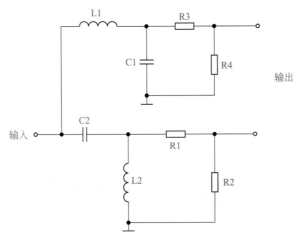

图 2-61　分频器电路

图 2-61 所示的分频器电路中，输入信号通过分频后分别输送到高音和低音的功放单元。其中，电感 L1 和电容 C1 组成低通滤波器，电感 L2 和电容 C2 组成高通滤波器；电阻 R3 和 R4 可防止 L1 和 C1 产生自励振荡，以免给输入信号带来失真；R1 和 R2 的作用同 R3、R4。此外，两路滤波器的中心频率点并不相同，这是为了避免处于高低音分界处的信号衰减过大，造成信号频率损失，因此两路滤波器在通带上有少部分重叠。

对图 2-61 所示的电路进行仿真，观察不同频率下分频器通过信号的效果。分频器仿真电路如图 2-62 所示。

由图 2-63 所示仿真结果可以看出，两路滤波器分别对高低音进行了抑制，但不很彻底。注意，图中仿真信号频率是 1 ～ 8kHz。

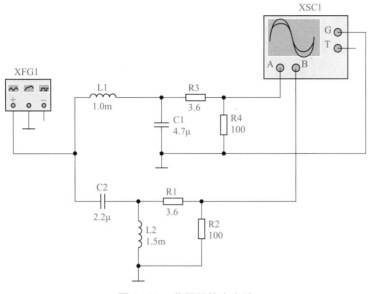

图 2-62　分频器仿真电路

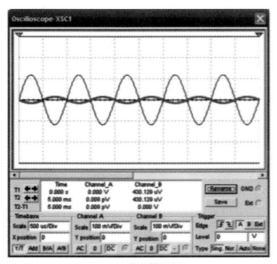

(a) 信号频率1kHz

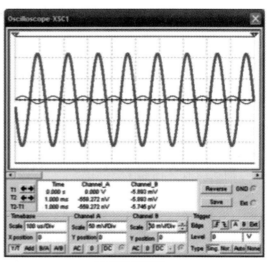

(b) 信号频率8kHz

图 2-63　分频器仿真结果

　　b. 均衡器。均衡器是在一些组合音箱中常见的音效增强设备，其可以对高、中、低音分别进行调节，以补偿音源信号的不足，使输出的音质更加完美。均衡器的设计思路与分频器相同。均衡器的设计也就是不同频段的多组滤波器的设计。

　　这里将以 LA3600 为例介绍使用专用的均衡器集成电路来完成均衡器的设计。LA3600 为 5 段均衡器，可以对 5 个频率点的声音信号进行均衡，也就是说其包含 5 个滤波器，其滤波器中心频率点是通过外围接入相应的电容来确定的。图 2-64 是 LA3600 数据手册中给出的参考电路，其可以实现 108Hz、343Hz、1.08kHz、3.43kHz、10.8kHz 五个频率点的均衡。

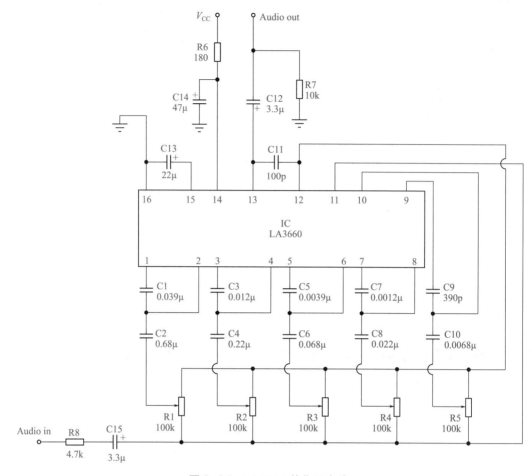

图 2-64　LA3600 均衡器电路

　　图 2-64 中均衡器电路使用 R1 ～ R5 五个电位器对不同的频率点进行均衡，每个中心频率点都使用两个电容来确定，如 108Hz 频率点使用 C1、C2 来确定，而 1.08kHz 频率点使用 C5、C6 来确定。在实际使用中直接查阅 LA3600 数据手册即可。

　　⑤ 多媒体音箱中功率放大器的设计　功率放大电路是多媒体音箱重要的环节，为了保证多媒体音箱最后输出的声音足够大，功率放大器需要向扬声器单元输送足够大的够率。功率放大电路目前基本上使用集成功率放大器来实现，在一些比较高端的音响设备中也使用传统的电子管进行放大，但比较少见，因此集成功率放大器的性能从一定程度上决定着功率放大的效果。在某些场合，甚至可以通过集成功率放大器的型号来判定一款音箱的品质。在这里进一步学习功率放大器的基本知识，并了解集成功率放大器 TDA1521 的使用。

　　图 2-65 是集成功率放大器 TDA1521 的外形。

TDA1521 的主要技术指标如下。

输出功率：2×12W。

频率响应：50Hz ～ 20kHz。

失真度：≤ 0.5%。

图 2-65　集成功率放大器
TDA1521 的外形

a.电路设计。利用集成功率放大器 TDA1521 设计和制作一个低频功率放大器。TDA1521 是一块优质功放集成电路，采用 9 脚单列直插式塑料封装，具有输出功率大、两声道增益差小、开关机时扬声器无冲击声，以及可靠的过热、过载、短路保护等特点。TDA1521 既可用正负双电源供电，也可用单电源供电。双电源供电时，可省去两个音频输出电容，高低音音质更佳。单电源供电时，电源滤波电容应尽量靠近集成电路的电源端，以避免电路内部自励。制作时应给集成电路装上散热片才能通电试音，否则容易损坏集成电路。散热片尺寸不能小于 200mm × 100mm × 2mm。

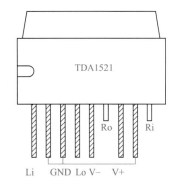

在使用 TDA1521 进行设计之前，同样需要知道其引脚功能，但首先需要知道其引脚的顺序。通常来说，一片单列直插的集成电路如果正面面向使用者，其最左边的引脚为①脚，向右依次递增。此外，芯片制造商通常也会在①脚所在的方向作标记，以便使用者辨别。如图 2-66 中，在 TDA1521 的最左侧有一条标记。

图 2-66　TDA1521 的引脚排列

TDA1521 的引脚功能如表 2-1 所示。

表2-1　TDA1521的引脚功能

引脚号	用途	接法
1	左输入	输入
2	左负反馈	接地
3	接地	接地
4	左输出	输出
5	负电源	负电源
6	右输出	空
7	正电源	正电源
8	右负反馈	接地
9	右输入	空

下面依据 TDA1521 手册查询功率放大器电路图，在电路设计中可以直接采用。由于其电路是厂家设计的成熟产品，所以不需要用户仿真。

TDA1521 内包含两个功率放大器，分别用于两个声道的功率放大。其中①、②、④脚分别为一个功率放大器的同相输入端、负反馈端、输出端；⑨、⑧、⑥脚分别为另一个功率放大器的同相输入端、负反馈端、输出端。⑦脚为芯片提供正电源，⑤脚为芯片提供负电源，③脚为接地点。

图 2-67 中，U_i 是输入端的信号，两个 U_i 分别接左右两个声道的输入端。方框内为 TDA1521 芯片的内部原理结构。整个功率放大电路的外接元件仅仅为两只电阻和几只电容，可见使用 TDA1521 搭建功率放大电路是非常简单的。

TDA1521 功率放大电路制作中采用双电源供电。焊接电路时注意以下几点。

● TDA1521 电源一定不要接反，否则将烧毁电路。

- 散热片要足够大，不小于 200mm × 100mm × 2mm。
- 扬声器不要焊接在电路中，组装时输出端接输出端子。
- 为减少噪声，功率放大器与前置放大器焊接在同一块电路板上，且尽量靠近前置放大器的输出端。

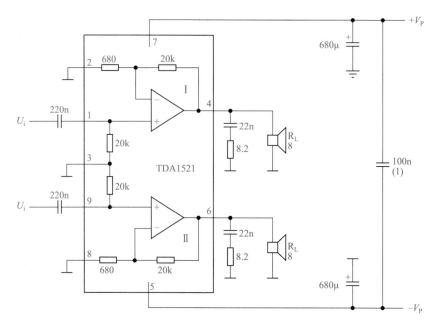

图 2-67　TDA1521 应用电路

b. 电路调试。

- 将功放电路与前置放大器连接，两个通道输入端输入相同的交流小信号（N_i=10mV，f=1kHz），测量两个输出端电压，观察输出电压变化范围。
- 调节双联电位器，测量电路输出的最大不失真电压。
- 测量电路的通带（带宽）。通带 BW 用于衡量放大电路对不同频率信号的放大能力。由于放大电路中耦合电容、板射极旁路电容和三极管内部 PN 结的结电容的存在，使输入信号频率较低或较高时，放大倍数的数值将下降。一般情况下，放大电路只适用于放大某一特定频率范围内的信号。

通带越宽，表明放大电路对不同频率信号的适应能力越强。在实用电路中，有时也希望通带尽可能窄，如选频放大电路，希望它只对单一频率的信号放大，以避免干扰和噪声的影响。

幅特性及通带的测试方法通常有以下两种。

- 逐点法。在保持输入信号大小不变的情况下，改变输入信号频率，用示波器逐点测出输出电压。按顺序列表记录，在坐标纸上将所测数据逐点描绘，即频率特性曲线，找出 f_L 与 f_H，计算通带 BW。
- 扫频法。利用扫频仪直接在屏幕上显示出放大器的输出信号幅度随频率变化的曲线，即 A_u-f 曲线。在屏幕显示的幅频特性曲线上测出通带 BW。

2.2 振荡器设计

2.2.1 振荡器的作用和工作原理

振荡器是用来产生重复电子信号（一般是正弦波或方波）的电子电路，在电子行业中应用十分广泛。振荡器种类很多，按振荡激励方式可分为自励振荡器、他励振荡器，按电路结构可分为 LC 振荡器、多谐振荡器、晶体振荡器等，按输出波形可分为正弦波、方波、锯齿波等振荡器。各类振荡器的作用和工作原理可以扫描二维码详细学习。

振荡器的作用和
工作原理

2.2.2 振荡电路设计实例

例2-11　闪烁的彩灯电路设计

闪烁彩灯电路如图 2-68 所示。

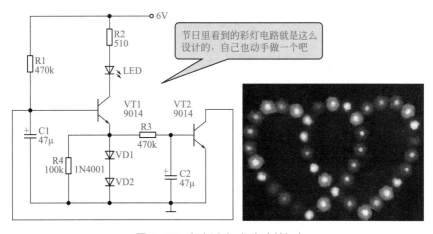

图 2-68　闪烁彩灯电路（单灯）

闪烁彩灯电路的工作过程：当电源开关接通后，电源通过电阻 R1 向电容 C1 充电，于是 C1 上的电压就会逐渐升高，当升高到一定值时，三极管 VT1 导通，于是发光二极管 LED 就点亮。三极管 VT1 导通后，电源流过 VT1 的 CE 极，然后通过 R3 向电容 C2 充电，C2 上的电压逐渐升高，当升高到一定值时，三极管 VT2 导通。于是很快就将 C1 中的电压全部放掉，C1 两端电压下降，三极管 VT1 截止（关断），发光二极管 LED 熄灭，同时不再向 C2 充电。于是 C2 通过 R4 向地放电，C2 两端电压降低，三极管 VT2 也截止，从而就恢复到最初的状态。这样的过程周而复始。

电路中，VD1 和 VD2 的作用有两个：一是将 VT1 的发射极电压升高到 2.1V，使得 C1

两端电压达到 2.8V，进而使 VT1 导通，可以延长灯灭的时间；二是使 C2 在充电后期，不至于因为充电电流减小而使 LED 发光亮度降低。如果电源电压再高一些，还可以使用三只二极管或使用稳压二极管。

闪烁彩灯双灯电路如图 2-69 所示。

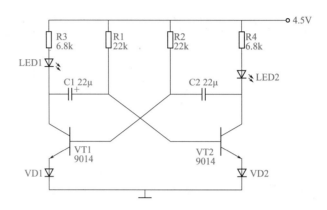

图 2-69　闪烁彩灯双灯电路

例2-12　警笛声响电路

（1）**声音的产生**　在电路中，如果电阻和电容的参数足够小，就可以使电路产生频率比较高的脉冲信号，再将这个信号稍加放大，就可以推动一只扬声器发出声音，如图 2-70 所示。

但这个电路所发出声音的音调是单调的，因为它的频率是不变的。而警笛声的音调是需要变化的，若要制作一个警笛声响电路，就需要在发声的同时改变电路中电容的充放电时间。

（2）**声音变调的实现**　改变电容充放电时间的方法只能是改变电压、电流。仔细分析电容的充电时间可以发现，如果需要充入的电压高，充电时间就会比较长，反之充电时间就会比较短。也就是说，如果能在电路工作时改变电容的充电电压，就可以使脉冲的频率产生变化，如图 2-71 所示的电路。

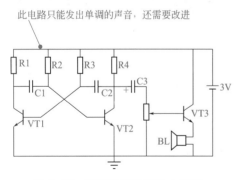

图 2-70　声音的产生和放大电路

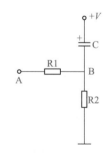

图 2-71　取得逐渐上升的电压

电路中，电源电压 +V 通过 R2 对电容 C 充电时，如果提高 B 点的电压，+V 就会被抵消掉一部分，加在电容 C 上的电压就少一些，充电时间也会相应缩短一些，也就是说，可以通过改变 B 点的电压来达到改变电路产生的脉冲的频率。为了能形成警笛声，需要在 A 点加入一个逐渐上升的电压，以便让音调越来越高，这样就需要一个锯齿状的信号，即锯齿波。

（3）锯齿波电压形成电路　锯齿波也是一种脉冲信号，它的形成电路也是一种多谐振荡器。

锯齿波有一个电压逐渐上升的过程，这个逐渐上升的电压与充电时电容上的电压很相似。试想，是否可以利用一个电容充电电路，当电容上的电压充到一定值时用开关将其电压释放掉，然后再充电，充到一定值时再放电……这样不断循环，就可以得到一个锯齿波的电压了。

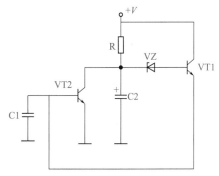

在图 2-72 所示的电路中，电容上的电压一定要上升到比稳压二极管 VZ 的稳压值再加上 VT1 的发射极压降更高才能使三极管 VT1 导通，VT1 导通后会在发射极产生大电流，该电流可以给 C1 充到足够高的电压，由该电压维持 VT2 导通。当电容 C2 中的电压被释放掉后，电路又会回到最初的状态，开始产生第二个锯齿波。

图 2-72　自动的锯齿波形成电路

例2-13　石英晶体正弦波振荡器设计

（1）电路的选择　石英晶体振荡器与一般 LC 振荡器的振荡原理相同，只是把石英晶体置于反馈网络的振荡电路之中，作为一感性元件，与其他回路元件一起按照三端电路的基本准则组成三端振荡器。根据实际常用的两种类型（即电感三点式和电容三点式），常用电路简单结构如图 2-73 和图 2-74 所示。由于石英晶体存在感性和容性之分，且在感性与容性之间有一条极陡峭的感抗曲线，而振荡器又被限定在此频率范围内工作，该电抗曲线对频率有极大的变化速率，亦即石英晶体在该频率范围内具有极陡峭的相频特性曲线，所以它具有很高的稳频能力，或者说具有很高的电感补偿能力。选用 C-B 型（又称皮尔斯）电路进行制作。

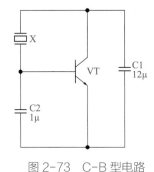

图 2-73　C-B 型电路

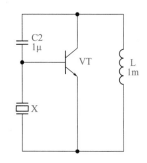

图 2-74　B-E 型电路

（2）石英晶体振荡器设计

① 主要技术指标

振荡频率：$f_0 = 12\text{MHz}$。

短期稳定度：$|\Delta f_0/f_0| > |\pm 15 \times 10^{-6}|$。

工作环境温度范围：-40 ～ +85℃。

电源电压：+12V。

② 设计说明

a. 选择电路形式。选用 12MHz C-B 型电路，如图 2-75 所示。

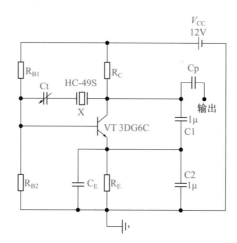

图 2-75　12MHz C-B 型电路

b. 选择三极管和石英晶体。根据设计要求，按式 $f_{max} = \sqrt{\dfrac{f_T}{8\pi r_{(bb')}C_{(b'c)}}}$

$$f_T \geq (2 \sim 10)f_H = 24 \sim 120\text{MHz}$$

选择高频管 3DG6C 型三极管作为振荡管。查手册其性能参数如下：f_T=250MHz；$\beta \geq 40$，取 β =50；NPN 型通用；额定电压为 20V；I_{CM}=20mA；P_o= 0.1W；$f_\beta \approx f_T / \beta$ =5 MHz。

石英晶体振荡器可选用 HC-49S 系列，其性能参数如下。

标称频率 f：12MHz。

工作温度：-40 ～ +85℃。

25℃时频率偏差：±（$3 \times 10^{-6} \sim 30 \times 10^{-6}$）。

串联谐振电阻：60Ω。

负载电容 C_L：10pF。

激励功率：0.01 ～ 0.1mW。

c. 确定直流工作点并计算偏置电路元件参数。根据 3DG6C 的静态特性曲线选取工作点为：I_E=2mA，U_{CE}=0.6V_{CC}=0.6 × 12V=7.2V。取 U_C=0.8V_{CC}=0.8 × 12V=9.6V；U_E=0.2V_{CC}=0.2 × 12V=2.4V，则有

$$R_C = (V_{CC} - U_C)/I_E = (12 - 9.6)\text{V}/0.002\text{A} = 1.2\text{k}\Omega$$

$$R_E = U_E/I_E = 2.4\text{V}/0.002\text{A} = 1.2\text{k}\Omega$$

取 R_{B2}=5R_E=6 kΩ，则有

$$R_{B1} = [(V_{CC} - U_E)/U_E] \times R_{B2} = 24\text{k}\Omega$$

根据实际的标称电阻值，R_C、R_E、R_{B1}、R_{B2} 取精度为 1% 的金属膜电阻，其阻值分别为 R_C= R_E= 1.2kΩ；R_{B1}= 24 kΩ，R_{B2}=6.2 kΩ。

d. 求 C1、C2、Ct 的电容值。在计算时，由下式计算 $r_{B'E}$ 的值：

$$r_{B'E} = 26\beta/I_E = 650\Omega$$

根据 $C_1C_2 = \dfrac{\beta}{r_{B'E}\,\omega^2 R_E\left[1+\left(\dfrac{f}{f_\beta}\right)^2\right]^{1/2}} = 50/\{(2\pi \times 12 \times 10^6\,\Omega)^2 \times 650\,\Omega \times 1200\,\Omega\,[1+(f/f_\beta)^2]^{1/2}\} =$

4341.3pF^2

根据负载电容的定义，由图 2-75 所示的电路可以得出

$$C_L = 1/\left[(1/C_{12})+1/C_t\right]$$

式中，C_{12} 为 C_1 与 C_2 相串联的电容值，由上式可得

$$C_{12} = C_t C_L/(C_t - C_L)$$

若取 $C_t=30\text{pF}$（一般 C_t 应略大于负载电容值），则有

$$C_{12} = C_t C_L/(C_t - C_L) = (30 \times 10)\text{pF}/(30{-}10) = 15\ \text{pF}$$

由反馈系数 $F=C_1/C_2$ 和 $C_{12}=C_1C_2/(C_1+C_2)$ 两式联立解，并取 $F=1/2$，则有

$$C_1 = C_{12}(1+F) = 22.5\ \text{pF}$$

$$C_2 = C_{12}(1+1/F) = 45\ \text{pF}$$

根据电容量的标称值，取 C1、C2 为聚苯乙烯电容，$C_1=20\text{pF}$，$C_2=40\text{pF}$，$C_1C_2=20\text{pF} \times 40\text{pF}$ $=800\text{pF}^2 \leqslant 4341.3\text{pF}^2$。可见该值远小于由 C_1C_2 乘积的极限值，故该电路满足起振条件。

模拟电路设计步骤、注意事项

接到一个电子电路设计任务时，首先应仔细分析该任务，提出多种方案并进行选择，然后对各部分组成单元电路进行设计，最后进行组合、功能调试。

（1）模拟电路设计步骤　一般模拟电路设计步骤如下。

① 提出系统方案

a. 分析、提出系统方案。仔细分析设计要求，了解系统的性能指标、内容以及特殊要求等。根据各部分单元电路功能，画出一个整机原理方框图。然后搜集与查阅相关的资料，提出多种可行性方案。从合理性、可能性、经济性及功能性等多方面进行选择，并反复进行可行性分析和优缺点比较，关键部分应进行实际现场考察。

b. 确定方案。经过分析和比较后选择出一种方案，然后根据各单元电路功能画出该方案的原理方框图。这个简单的方框图要求反映出各组成部分的功能以及相互之间的关系。

② 单元电路的设计与制作

a. 单元电路选择与设计。单元电路是整机中的一部分，必须把各单元电路制作好才能提高整机性能。因此，必须按照已确定的总体方案系统要求，明确该单元电路的任务，详细拟定出单元电路的性能指标以及单元电路间的级联问题。

对满足功能要求的多个单元电路进行分析比较和筛选。具体制作时，在满足性能要求的前提下，可模拟成熟的电路，也可创新。除此之外，还要考虑各单元电路间的级联问题，例如信号耦合方式、电气特性的相互匹配以及互相间的干扰等问题。

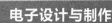
b. 参数计算。通常满足同一电路要求的参数值可能有多组，设计人员应选择一组能满足功能要求的、可行的参数，以便确定元器件的具体型号。

c. 元器件选择。由于元器件的种类繁多，设计人员需要进行分析比较选择出最合适的元器件。首先，所选元器件应满足单元电路的性能指标要求，其次考虑价格、体积等要求。

随着微电子技术的飞速发展，各种集成电路的应用也越来越广泛。它性能可靠、体积小，而且便于安装调试和维修。选择集成电路不仅需要考虑功能和特性的要求，而且还要考虑功耗、电压、价格等多方面的要求。

③ 绘制电路图　在系统框图、参数计算、元器件选择以及单元电路间关系等都确定后，就可以进行总体电路图的绘制。总体电路图是电子电路设计的重要文件，它不仅是电路安装和电路板制作等工艺设计的重要依据，而且也是电路试验和维修时的重要文件。

绘制总体电路图时应注意：合理地布局，要清晰地反映出各单元电路的组成以及各单元电路间的连接关系；反馈信号的方向与一般信号的流向相反。

④ 总体电路试验　实践是检验该设计正确与否的标准，所以在总体电路图设计完毕后，设计人员应进行试验。通过试验可以发现电路中的问题，找出设计中的不足，从而修改和完善电路设计。一般试验步骤如下。

a. 组装。对于集成电路要认清方向，元器件要按照信号流向顺序连接，这样便于调试。

b. 调试。调试前后对连线、元器件安装、电源等进行检查，确保安装无误后通电观察是否有冒烟、发热等故障，若有则应断电排除故障。接着要局部地对各单元电路进行调整，按信号的流向分块逐级地使其参数达到指标。逐步扩大范围，最后完成整机调整。另外，还要使整机的抗干扰能力、稳定性及抗机械振动能力等各方面达到设计指标。

c. 故障检查。调试时出现故障，应认真查找故障原因，仔细做出判断。常用的故障检查方法有直观观察法、用万用表查静态工作点、信号寻迹法、替换法等。

⑤ 绘制正式的总体电路图　在对电路进行试验后，可知各单元电路是否合适，单元电路之间的连接是否合理，元器件选择是否正确，电路中是否存在故障。对出现的问题加以有效解决，从而可以进一步修改和完善总体电路图。绘制正式的总体电路图时应符合国际标准，要求更严格、更工整。

（2）模拟电路设计注意事项

① 在进行参数计算时，应考虑元器件的工作电流、电压、功耗和频率等是否满足性能指标，还要考虑元器件的极限参数留有余量，一般应大于额定值的 1.5 倍。

② 单元电路要布局合理，元器件引线要尽量短，且减少交叉；大功率开关管或滤波电容要远离输入级；总接地线应严格按照高频→中频→低频逐级从弱电到强电的顺序排列；立体声的双声线必须分开，直到功放级再合起来。

③ 在进行元器件选择时，如高频、宽频带、高电压和大电流等特殊场合，不适合选用集成电路。

④ 电路中应采用静电屏蔽和电磁屏蔽来降低噪声。

⑤ 电路中加入滤波电容和补偿网络来消除自激振荡。

⑥ 在进行组装时，可选用不同颜色的导线来表示不同的用途，这样检查时较方便，且连线不允许跨在集成电路上。

⑦ 在进行调试时为了方便，可在电路图上标明各点的电位值、波形图及其他主要参数。

⑧ 绘制电路图时，图纸的布局、图形符号、文字符号都应规范统一。

第3章

电源电路设计

3.1 开关电源设计流程与方法

3.1.1 开关电源设计流程

开关电源的设计与制作需要从主电路开始，其中功率变换电路是开关电源的核心。功率变换电路的结构也称开关电源拓扑结构，该结构有多种类型。拓扑结构也决定了与之配套的 PWM 控制器和输出整流 / 滤波电路。下面介绍开关电源设计与制作的一般流程。

（1）确定电路结构（DC/DC 变换器的结构） 无论是 AC/DC 开关电源还是 DC/DC 开关电源，其核心都是 DC/DC 变换器。因此，开关电源的电路结构就是指 DC/DC 变换器的结构。开关电源中常用的 DC/DC 变换器拓扑结构有降压式变换器（又称降压式稳压器）、升压式变换器（又称升压式稳压器）、反激式变换器、正激式变换器、半桥式变换器、全桥式变换器与推挽式变换器。

降压式变换器和升压式变换器主要用于输入、输出不需要隔离的 DC/DC 变换器中；反激式变换器主要用于输入、输出需要隔离的小功率 AC/DC 或 DC/DC 变换器中；正激式变换器主要用于输入、输出需要隔离的较大功率 AC/DC 或 DC/DC 变换器中；半桥式变换器和全桥式变换器主要用于输入、输出需要隔离的大功率 AC/DC 或 DC/DC 变换器中，其中全桥式变换器能够提供比半桥式变换器更大的输出功率；推挽式变换器主要用于输入、输出需要隔离的较低输入电压的 DC/DC 或 DC/AC 变换器中。

顾名思义，降压式变换器的输出电压低于输入电压，升压式变换器的输出电压高于输入电压。在反激式、正激式、半桥式、全桥式和推挽式等具有隔离变压器的 DC/DC 变换器中，可以通过调节高频变压器的初、次级匝数比，很方便地实现电源的降压、升压和极性变换。此类变换器既可以是升压型，也可以是降压型，还可以是极性变换型。在设计开关电源时，首先根据输入电压、输出电压、输出功率的大小及是否需要电气隔离，选择合适的电路

结构。

（2）选择控制电路　开关电源是通过控制功率三极管或功率场效应管的导通与关断时间来实现电压变换的，其控制方式主要有脉冲宽度调制、脉冲频率调制和混合调制三种。脉冲宽度调制简称脉宽调制，缩写为 PWM；脉冲频率调制简称脉频调制，缩写为 PFM；混合调制方式，是指脉冲宽度与开关频率均不固定，彼此都改变的方式。

PWM 方式具有固定的开关频率，通过改变脉冲宽度来调制占空比，因此开关周期也是固定的，这就为设计滤波电路提供了方便，所以应用最为普通。目前，集成开关电源大多采用 PWM 方式。为便于开关电源的设计，众多厂家将 PWM 控制器设计成集成电路，以便用户选择。开关电源中常用的 PWM 控制器电路有自激振荡型 PWM 电路、TL494 电压型 PWM 控制电路、SG3525 电压型 PWM 控制电路、UC3842 电流型 PWM 控制电路、TOPSwitch-ii 系列 PWM 控制电路和 TinySwitch 系列 PWM 控制电路。

（3）确定辅助电路　开关电源通常由输入电磁干扰滤波器、整流滤波电路、功率变换电路、PWM 控制电路、输出整流滤波电路等组成。其中功率变换电路是开关电源的主要电路，对开关电源的性能起决定作用。根据不同的拓扑结构，开关电源还需要一些辅助电路才能正常工作。有些电路可能包含在主要电路环节当中。

开关电源中常见的辅助电路有电压反馈电路、尖峰电压吸收电路、输入滤波电路、整流滤波电路、输出过电压保护电路、输出过电流保护电路和尖峰电流抑制电路。其中电压反馈电路是各类开关电源都具有的辅助电路。尖峰电压吸收电路是反激式开关电源必需的辅助电路。输入滤波电路通常只在 AC/DC 变换器出现。整流滤波电路包括工频（50Hz）整流滤波电路和高频整流滤波电路。自激振荡型 PWM 电路本身就具有输出过电流保护特性。有时还需要开关电源具有防雷击保护电路、过电压保护电路、欠电压保护电路等。设计人员可以根据设计要求进行适当的取舍。

（4）整理电路原理图　开关电源的拓扑结构、控制电路和辅助电路确定以后，就可以整理、绘制电路原理图，以便确定所有元器件的型号、参数及数量，完成各元器件引脚之间的电气连接。电路原理图应按照信号流程和功能划分不同区域，力求布线清晰、整洁，密度分配合理，信号流向清楚。然后确定所有元器件的封装，以便在电路板上设计元器件的布局与布线。

（5）制作高频变压器　高频变压器的设计是制作开关电源的关键技术。在半桥式、全桥式和推挽式开关电源中，高频变压器通过的是交变电流，不存在直流磁化问题，设计方法和工频变压器基本相同，只是采用的磁芯材料不同，设计起来相对简单。正激式开关电源的高频变压器与全桥式开关电源有相同之处，但存在直流磁化问题，设计起来相对复杂。因此有时会在高频变压器中增加去磁绕组，以便降低设计难度。反激式开关电源在小功率开关电源中应用最为普通，但其高频变压器的设计也最为复杂。

反激式开关电源的高频变压器相当于一只储能电感，在固定的开关频率下，其储存的能量大小直接影响开关电源的输出功率。在设计反激式开关电源的高频变压器时，需要以下几个步骤。

① 计算一次电感量 L_p。

② 选择磁芯与骨架。

③ 计算一次绕组匝数 N_p。

④ 计算二次绕组匝数 N_s。

⑤ 计算气隙长度。

⑥ 检验最大磁通密度 B_m。

首先根据一次绕组的峰值电流 I_p 和开关电源的输出功率 P_o 计算一次电感量 L_p。其次选择磁芯与骨架并确定相关参数，接着依据选定的磁芯截面积和磁路长度等参数计算一次绕组匝数 N_p。再次根据一次和二次的变化值计算二次绕组匝数 N_s。为了防止高频变压器出现磁饱和，通常在磁芯中加入空气间隙（简称气隙）。还需要根据一次电感量 L_p 和所选磁芯参数计算气隙长度。最后根据峰值电流 I_p 和所选磁芯参数计算最大磁通密度 B_m，检验是否满足磁芯材料要求。在部分条件不能满足时，需要重新选择磁芯与骨架，并进行计算和检验，直到满足设计要求为止。

（6）设计印制电路板　开关电源的印制电路板设计与一般电子电路的印制电路板设计既有相同之处，又有不同之处。一般电子电路的印制电路板设计中提到的布局、布线及铜线宽度与通过电流的关系等原则，在开关电源的印制电路板设计中也同样适用。开关电源中除了常用标准封装的电阻、电容以及集成电路以外，还包含大量非标准封装的电感、高频变压器、大容量电解电容、大功率二极管、三极管以及各种尺寸的散热器等元器件。这些元器件的封装需要在印制电路板设计之前自行确定，可以根据厂家提供的外形尺寸或实际测绘确定。开关电源的印制电路板设计时还需要特别注意以下问题。

① 元器件布局问题。

② 地线布线问题。

③ 取样点选择问题。

开关电源中的元器件布局，重点考虑主电路中关键元器件。开关电源中输入滤波电容、高频变压器的一次绕组和功率开关管组成一个较大脉冲电流回路。高频变压器的二次绕组、整流二极管或续流二极管和输出滤波电容组成另一个较大脉冲电流回路。这两个回路要布局紧凑、引线短捷，这样可以减小泄漏电感，从而降低吸收回路的损耗，提高电源的效率。

开关电源中的地线回路，不论是一次回路还是二次回路，都要流过很大的脉冲电流。尽管地线通常设计得较宽，但还会造成较大的电压降，从而影响控制电路的性能。地线的布线应考虑电流密度的分布和电流的流向，避免地线上的压降被引入控制电路，造成负载调整率下降。

开关电源中取样点选择尤为重要，在取样回路中，既要考虑负载产生的压降，也要考虑整流或续流电路产生的脉冲电流对取样的影响。取样点应尽量选择在输出端子的两端，以便得到最好的负载调整率。

（7）安装调试　安装前准备好各种元器件、常用工具和材料。正确使用工具，既可提高工作效率，又能保证装配质量。分立元件在安装前应全部测试。先安装体积小、高度低的电阻和二极管，然后安装集成电路、三极管、电容等，最后安装较大尺寸的散热器。注意有极性的电子元器件的极性标志。不同尺寸的引脚和焊盘应选用不同功率的电烙铁焊接，以保障焊接的质量。调试步骤按以下顺序进行。

① 准备调试仪器。

② 通电前检查。

③ 通电后观察。

④ 性能测试。

调试前准备好相关调试仪器，开关电源的调试仪器主要有隔离变压器、自耦调压器、交流电压表、交流电流表、直流电压表、直流电流表和双踪示波器。其中，电压表、电流表可用几块同型号的数字万用表代替。

电路安装完毕后不要立即通电，首先根据电路原理图认真检查电路接线是否正确，元器件引脚之间有无短路，二极管、三极管和电解电容极性有无错误等。然后连接相关调试仪器，检查仪表挡位是否正确，通电前自耦调压器触头是否处于足够低的输出电压位置，电路是否需要接入最小负载以及负载连接是否正确等。

电源接通后不要立即测量数据，应首先观察有无异常现象，调节自耦调压器触头，使输入电压逐渐升高，用示波器观测开关管的集电极或漏极的电压波形，这一点最为重要，因为该电压波形可以反映出尖峰电压大小以及开关管是否饱和导通，是防止开关管损坏的最佳观测视点。此外还要观察输入电流是否过大，有无冒烟，是否闻到异常气味，手摸元器件是否发烫等现象。

开关电源正常工作之后，可以进行性能测试。首先进行稳压范围的测试，在轻载条件下，将输入电压从最小值开始逐渐升高到最大值，观察输出电压是否稳定。然后进行负载特性的测试，在额定输入电压条件下，将负载电流从最小值开始逐渐升高到最大值，观察输出电压是否稳定。在最大负载时，将输入电压从最小值逐渐升高到最大值，观察输出电压变化情况。

在调试电路过程中对测试结果作详细记录，以便通过深入分析对电路与参数作出合理的调整。最后根据设计要求，还可对电源调整率、负载调整率、输出纹波、输入功率及效率、动态负载特性、过电压及短路保护等性能参数进行更为详细的测试。

3.1.2　采用移植法设计理解开关电源

所谓的移植法就是根据设计流程把已有的电路移过来，组合成所需要的电路。所以无论设计人员还是维修人员，需要懂得开关电源的电路单元原理才能快速读懂开关电源，要学会用等效法理解开关电源电路（如将集成电路等效为最简单的分立元件电路）。下面讲解具体移植过程及电路等效分析。

（1）输入电路　输入电路主要是滤波电路（图3-1），目前开关电源使用的滤波电路主要是 LC 滤波器。

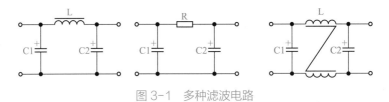

图 3-1　多种滤波电路

（2）整流电路　对于整流电路，主要有输入整流电路、输出整流电路，如图3-2所示。按照整流电路分类主要分为桥式整流电路（多用于输入整流电路）、全波整流电路（主要用于输出整流电路）、半波整流电路（用于输出整流电路）。

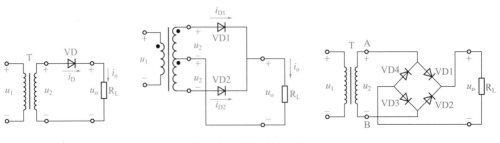

图 3-2　多种整流电路

（3）**振荡电路**　振荡电路是产生脉冲的电路，可以利用直流产生交变脉冲，控制开关管开关状态。开关电源中的振荡电路主要为自激电感式振荡电路、集成电路振荡电路和多谐振荡器电路（图3-3～图3-5），都有集成电路和分立元件之分。实际理解集成电路振荡原理时可以按照分立元件电路理解。

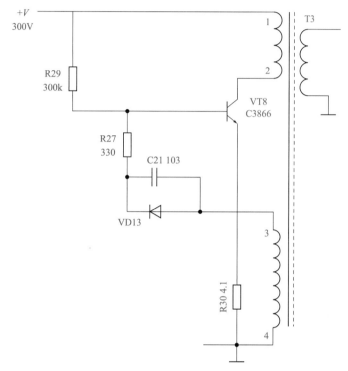

图 3-3　自激电感式振荡电路

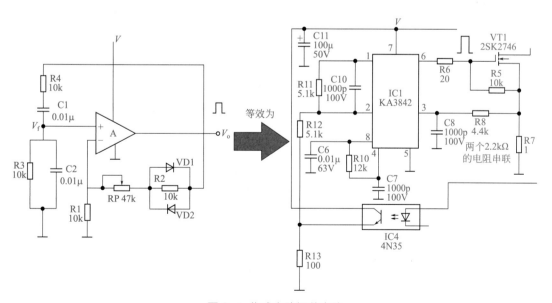

图 3-4　集成电路振荡电路

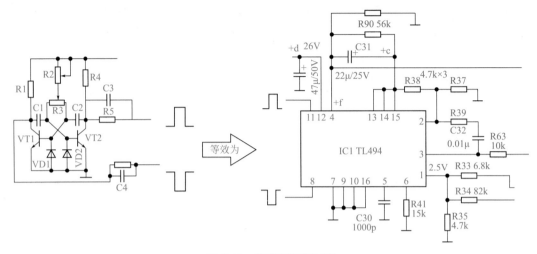

图 3-5　多谐振荡器电路

（4）脉冲调宽电路　根据波形图（图 3-6）可知，只要改变 R_K 的阻值，即可以改变 VT901 基极的脉冲宽度，改变 R_K 阻值的过程称为基极脉冲调宽过程。

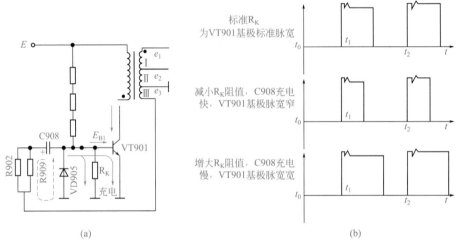

图 3-6　脉冲调宽电路与波形图

（5）开关管电路　开关管电路主要应用于单三极管型开关电路（图 3-7）、场效应管电路、桥式开关管电路（图 3-8）。

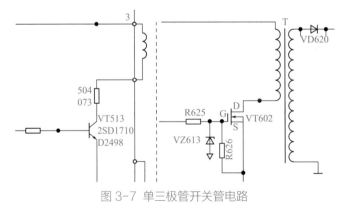

图 3-7　单三极管开关管电路

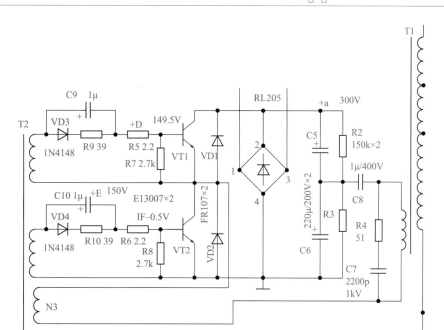

图 3-8　桥式开关管电路

（6）稳压过程　由脉冲调宽可知，基极脉宽受 R_K 阻值大小控制，只要改变 R_K 阻值，即可以改变 VT901 基极的脉冲宽度，从而改变 VT901 导通 / 截止时间。导通时间长，开关变压器储存电能多，输出电压上升；导通时间短，开关变压器储存电能少，输出电压低。所以只要利用一控制电路改变阻值，即可达到稳压和调压的目的。稳压电路由基准电压电路、取样电路、误差放大电路、控制电路构成。稳压过程见图 3-9、图 3-10 中箭头指示。

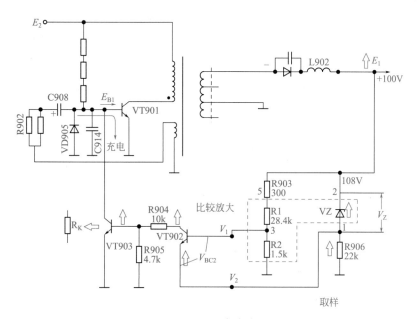

图 3-9　无隔离式稳压

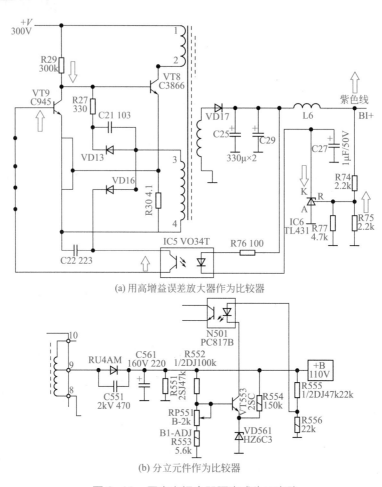

(a) 用高增益误差放大器作为比较器

(b) 分立元件作为比较器

图 3-10　用光电耦合器隔离式稳压电路

（7）保护电路　开关电源电路中设有多种保护电路，主要由过电压取样电路和执行元件构成，一般过电压取样多为稳压二极管取样，执行元件可以是三极管、晶闸管等元器件，如图 3-11 所示。

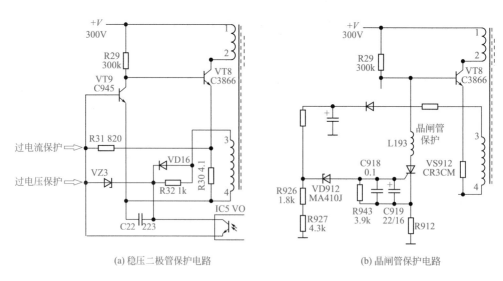

(a) 稳压二极管保护电路

(b) 晶闸管保护电路

图 3-11　保护电路

（8）辅助电路 辅助电路还有尖峰吸收电路、钳位电路、杂波泄放电路等。

由于开关电源目前多应用的是隔离式开关电源，为了防止干扰，在冷地与热地之间需要增加一些元器件，以泄放掉杂波，如图 3-12 所示。

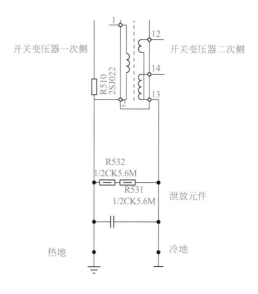

图 3-12　电磁干扰泄放电路

6 开关电源变压器的设计与制作

对于开关电源，变压器和电感器件是需要自己设计制作的，其他元器件多为市场通用元件。为了方便学习，将各类型开关电源变压器的设计与制作方法做成电子版，读者可以扫描二维码下载学习。

开关电源变压器
的设计与制作

3.2 开关电源中滤波电感、电容的选择

3.2.1　滤波电感

开关电源中多采用交流输入 EMI 滤波器，通常干扰电流在导线上传输时有两种方式：共模方式和差模方式。共模干扰是载流体与大地之间的干扰，干扰大小和方向一致，存在于电源任何一相对大地或中性线（零线）对大地间，主要是由 $\mathrm{d}v/\mathrm{d}t$ 产生的，$\mathrm{d}i/\mathrm{d}t$ 也产生一定的共

模干扰。而差模干扰是载流体之间的干扰，干扰大小相等、方向相反，存在于电源相线（火线）与中性线之间、相线与相线之间。干扰电流在导线上传输时既可以共模方式出现，也可以差模方式出现，但共模干扰电流只有变成差模干扰电流后，才能对有用信号构成干扰。

交流电源输入线上存在以上两种干扰，通常为低频段差模干扰和高频段共模干扰。在一般情况下差模干扰幅度小、频率低，造成的干扰小；共模干扰幅度大、频率高，还可以通过导线产生辐射，造成的干扰较大。若在交流电流输入端采用适当的 EMI 滤波器，则可有效地抑制电磁干扰。EMI 电源滤波器基本电路原理图如图 3-13 所示，其中差模电容 C1、C2 用来短路差模干扰电流，而中间连接接地的电容 C3、C4 则用来短路共模干扰电流。共模扼流圈是由两股等粗并且按同方向绕制在一个磁芯上的线圈组成的。如果两个线圈之间的磁耦合非常紧密，那么漏感就很大，在电源线频率范围内差模电抗将会变得很小；当负载电流流过共模扼流圈时，串联在相线上的线圈所产生的磁力线和串联在中性线上的线圈所产生的磁力线方向相反，它们在磁芯中相互抵消，因此即使在大负载的情况下，磁芯也不会饱和。而对于共模干扰电流，两个线圈产生的磁场是同方向的，会呈现较大电感，从而起到衰减共模干扰信号的作用。这里共模扼流圈需要采用磁导率高、频率特性较佳的铁氧体磁性材料制作。

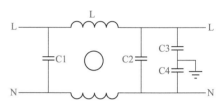

图 3-13　EMI 电源滤波器基本电路原理图

3.2.2　滤波电容

开关电源的寿命在很大程度上受到电解电容寿命的制约，而电解电容的寿命取决于其内核温升。本节从纹波电流计算、纹波电流实测、电解电容选型、温度测试方法、电解电容寿命估算等方面，对电解电容进行全面的分析。纹波电流产生的热量引起电容的内部温升，加速电解液的蒸发，当容值下降 20% 或损耗角增大为初始值的 2～3 倍时，预示着电解电容寿命的终结。通过检查电容上的纹波电流，可预测电容的寿命。本节以连续工作模式的反激式变换器的输出电容为例，重点从纹波电流角度全面分析电解电容的选型与寿命。

（1）纹波电流计算　假设已知连续工作模式的反激式变换器，其输出电流 I_o 为 1.25A，纹波率 r 为 1.1，占空比 D 为 0.62，开关频率为 60kHz，由此可以计算次级纹波电流 ΔI_o 和有效值电流 I_{orms}。

次级纹波电流 ΔI_o 为

$$\Delta I_o = \frac{I_o}{1-D} r = \frac{1.25\text{A}}{1-0.62} \times 1.1 = 3.62\text{A}$$

有效值电流 I_{orms} 为

$$I_{orms} = \sqrt{(1-D) \times \left[\left(\frac{I_o}{1-D} \right)^2 + \frac{\Delta I_o^2}{12} \right]} = \sqrt{(1-0.62) \times \left[\left(\frac{1.25}{1-0.62} \right)^2 + \frac{3.62^2}{12} \right]}\text{A} = 2.13\text{A}$$

最终得到流过输出电容的纹波电流为

$$I_{\text{Coacrms}} = \sqrt{I_{orms}^2 - I_o^2} = \sqrt{2.13^2 - 1.25^2}\text{A} = 1.72\text{A}$$

图 3-14 直观地显示了该电容的纹波电流波形。

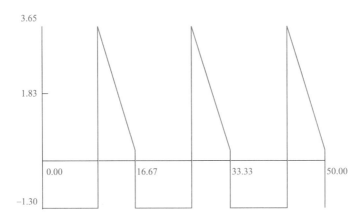

图 3-14　纹波电流波形

（2）电解电容选型　由上述计算分析得到流过电容的纹波电流为 1.72A，综合考虑体积和成本，选择了纹波电流为 1.655A 的电解电容。该纹波电流需在电源开关频率下选择，如表 3-1 为某厂家电容手册的纹波电流频率因子。不同频率下的纹波电流不同，高频低阻电容均会给出 100kHz 下的纹波电流，本设计开关频率为 60kHz，频率因子在 0.96 ～ 1 之间，在此取 1 即可。

表3-1　电容纹波电流频率因子

频率 /Hz 电容量 /μF	120	1k	10k	100k 以上
33 以下	0.42	0.70	0.90	1.0
39 ～ 270	0.5	0.73	0.92	1.0
330 ～ 680	0.55	0.77	0.94	1.0
820 ～ 1800	0.6	0.80	0.96	1.0
2200 ～ 15000	0.7	0.85	0.98	1.0

注：纹波电流还有一个温度系数。例如 105℃电容，在 85℃环境温度下，允许的最大纹波电流约为额定最大纹波电流的 1.73 倍，该参数一般不在电容手册中体现。

（3）温度测试方法

① 测量电容表面温度 T_S：需在电容侧面的中间位置进行（图 3-15 所示）。如果由于外部影响导致电容表面温度不均匀、不稳定，需综合测量电容表面 4 个点的温度，再取平均值。

② 测量环境温度 T_X：热电偶需放置在离铝壳表面 20mm 左右处（图 3-15），如果空间不足，则保持最小 10mm 距离。如果由于外部影响导致附近环境温度不均匀、不稳定，则需综合测量 4 个点以上的温度，再取平均值。

（4）电解电容寿命估算　本设计选择参数为 -40 ～ 105℃、5000h、1.655A 纹波电流的高频低阻电解

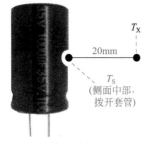

图 3-15　环境温度与表面温度测量

电容，最高实测环境温度 T_X 为 80℃，壳体表面温度 T_S 为 85℃，则其寿命估算步骤如下。

① 估算实际内核温升为

$$\Delta T_X = \Delta T_o(I_X/I_o)^2 = 5 \times (1.64/1.655)^2℃ = 4.9℃$$

式中　ΔT_o——T_o 时允许的内核温升，即额定纹波电流时的电容芯温升，此次选择的105℃电容 ΔT_o 为5℃，可查原厂或行业资料得到；

　　　ΔT_X——实际内核温升；

　　　I_X——实际纹波电流，1.64A；

　　　I_o——额定纹波电流，1.655A。

② 估算电容寿命为

$$L_X = L_o \times 2^{(T_o-T_X)/10} \times 2^{(\Delta T_o - \Delta T_X)/5} = 5000 \times 2^{(105-80)/10} \times 2^{(5-4.9)/5}h = 28678h = 3.27 年$$

式中　L_o——额定寿命，取 5000h；

　　　T_o——最高额定工作环境温度，取 105℃；

　　　T_X——实际环境温度，取 80℃。

当由于环境因素影响，T_X 不易获得时可用 T_S 替代，这可以进一步提供安全余量，以保证产品寿命。

3.3　主要功率开关管的选择

功率开关管的主要作用是把直流输入电压转换成脉宽调制的交流电压，紧接在功率开关管下一级的变压器可以把交流电压升高或降低，最后由变换器的输出级把交流电压转换成直流电压。为了完成这个 DC/DC 变换，功率开关管只工作在饱和与关断两种状态，这就可以使开关损耗尽可能小。

目前主要用到两种功率开关管：双极型功率晶体管（BJT）和功率 MOSFET。IGBT（绝缘栅双极型晶体管）一般用在功率更大的工业应用场合，比如功率远大于 1kW 的电源和电动机驱动电路。与 MOSFET 相比，IGBT 的关断速度比较慢，所以通常用在开关频率小于 20kHz 的情况。

3.3.1　双极型功率晶体管

双极型功率晶体管是电流驱动型器件。为了让双极型功率晶体管像"开关"一样工作，必须使其工作在饱和或接近饱和的状态。为了达到这个目的，基极电流需要满足下式要求（同时可见图 3-16）。

$$I_B \geqslant \frac{I_{C(max)}}{h_{FE(min)}}$$

式中　I_B——导通时的基极驱动电流；

　　$I_{C(max)}$——集电极最大电流；

　　$h_{FE(min)}$——规定的三极管最小直流放大倍数。

双极型功率晶体管有两种驱动方式：恒基极电流驱动与比例基极驱动，下面分别予以介绍。

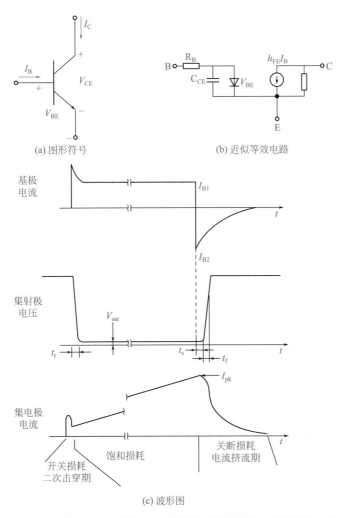

(a) 图形符号　　　　　　(b) 近似等效电路

(c) 波形图

图 3-16　PWM 开关电源中双极型功率晶体管的图形符号、近似等效电路与波形图

（1）**恒基极电流驱动**（图 3-17）　在整个导通期间都把晶体管驱动到饱和。由于集电极电流几乎总是低于设计的最大值，所以晶体管也几乎总是被过度驱动。把晶体管驱动到深度饱和，会使晶体管的关断变慢。存在时间 t_s 是指关断信号加至基极到集电极电流开始关断的延迟时间。在这段时间内，集射极的电压还是维持在饱和电压的水平。这样虽然不至于增加损耗，但它减小了晶体管可以工作的最大占空比。这种驱动电路能够提供快速变化的基极电流（导通和关断）并把基极电压稍微拉负。

恒基极电流驱动电路一般从低电压源（3～5V）中取得电流。这个电压源一般是由功率变压器的一个附加绕组提供的。直接串联在基极的电阻（图 3-17 中的 R2）在 100Ω 数量级，其作用是在导通和关断时限制流入基极的电流。R2 上要并 100pF 左右的电容，这个电容被称为基极加速电容。在晶体管导通和关断时，它可以快速提供一个正或负的浪涌电流，以减少开关时间和减小二次击穿危险及电流挤流效应（趋映效应）。恒基极驱动电路的晶体管集电极上的电阻（图 3-17 上的 R1）进一步控制了通态基极驱动电流。基极上的电压应用示波器检查，在关断时电压要稍微为负值，但不能超过与射极间的额定雪崩电压（＜5V）。

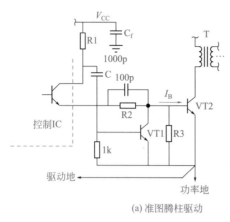

VT1采用2N3904(采用相近规格NPN管)

$R_3 \approx 62\Omega$, 1/4W

$R_2 \approx 100\Omega$, $P_{D(R2)} \approx I_B^2 R_2$

$R_1 \approx \dfrac{V_{CC} - 1.0V}{I_B} - R_2$

$P_{D(R1)} \approx I_B^2 R_1$

(a) 准图腾柱驱动

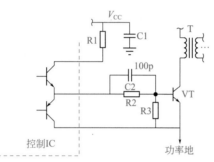

$R_3 \approx 64\Omega$, 1/4W

R_1 和 R_2 同图 (a)

(b) 图腾柱驱动

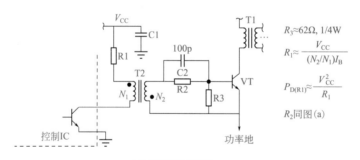

$R_3 \approx 62\Omega$, 1/4W

$R_1 \approx \dfrac{V_{CC}}{(N_2/N_1)I_B}$

$P_{D(R1)} \approx \dfrac{V_{CC}^2}{R_1}$

R_2 同图 (a)

(c) 变压器耦合驱动

图 3-17　恒基极驱动电路

（2）比例基极驱动（图 3-18）　这种方法总是把双极型功率晶体管驱动到临界饱和状态，集射极电压比恒基极电流驱动时的集射极电压高。但在这种情况下，开关时间可以在 100 ~ 200ns 之间，比恒基极电流驱动快 5 ~ 10 倍。在实际使用中，恒基极电流驱动用在中小功率、成本低的场合，而比例基极驱动用在功率比较大的场合。

最后考虑的是基极电流要由多大的电压源提供。由于基射极与正向偏置的二极管类似，V_{BE} 的最大值在 0.7 ~ 1.0V 之间，因此 2.5 ~ 4.0V 的电压源就满足要求。如果基极驱动电压太高，相应地驱动基极时的损耗也比较大。

在最初的实验板上，应仔细察看与双极型功率晶体管相关的电压和电流的波形，同时核实它们有没有超出 SOA。这时可以修改任何改善开关特性的参数，因为开关损耗大约占到电源总损耗的 40%。图 3-17 和图 3-18 所示的是比较常用的双极型功率晶体管的驱动电路，供设计者参考。

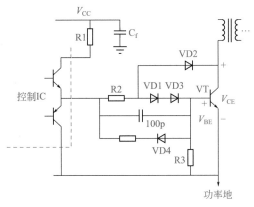

VD1、VD3、VD4采用1N4148

VD2为超快恢复二极管

$I_F \approx I_B$，$V_{R(D2)} > V_{CE}$

$R_3 \approx 62\Omega$，1/4W

$R_2 \approx 100\Omega$，$P_{D(R2)} \approx I_B^2 R_2$

$R_1 \approx \dfrac{V_{CC}-1.0V}{I_B} - R_2$

$P_{D(R1)} \approx I_B^2 R_1$

(a) Baker钳位电路

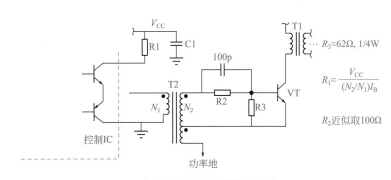

$R_3 \approx 62\Omega$，1/4W

$R_1 \approx \dfrac{V_{CC}}{(N_2/N_1)I_B}$

R_2近似取100Ω

(b) 变压器耦合的比例基极驱动电路

图 3-18 比例基极驱动电路

3.3.2 MOSFET

　　MOSFET 是较常用的功率开关器件。在大多数场合，它的成本和导通损耗与双极型功率晶体管相当，开关速度却快 5 ～ 10 倍，在设计中也比较容易使用。

　　MOSFET 是电压控制电流源器件。为了驱动 MOSFET 进入饱和区，需要在栅源极间加上足够的电压，以使漏极能流过预期的最大电流。栅源电压和漏极电流间的关系称作跨导，也就是 g_m。MOSFET 通常分成两类：一类是标准线性的 MOSFET（这种 MOSFET 的 V_{GS} 为 8 ～ 10V，以保证额定的漏极电流），另一类是逻辑电平 MOSFET〔这类 MOSFET 的 V_{GS} 只需 4.0 ～ 4.5V，其漏源电压额定值较低（ < 60V）〕。

　　MOSFET 的开关速度很快，典型值是 40 ～ 80ns。若要快速驱动 MOSFET，需要考虑 MOSFET 中固有的寄生电容（图 3-19）。这些电容值在每个 MOSFET 产品的数据表中都会有说明，这是非常重要的参数。C_{oss} 是漏源间电容，在漏极负载中需要考虑，但与驱动电路的设计没有直接关系。C_{iss} 和 C_{rss} 对 MOSFET 的开关性能有着直接的影响，其影响的大小是可以计算出来的。图 3-20 所示

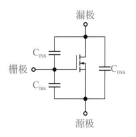

图 3-19 附有寄生电容的 MOSFET 图形符号

的是典型的 N 沟道 MOSFET 在一个开关周期内栅极和漏极的波形图。

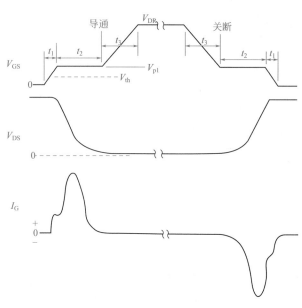

图 3-20　典型的 N 沟道 MOSFET 在一个开关周期内栅极和漏极的波形图

栅极驱动电压上的平台是由于漏源电压反向转换时通过密勒电容（C_{rss}）被耦合到栅极引起的。在这期间，栅极驱动电流的波形上有一个很大的脉冲。这个平台电压比额定门槛电压稍大，电压值为 $V_{th}+I_D/g_m$。这个平台电压也可以从 MOSFET 数据手册上提供的传递函数图上确定（图 3-21）。对于粗略的估计，可以用门槛电压来代替这个平台电压。MOSFET 数据手册提供的曲线如图 3-21 所示。

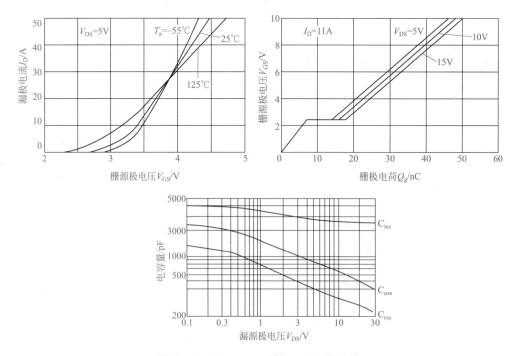

图 3-21　MOSFET 数据手册上的曲线

这些电容导致 MOSFET 开关的延时。驱动电路要求能驱动容性负载。首先，确定使栅极电压变化所需的电荷，这可以从图 3-21 中与栅源极电压工作点对应的值相减得到。从下式就可以计算开关延时。

导通延时时，对于 CMOS 与双极型晶体管有

导通延时 $t_{(1)} \approx \dfrac{Q_{(t1)}}{I_{OH}}$，$t_{(1)} = \dfrac{Q_{(t1)} R_{eff(OH)}}{V_{OH}}$

上升时间 $t_{(2)} \approx \dfrac{Q_{(t2)}}{I_{OH}}$，$t_{(2)} = \dfrac{Q_{(t2)} R_{eff(OH)}}{V_{OH} - V_{pl}}$

$t_{(3)} \approx \dfrac{Q_{(t3)}}{I_{OH}}$，$t_{(3)} = \dfrac{Q_{(t3)} R_{eff(OH)}}{V_{OH} - V_{pl}}$

$R_{eff(OL)} = \dfrac{V_{OL}}{I_{OL}}$

关断延时时，对于 CMOS 与双极型晶体管有

关断延时 $t_{(3)} \approx \dfrac{Q_{(t3)}}{I_{OL}}$，$t_{(3)} = \dfrac{Q_{(t3)} R_{eff(OL)}}{V_{OH} - V_{pl}}$

下降时间 $t_{(2)} \approx \dfrac{Q_{(t2)}}{I_{OL}}$，$t_{(2)} = \dfrac{Q_{(t2)} R_{eff(OL)}}{V_{OL} - V_{pl}}$

$t_{(1)} \approx \dfrac{Q_{(t1)}}{I_{OL}}$，$t_{(1)} = \dfrac{Q_{(t1)} R_{eff(OL)}}{V_{OL} - V_{pl}}$

$R_{eff(OH)} = \dfrac{V_{DR} - V_{OH}}{I_{OL}}$

基于双极型器件的驱动电路比基于 CMOS 器件的驱动电路更能提供 MOSFET 栅极所需的电流脉冲。基于 CMOS 器件的驱动电路工作起来电流更小，是一个电流受限的输入输出源。开关速度是通过在驱动电路和栅极间串接一个电阻来控制的。在开关电源中，如果要求比较快的开关速度，建议不采用阻值大于 27Ω 的电阻，因为它会使开关速度下降，开关损耗明显增加。

MOSFET 驱动电路如图 3-22 所示。

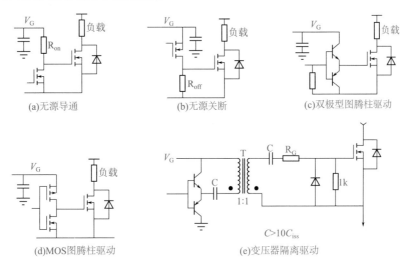

(a)无源导通　　　(b)无源关断　　　(c)双极型图腾柱驱动

(d)MOS图腾柱驱动　　　(e)变压器隔离驱动

图 3-22　MOSFET 驱动电路

3.3.3 IGBT

IGBT（绝缘栅双极型晶体管）是 MOSFET 和双极型晶体管组成的复合器件。它的内部示意图如图 3-23 所示。

IGBT 比 MOSFET 的优越性在于可以节约硅片的面积以及具有双极型晶体管的电流特性。但 IGBT 有两个缺点：一是由于有两个串联的 PN 结，它的饱和压降比较高；二是 IGBT 有比较长的拖尾电流，会增加开关损耗。拖尾电流使 IGBT 的开关频率限制在 20kHz 以上。因为 IGBT 的开关频率刚好超过人的听觉范围，所以把 IGBT 用在驱动工业电动机上十分理想。

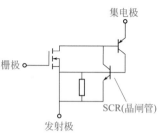

图 3-23　IGBT 内部示意图

IGBT 已经成为很多半导体公司的研究目标，它的拖尾时间也已经大大缩短。原先拖尾时间大约为 50μs，现在大约只有 100ns，而且还将继续缩短。饱和电压也从大约 4V 降低到 2V。虽然在低电压 DC/DC 变换器中，IGBT 的使用还存在问题，但在离线式场合和工业大功率变换器上有很大的需求。作为笔者个人判断，在输入电压大于 AC 220V、功率大于 1kW 场合下，可考虑使用 IGBT。

IGBT 与 MOSFET 有相同的栅极驱动特性，MOSFET 的驱动电路用在 IGBT 上也可以很好工作。

3.4　开关电源控制电路的选择

3.4.1　典型控制方法

选择控制器极其重要，如果选择不正确，会使电源工作不稳定而浪费时间。各种控制方法之间有细微差别，总体上正激式拓扑常用电压型控制，升压式拓扑常用电流型控制。但这不是一成不变的，因为每一种控制方法都可以用到各种拓扑中去，只是得到的结果不一样而已。各种控制方法如表 3-2。

表3-2　各种控制方法

PWM 控制方法		
控制方法	最适宜的拓扑	说明
具有输出平均电流反馈的电压型控制	正激式电路	输出电流反馈太慢，会使功率开关失效
具有输出电流逐周限制的电压型控制	正激式电路	具有很好的输出电流保护功能，通常检测高压侧电流
电流滞环控制	正激式和升压式电路	有很多专利限制，控制器少
电流型控制，由时钟脉冲导通	Boost 电路	具有很好的输出电流保护功能，控制器很多，通常采用功率驱动开关

续表

准谐振和谐振转换控制方法		
控制方法	最适宜的拓扑	说明
固定关断时间控制	零电压开关准谐振电路	变频，要对最高频率限制
固定开通时间控制	零电流开关准谐振电路	变频，要对最低频率限制
相移控制	PWM 正激式全桥电路	固定频率

（1）电压型控制　这种控制方法如图 3-24 所示。电压型控制的最显著特点就是误差电压信号被输入到 PWM 比较器，与振荡器产生的三角波进行比较。误差电压信号升高或降低使输出信号的脉宽增大或减小。若要识别是否为电压型控制器，首先找到 RC 振荡器，然后观察所产生的三角波是否输入到 PWM 比较器，并与误差电压信号进行比较。

电压型控制器的过电流保护有以下两种方法。

① 早期的方法是用平均电流反馈。在这种方法中，输出电流是通过在负载上串联一个电阻来检测的。电流信号可以放大后输入到电流补偿器中。当电流补偿器检测到输出电流接近原先设定的限制值时，就阻碍电压误差放大器的作用，从而把电流加以限制，以免电流继续增大。平均电流反馈作为过电流保护有一个固有的缺点，就是响应速度很慢。当输出突然短路时，会来不及保护功率开关管，而且在磁性元件进入饱和状态时也无法检测，因此会导致在几微秒内电流成指数上升而损坏功率开关管。

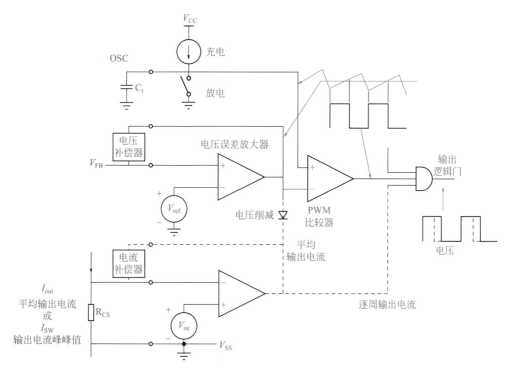

图 3-24　具有平均输出电流和逐周电流限制的电压型控制

② 逐周过电流保护。这种方法可以保证功率开关管工作在最大安全电流范围内。在功率开关管上串联一个电流检测器（包含电阻或电流互感器），这样就可以检测流过功率开关

管的瞬时电流。当瞬时电流超过原先设定的瞬时电流限制值时，就关断功率开关管。保护电路要求响应很快，以实现包括磁芯饱和在内引起的各种瞬时过电流情况下对功率开关管的保护。由于这种电流保护电路的保护限制值是固定的，而且也会因其他参数改变而变化，所以不是电流型控制。

另外，还有一种是"电压滞环"的电压型控制，是基本控制方法。在这种控制方法中，固定频率的振荡器只有在输出电压低于由电压反馈环给定的指令值时才转成"通"的状态。由于有时功率开关管突然导通后又进入常态关的状态，所以有时把这种方法称为"打嗝模式"（hiccup mode）。只有少数控制 IC 和集成开关电源 IC 用这种控制方法，这种方法会在输出电压上产生大小固定的纹波，纹波频率与负载电流成比例。

（2）电流型控制（图 3-25） 电流型控制最好用在电流波形的线性坡度很大的拓扑中，如 Boost、Buck-Boost 和反激型电路等升压式拓扑。

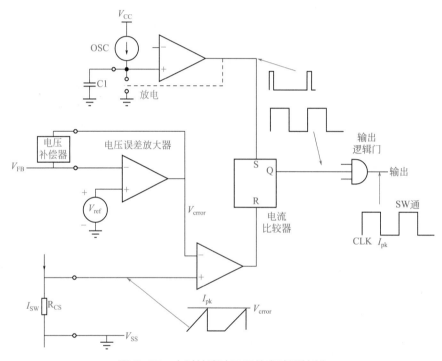

图 3-25　由时钟脉冲导通的电流型控制

电流型控制方法是控制流过功率开关管的峰值（有时是最小值）电流的漂移点来实现的，这等效于控制磁芯的磁通密度的偏移量。从本质上说，是通过调节磁芯的部分磁参数来实现的。电流型控制最常见的方法是"定时导通"方法，由固定频率的振荡器使触发器置位，由快速电流比较器使触发器复位。触发器状态为"1"时，功率开关管导通。

电流比较器的阈值是由电压误差放大器的输出给定的，如果电压误差放大器的输出电压太低，电流门槛值就增大，使输出到负载的能量增加；反之也一样。

电流型控制本身具有过电流保护功能，快速电流比较器实现对电流的逐周限制。这种保护是一种恒功率过载保护方法，通过电流和电流反馈来维持供给负载的恒功率，但并不是在所有产品中用这种方法都是适合的，例如在典型的换能电容失效引起电流增大的场合中。此外，电路可以设置其他过载保护方法。

另外一种电流型控制方法称为电流滞环控制（图 3-26），这种方法对电流峰值和谷值都进行控制。这种方法用在电流为连续模式的 Boost 变换器中是比较好的。它的结构比较复杂，但响应速度很快。这种方法并不常用，其控制频率也是变化的。

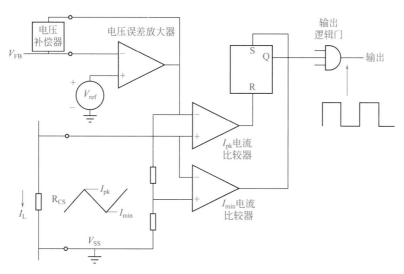

图 3-26　电流滞环控制

3.4.2　其他控制方法

现在有些控制器制造厂商为了提高所设计的电源整机效率，在一些工作点上自行设计新的控制模式或新的开关控制方法。这种方式比较模糊，除了设计的应用场合外，并不能在其他应用场合下工作。有些 Buck 控制器通过降低工作的频率，可以使电厂进入电流断续模式。进入电流断续模式后，反馈环的稳定性会改变，所以可以用较复杂的控制方法来补偿可以预见的不稳定性。

（1）电压滞环控制　这是经常说的"打嗝型"控制方法，可用一个简单的 PWM 比较器来调节输出电压。如果电压低于某一限制值，PWM 比较器就导通一段时间，直到超过这个限制值（加上某一滞环电压值）为止。这种方法使输出电压纹波等于或大于控制电路中的滞环电压值。

（2）变频控制　固定频率控制方法在轻载时由于开关损耗固定，所以效率下降。有些控制器在轻载时可以切换到频率可变的时钟，采用的控制方法还是一样的。

3.5　开关电源中反馈环路及启动环路的选择

3.5.1　反馈环节

电压反馈环的唯一功能就是使输出电压保持在一个固定值上。但考虑负载瞬态响应、输出精度、多路输出、隔离输出等方面，电压反馈环的设计就变得较复杂了。上述每一个方面

对设计人员来说都很棘手，但是如果掌握了设计步骤，这些方面都可以很容易地得到解决。

电压反馈环的核心部分是一个称为误差放大器的高增益运算放大器，它把两个电压的误差放大，并产生电压误差信号。在电源系统中，这两个电压一个是参考电压，而另一个是输出电压。输出电压在输入到误差放大器之前先进行分压，分压的比例为电压参考值与额定输出电压的比值。这样，在额定输出电压时，误差放大器产生一个"零误差"点。如果输出电压偏离额定值，误差放大器的误差电压就会明显改变，电源系统用该误差电压来校正脉宽，从而使输出电压回到额定值。

针对误差放大器，有两个主要的设计问题：一个是要有很高的直流增益，以改善输出负载调节性能（输出负载调节性能是指被检测的输出端上的负载改变时，输出电压的偏离程度）；另一个是要有很好的高频响应特性，以提高负载的瞬态响应（瞬时响应是指输出负载发生跳变时，输出电压恢复到原值的快慢）。

下面是一个基本的无隔离、单输出开关电源电压反馈环的应用例子。如果忽略误差放大器的补偿，设计就会很简单。设计的输出电压为5V，控制芯片内部提供的参考电压为2.5V，如图3-27所示。

在开始设计时，首先确定通过输出电压的分压电阻（串阻分压器）的检测电流的大小。为了使设计补偿器参数时有一个比较合理的值，电阻分压器的上臂电阻值选在 $1.5 \sim 15\mathrm{k}\Omega$ 的范围之内。如果电阻分压器的检测电流取1mA，则电阻分压器的下臂电阻值 R_1 可以按下式计算出：

$$R_1=2.5\mathrm{V}/0.001\mathrm{A}=2.5\mathrm{k}\Omega$$

输出电压的精度直接受到分压电阻和参考电压的精度影响，所有误差累加起来决定了最后的精度。也就是说，如要电阻分压器所用的是两个精度为1%的电阻，所用的参考电压的精度为2%，则最后输出电压的精度就为4%。另外，放大器的输入失调电压也会引起误差，这个误差等于放大器的输入失调电压除以电阻分压器的分压。所以，如果在这个设计例子中放大器的最大失调电压是10mV，那么输出电压误差就是20mV，且这个值会随着温度变化而漂移。

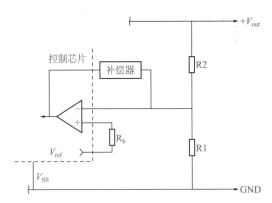

图3-27　无隔离电压反馈电路

下面继续进行设计，假设选用1%精度的电阻，其阻值为 $2.49\mathrm{k}\Omega$ ，则实际的检测电流为

$$I_s=2.5\mathrm{V}/2.49\mathrm{k}\Omega=1.004\mathrm{mA}$$

电阻分压器的上臂电阻值 R_2 为

$$R_2=(\ 5.0\mathrm{V}-2.5\mathrm{V}\ )/1.004\mathrm{mA}=2.49\mathrm{k}\Omega$$

至此就完成了电阻分压器的设计。接下来设计放大器的补偿网络,以得到直流增益和带宽性能。

如果电源是多路输出的,那么输出端的交叉调整性能是要考虑的一个方面。通常电压放大器只能检测一个或几个输出端,而没有被检测的输出端能通过变压器或输出滤波器本身固有的交叉调整性能进行调节。这样的交叉调整性能比较差,也就是说,被检测的输出端上的负载变化时,会使未被检测的输出端的输出明显改变。相反,未被检测的输出端上的负载改变时,并不能完全通过变压器耦合到被检测的输出端而被检测到,因而不能对它进行很好的调节。

为了很好地改善输出端的交叉调整性能,可以通过检测多个输出电压来实现,这称为多输出端检测。通常并不是真去检测所有的输出端,这样做实际上是没有必要的。下面举例来说明如何改善输出端的交叉调整性能,该例子是有 +5V、+12V 和 -12V 输出的典型反激式变换器。该变换器的 +5V 输出端从半载到满载变化时,+12V 端变到 +13.5V,-12V 端变到 -14.5V。这表明该变换器的交叉调整性能很差,但可以通过多线绕组技术稍微进行改善。如果对 +5V 和 +12V 端都进行检测,则 +5V 端的负载如前面所述变化时,+12V 端变到 +12.25V,-12V 端变到 -12.75V。

多输出端检测通过把电压检测电阻分压器的上臂并联两个电阻来实现,这两个电阻的上端分别接到不同的输出端上,如图 3-28 所示,电阻分压器的中点就成为电流的交汇点,在这里总电流是每个被检测的输出端流出的电流总和。输出功率比较大的输出端,通常对输出调节的要求比较高,因而应占检测电流的主要部分。输出功率比较小的输出端占剩下的检测电流部分。每个输出端占检测电流的百分比就表明了该输出端被调节的程度。

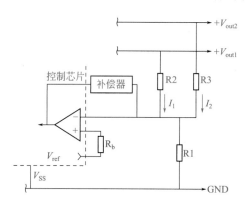

图 3-28　多输出检测电路

再看有 +5V、+12V 和 -12V 输出端的电源,由于 ±12V 通常是给运算放大器供电的,运算放大器相对来说不太受 V_{CC} 和 V_{EE} 变化的影响,所以对 ±12V 输出端的调节要求可以较宽松。采用本节第一个例子的参数,R_1 取 2.5kΩ,检测电流为 1.004mA。

首先分配电流比例,输出端提供的检测电流越小,对它的调节程度就越小。让 +5V 输出端的电流占 70%,+12V 输出端的电流占 30%,则 R_2=(5.0V-2.5V)(0.7 × 1.004mA)=3557Ω(取最接近值 3.57kΩ),+12V 输出端上的电阻 R_3=(12V-2.5V) / (0.3 × 1.004mA)=31.5kΩ(最接近的值是 31.6kΩ)。用多输出端检测时,若所有输出负载变化,应该都可以改善交叉调整性能。

电压反馈最后一步是反馈隔离的问题。当考虑到输出电压会造成控制器损坏时,就要用

反馈隔离（输入直流电压大于 42.5V）。反馈隔离有两种可用的方法：光隔离（光隔离器）和电磁隔离（变压器）。下面主要介绍使用比较普遍的隔离方法，也就是用光隔离器把反馈环与主电路隔离。光隔离器的 C_{trr}（电流传送比，即 I_{out}/I_{in}）会随温度而漂移，也会随着使用时间延长而逐渐变差，而且各个光隔离器的误差范围也相差比较大。C_{trr} 是用百分比来衡量的电流增益。为了补偿光隔离器的这些差异而不使用电位器，要把误差放大器放在光隔离器的二次侧（或输入侧）。误差放大器可以检测到光隔离器漂移引起的输出端的偏移，然后相应地调整电流。典型的反馈隔离电路如图 3-29 所示。

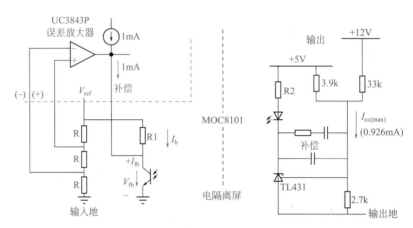

图 3-29　光隔离的电压反馈环电路

二次侧的误差放大器通常采用 TL431。TL431 是一个三端封装的器件，内部有一个具有温度补偿的电压参考源和一个放大器。正常工作时，它需要有一个最小为 1mA 的连续电流输出引脚，输出信号就加在其上。

图中控制芯片（UC3843AP）上的误差放大器通过输入端的连接使它不能工作，这样就保证输出端是高电平，电阻 R 的阻值并不是很重要（每个电阻值可取 $10k\Omega$）。补偿引脚内部有一个 1mA 的电流源，在全额输出情况下，可以得到一个 +4.5V 的"高"电压。

用来改变补偿器的输出值而调节输出脉宽的网络，是一个电流求和网络。R1 保证从 TL431 来的工作电流通过光隔离器耦合，不会影响控制 IC 内部 1mA 的上拉电流源，当全额输出脉宽时，在这引脚上仍可以得到 +4.5V 的电压。在全额输出时，最坏情况下的最小电流是

$$I_{fb(min)} = I_{cc(max)}C_{trr(max)} = 1.2mA \times 130\% = 1.56mA$$

这时 R_1 为

$$R_1 = 0.5V/(1.56mA - 1.0mA) = 893\Omega（取 820\Omega，留安全余量）$$

为了得到 0.3V 的最小输出，光隔离器需要给补偿引脚提供更多的电流。若要达到这个目的，光隔离器传送的电流大小为

$$I_{fb(min)} = (4.5V - 0.3V)/820\Omega = 5.12mA$$

由光隔离器 LED 上的最大压降和 TL431 上端电压即可确定 R_2 为

$$R_2 = [5V - (1.4V + 2.5V)]/5.12mA = 215\Omega（取 200\Omega，留安全余量）$$

用来检测输出电压的电阻与前面例子中用来交叉检测的电阻的设计一样。这样电压反馈部分就只剩下误差放大器的补偿器设计了。在设计中，需要提醒设计人员的是：误差和温度

漂移在隔离反馈设计中占很大的部分，需要对这些部分的计算值进行调整。比如光隔离器的 C_{trr} 可能在 300% 的范围内变化，这需要在电路中加电位器。有些光隔离器制造厂商根据 C_{trr} 进行分类，这样它的 C_{trr} 变化范围就很小，但这种光隔离器很少，制造厂商也不愿这么做。另外，参考电压也要像 TL431 一样进行温度补偿。

输出精度通常要求参考量的变化在 2% 内，用于电压取样的电阻分压器上的电阻精度要在 1% 以内。输出精度是这些误差的总和加上变压器匝数的误差。

电压反馈环节的设计有很多方法。但上面介绍的是最简单的、最普遍的方法。

3.5.2 自启动电路设计

启动 / 辅助电源电路给控制集成电路（IC）和功率开关驱动电路提供工作电压，有时称这个电路为自启动电路。由于自启动电路所有输入和输出的功率都属于损耗，因此在保证其所有功能的条件下，应尽可能提高它的效率。

自启动电路在高输入电压的情况下显得更加重要，因为输入电压高于直流 20V 时，不能直接供电给控制 IC 和功率开关驱动电路，而是需要采用启动 / 辅助电源电路。这部分电路的主要功能是用一个分流或串联的线性电源给控制 IC 和功率开关驱动电路提供比较稳定的电压。

电源从完全关机状态启动，通常要求当输入功率加到电源上时，需要从输入电源母线上汲取电流。自启动电路允许的输入电压比电源输入电压的最大值（包括可能通过电源输入滤波器的浪涌电压）还要高。对于自启动电路，需要考虑其所需的功能。自启动电路有一些常用的功能，它的功能要适合整个系统的工作需要。

① 电源输出短路的情况一旦结束，回到正常工作时，要立刻使控制 IC/ 功率开关驱动电路的所有功能恢复。

② 当发生短路时，电源进入间隔重启模式；短路情况一旦消失，电源重新启动。

③ 在短路期间，进入完全关机状态，然后关闭系统。输入功率也要切断，在重新启动电源时再合上。

对于增加一小部分损耗不受影响的产品，经常采用简单的齐纳二级管分流电源，如图 3-30 所示。在这里，启动电流始终从输入电流母线输入，即使在电路稳定工作期间也是如此。当启动电流小于控制 IC 和功率开关驱动电路工作所需电流（约 0.5mA）时，电源就进入间隔恢复的模式。如果启动电流足够大（为 10 ~ 15mA），在短路期间电源保持在过电流反馈状态，一旦短路状态消失，电源立刻恢复工作。两者不同之处在于驱动电路工作时的损耗不一样。控制 IC 上的低电压限制（Low Voltage Inhibit, LVI）的滞环带宽也会影响电源的间隔重启。给控制 IC 供电的旁路电容值应不小于 10μF，以便储存足够的能量，这样在电压跌落到 LVI 值之前，就完成对电源的启动工作。大体上说，滞环电压越高，电源刚开始启动时就越可靠。

对离线式开关电源，如果自启动电路始终从电源输入线获取电流，会产生很可观的损耗，所以建议在电路稳定工作后切断自启动电路。当整个电源进入稳定工作状态后，控制 IC 和功率开关驱动电路就可以从变压器的附加绕组上获取所需电源。这样转换效率可达 75%，比上面所述方法的效率可以提高 5% ~ 10%。图 3-31 所示的就是这种电路。该电路是一个高电压、有电流限制的线性电源。在电路稳定工作期间，发射极上的二极管和基射极反偏，这样就完成了对启动电流的切断过程。小信号三极管的 V_{CEO} 要求高于最高输入电压，几乎所

有的损耗都消耗在集电极的电阻上。在稳定工作时，就只有很小的偏置电流流过三极管的基极和齐纳二极管。

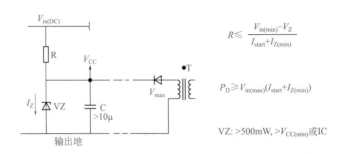

图 3-30　由齐纳二极管提供的控制供电电源

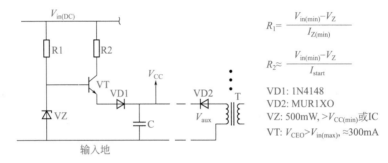

图 3-31　高电压线性电源自启动电路（只在启动和反馈期间工作）

此外，在发生短路的情况下，设计人员可以选择让电源工作在间隔重启方式，或是在这种情况下，让控制 IC 和功率开关驱动电路继续工作。通过选择集电极上的电阻，使流过它的电流是 0.5mA 或 15mA，就可以选择相应的工作方式。

在图 3-32 中，该启动电路是一个分立、高电压、单次启动电路，只有在刚开始启动时起作用，启动后就完全关断。如果发生过电流反馈的情况，控制 IC 和功率开关驱动电路就无法从供电电源中获取电流。这样就关断了整个电源系统，只有关断输入电源以后，才能再次启动。

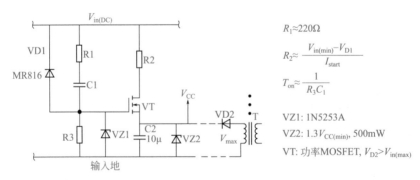

图 3-32　过电流关断电路

上述介绍的设计方法，在笔者的实际应用中有很大帮助，但同一种工作原理可以有很多不同的执行电路。如果采用不同的设计方法，有一点需要牢记：在开关电源的整个工作寿命期间，电源启动这段时间是最易发生损坏的，即启动过程比其他任何工作过程都更易发生故障。电源系统各个部分的供电顺序安排也很严格。只有给功率开关管驱动电路完全供电后，控制 IC 才能输出开关信号。如果不是这样，功率开关管就不是工作在饱和区，功率开关管会因损耗过大而损坏。

另外需要注意的是电阻的额定工作电压。对于 1/4W 电阻，额定工作电压是直流 250V；对于 1/2W 电阻，额定的损坏电压是直流 350V。在离线式变换器中，连接到输入线所有分支上的电阻都要用两个串联。

3.6 整流/滤波器的选择

输入整流 / 滤波电路在开关电源中不被重视。典型的输入整流 / 滤波电路由三到五个部分组成：EMI 滤波器、启动浪涌电流限制器、浪涌电压抑制器、整流器（离线应用场合）和输入滤波电容。许多交流输入离线式电源要求有功率因数校正（PFC）。在直流和交流应用场合的典型输入整流 / 滤波电路如图 3-33 所示。

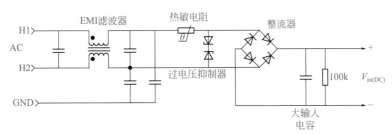

(a) 单相或通用输入供电系统的交流输入滤波电路(图中画出了共模EMI滤波器)

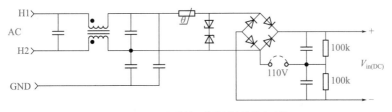

(b) 110V和220V交流输入的倍压交流输入电路

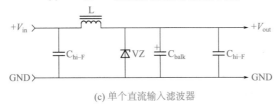

(c) 单个直流输入滤波器

图 3-33　在直流和交流应用场合的典型输入整流 / 滤波电路

3.6.1 输入整流器设计

对离线式开关电源而言，首先是选择输入整流器。输入整流器由普通二极管组成，如 1N400× 整流管。需要考虑的主要参数是：正向平均电流 I_F、浪涌电流 I_{PSM}、直流击穿电压

V_R、耗散功率 P_D。在电路启动时，正常的电流脉冲对已经完全放电的输入滤波电容进行充电，使电容的端电压跳变，从而引起的浪涌电流有可能比平均输入电流有效值的 10 倍还大。在 EMI 滤波器后面一般接一个热敏电阻，以保护整流器。热敏电阻低温时的阻值在 $6 \sim 12\Omega$ 之间，启动后热敏电阻被加热，加热后的阻值只有 $0.5 \sim 1\Omega$。

输入整流器的平均电流是设计时要考虑的。没有功率因数校正的整流器的实际峰值电流有可能是通过二极管的平均直流电流的 5 倍，这会使整流器发热更加严重。为了对这种情况加以补偿，可以选择电流等级更高的二极管来减小通态压降，从而减少发热量。总之，最低的二极管等级需要符合以下条件：

$$V_R \geq 1.414 V_{inpp(max)}$$

$$I_F \geq 1.5 I_{inDC(max)}$$

$$I_{PSM} \geq 5 I_F$$

在下列应用场合下使用的典型二极管型号分别是：

电流 < 1A   1N400×

电流 < 4.5A   1N539×

电流 < 3A   1N540×

电流 < 6A   MR75×

接下来就是计算输入滤波电容的大小。设计人员首先确定电源直流输入端能承受多大的纹波电压。要想纹波电压越小，输入滤波电容就要选得越大，这样上电时的浪涌电流也越大。输入滤波电容选择时有三个主要方面需要考虑：能满足期望纹波电压的电容值、电容的额定电压、电容的额定纹波电流。

对于交流离线式变换器，纹波电压一般设计为输入交流电压峰值的 5% ~ 8%。对于 DC/DC 变换器，纹波电压峰峰值设计为 0.1 ~ 0.5V。输入滤波电容的大小可以从下式得到：

$$C_{in} = \frac{0.3 P_{in(av)}}{f_{in} V_{in(min)} V_{riple(pp)}^2}$$

式中　f_{in}——离线式电源输入交流电压的最小额定频率；

$V_{in(min)}$——交流输入整流电压的最小峰值；

$V_{riple(pp)}$——输入端的纹波电压峰峰值。

输入滤波电容的额定电压如下。

离线式变换器：$V_W > 1.8 V_{in(rms)}$。

DC/DC 变换器：$V_W > 1.5 V_{in(max)}$。

3.6.2　滤波电路设计

在交流离线式变换器中，输入滤波电容用铝电解电容。实际应用表明，在交流侧危险的环境中应用时，它比其他种类的电容更加可靠。输入滤波电容的选择主要取决于预计的工作温度范围、电容品质和电容尺寸。

DC/DC 变换器的输入滤波电容要求比较严格。DC/DC 变换器产生的纹波电流频率为开关频率，而且纹波电流通常比较大。如果对输入滤波电容选择不当，纹波电流会在输入滤波电容内部产生热量，从而缩短其工作寿命。这就要求输入滤波电容的 ESR（等效串联电阻）小，额定纹波电流大。在电源中，从功率开关管上看到的整个电流波形是从输入滤波电容上流入流出的。输入端由于串接电感，不能提供功率开关管所要的高频电流脉冲。输入滤波电容以低频方式从输入端充电，并以高频方式向功率开关管放电，因而完全可以把功率开关管所需的电流看成是由输入滤波电容提供的。

设计人员要把从功率开关管上观察到的电流波形转化成最坏情况的 RMS 值（有效值）。把三角形或梯形的电流波形转化成 RMS 值时，与波形的峰值和占空比有关。在估计 RMS 值时，可以把电流波形拆分成 RMS 值已知的比较简单的波形。比如，梯形波可以看成是矩形波和基波的叠加。而矩形波的 RMS 最大值是峰值的 50%（占空比为 50%）时，三角波 RMS 最大值是峰值的 33%。最后把分别估计的 RMS 值加起来就是最坏情况下总的 RMS 值。

一般来说，无法找到一个可以把电源的所有纹波电流都吸收的电容，所以通常可以考虑用两个或更多电容（n 个）并联，每个电容值为计算所得电容值的 $1/n$。这样流入每个电容的纹波电流就只有并联电容的 $1/n$，每个电容就可以工作在低于它的最大额定纹波电流下。输入滤波电容一般并接陶瓷电容（约 0.1μF），以吸收纹波电流的高频分量。

输入滤波电容的前级是 EMI 滤波器，这个电感流过的是相对较大的直流电流，并且可以防止高频开关噪声进入输入电源端。

消除高频噪声的电容需要选用高频特性好的高压薄膜电容或陶瓷电容，这些电容的容值在 0.005 ～ 0.1μF 之间。同时需要注意电容的工作电压。离线式变换器要进行常规的测试，测试中给变换器加上额外电压。这种测试称为绝缘耐压测试，也就是 "HIPOT"。任何加在输入电源线和大地地线（绿色的线）间的电容都要能承受这个电压。UL 标准的测试电压是有效值 1700V（DC 2500V），VDE、IEC 和 CSA 标准的测试电压是有效值 2500V（DC 3750V）。为了通过欧盟的测试标准，这些产品要选用特殊的电容，这些电容通过测试后再用到 EMI 滤波器上。

浪涌抑制部分放在 EMI 滤波电感后，但在整流器（离线式）和输入滤波电容（直流输入）前，所有浪涌抑制器都要用 EMI 滤波电感的串联阻抗来防止超过它们额定的瞬时能量。EMI 滤波电感极大地降低了瞬时电压峰值，并在时间上予以延长，这样就延长了浪涌抑制器的工作寿命。需要注意的是，不同的浪涌抑制器技术所串联的内部电阻特性也不一样。金属氧化物变阻器（MOV）导通时阻值非常大，而半导体浪涌抑制器的电阻值比较小。发生浪涌时，浪涌抑制器的电阻值会影响到加在它上面的额外电压。例如，180V 金属氧化物变阻器的瞬时电压可以上升到 230V。在选择输入滤波电容和浪涌抑制器时，还是需要考虑的。金属氧化物变阻器较便宜，但经过若干次高能冲击后性能劣化，会产生比较大的漏电流。浪涌抑制器的阈值电压要比电源规定的最大输入电压还高，这样在正常工作时才不会导通。

3.7 开关电源电路设计中的注意事项与改进措施

3.7.1 设计参数的选择

以 TEA1832 电路原理图（图 3-34）为例，分析里面的电路参数设计与优化并得到认证然后量产。在所有的元器件中尽量选择通用元件，以方便后续降低成本。

電子设计与制作 电路分析·器件选择·设计仿真·制作实例

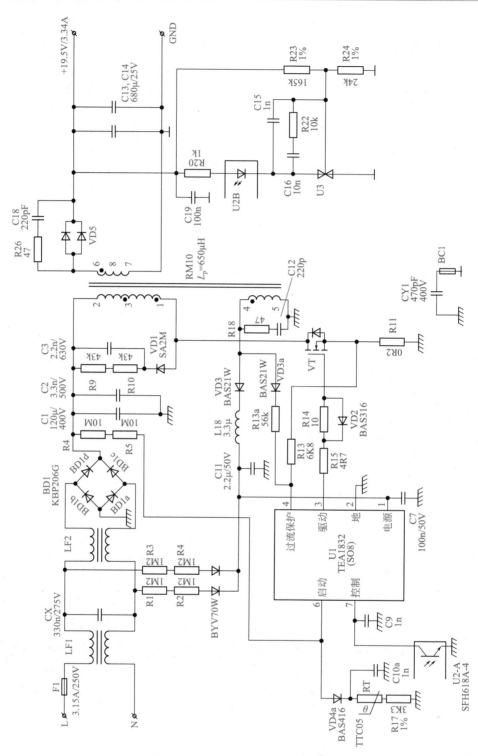

图 3-34 TEA1832 电路原理图

　　贴片电阻采用 0603 的 5%，0805 的 5%、1%，贴片电阻阻值越大则价格越高，设计时需考虑。

① 在输入端，熔丝选择时需要考虑到电流值参数、熔丝的分类（快断、慢断）、电压值以及熔丝的认证是否齐全。熔丝前端的安规距离在 2.5mm 以上，设计时尽量放到 3mm 以上。需考虑雷击时，熔丝 I^2t 是否有余量，会不会打断。

② 图中可以增加一个压敏电阻，一般采用 14D471，也可采用 561，直径越大则抗浪涌电流越大。也可采用增强版的 10S471、14S471 等，一般 14D471 承受 1～2kV 雷击电压，若要承受更大的雷击电压就要换成 MOV+GDT。有必要时，压敏电阻外面包热缩套管。

③ 图中可以增加一个 NTC，一是可以限制浪涌电流不超过规定值，二是可以承受部分雷击电压，减轻 MOSFET 的压力。选型时注意 NTC 的电压、电流、温度等参数。

④ 共模电感是传导与辐射中很重要的一个滤波元件。共模电感有环形的高导材料 5K、7K、10K、12K、15K，常用绕法有分槽绕、并绕、蝶形绕等。出于成本考虑，如果能共用老机种最好，在传导辐射测试完成后共模电感才能定型。

⑤滤波电容选择时需要与共模电感配合测试传导与辐射才能定电容值，一般情况为功率越大则滤波电容越大。

⑥ 如果做认证时有输入 L、N 的放电时间要求，需要在滤波电容下安置 2 并 2 串的电阻给电容放电。

⑦ 整流桥堆选择时一般需要考虑桥堆的浪涌电流、耐压和散热性，防止雷击时损坏。

⑧ 按 V_{cc} 选择启动电阻时注意启动电阻的功耗，主要是耐压值。1206 型号的一般耐压为 200V，0805 型号的一般耐压为 150V，多留余量比较好。

⑨ 输入滤波电解电容选择时一般考虑成本，但输出保持时间在 10ms，按照电解电容容值的最小值的 80% 设计。

⑩ 输入电解电容上并联一个小瓷片电容，平时体现不出瓷片电容的用处，在保证传导抗扰度时有效果。

⑪ 在 RCD 吸收电路部分，R 的取值对应 MOSFET 的尖峰电压值，如果采用贴片电阻需注意电压降与功耗。C 一般选用 102/103、1kV 的高压瓷片电容，整改辐射时也有可能改为薄膜电容效果更好。VD 一般选用 FR107、FR207，整改辐射时也可改为 1N4007 型号，或者在 VD 上套磁珠（KSA、KSC 等材质）。对于小功率电源，RC 可以采用瞬态抑制二极管替代，如 P6KE160 等。

⑫ MOSFET 选择时，启机和短路时需要注意 SOA 高温时的电流降额与低温时的电压降额。整改辐射时若很多方法没有达到效果，更换 MOSFET 即可。

⑬ MOSFET 的驱动电阻一般采用 10Ω+20Ω，阻值大小对应开关速率、效率、温升。这个参数需要在整改辐射时调整。

⑭ MOSFET 的栅极到驱动端需要增加一个 10～100kΩ 的电阻放电。

⑮ MOSFET 的源极到地之间有一个 R11 电阻，功率尽量选大，尽量采用绕线无感电阻。功率小，或者有感电阻短路时会有炸机现象。

⑯ R11 电阻到 IC 的过流保护增加一个 RC 电路，取值为 1kΩ、331，调试时可能有作用。如果采用 TEA1832 电路为参考，增加一个 C 并联到 GND。

⑰ 不同的 IC 外围引脚参考设计手册即可，根据自己的经验在 IC 引脚处放置滤波电容。

⑱ 反激变压器设计资料很多，此处不再详细介绍。由于成本问题，尽量不在变压器内加屏蔽层，顶多在变压器外部加十字屏蔽。变压器应验算 ΔB 值，$\Delta B = LI_{\text{pk}}/(NA_e)$，其中 L 单位为 μH，I_{pk} 单位为 A，N 为初级匝数，A_e 单位为 mm^2[参考 TDG 公司的磁芯特性（100℃）：饱和磁通密度为 390mT，剩磁为 55mT，所以 ΔB 值一般取 330mT 以内，出现异常情况不

饱和时一般取值小于 300mT。根据经验设计反激变压器时取值都是小于 0.3T]。

提示：如需验证这个公式，可以在最低电压输入，输出负载不断增加，看到变压器饱和波形，饱和时计算结果应该是 500mT 左右（25℃时，饱和磁通密度为 510mT）。可借鉴 TDG 的磁芯基本特征图（所有磁材特性需要查询相关资料，不同磁材制作后的效果不同）。

⑲ 对于输出二极管，效率要求高时，可以采用超低压降的肖特基二极管；成本要求高时，可以采用超快恢复二极管。

⑳ 输出二极管并联的 RC 电路用于抑制电压尖峰，同时也对辐射有抑制作用。

㉑ 光电耦合器与 LM431 配合时光电耦合器的二极管两端可以增加一个 1 ～ 3kΩ 的电阻，输出端串联到光电耦合器的电阻取值一般在 100 ～ 1kΩ 之间。LM431 上的 C 与 RC 用于调整环路稳定、动态响应等。输出端的检测电阻需要有 1mA 左右的电流。电流太小，输出误差大；电流太大，影响待机功耗。

㉒ 输出电容的纹波电流大约等于输出电流，在选择输出电容时需考虑纹波电流放大 1.2 倍以上。

㉓ 两个输出电容之间可以增加一个小电感，有助于抑制辐射干扰。有了小电感后，第一个输出电容的纹波电流就会比第二个输出电容的纹波电流大很多。所以，在很多电路中第一个输出电容容量大，第二个输出电容容量较小。

㉔ 在输出端可以增加一个共模电感与 104 电容并联，有助于传导与辐射，还能降低纹波电流峰峰值。

㉕ 如果需要做恒流时可以采用专业芯片，如 AP4310、TSM103 或 LM431+LM358。注意 V_{cc} 的电压范围，环路调节电路相同。

㉖ 若有多路输出负载，电源的主反馈电路应有固定输出或者假负载，否则会因为耦合、Burst 模式等问题导致其他路输出电压不稳定。

㉗ 变压器一二次侧至大地之间接一个电容，一般容量小于或等于 222，漏电流小于 0.25mA。不同的产品认证对漏电流是有要求的，需注意。

3.7.2 电源印制电路板（PCB）的设计

PCB 与 SCH 网络要对应，以方便后续更改。

印制电路板的元器件封装，标准库里面的按实际需要更改，贴片元件焊盘加大；插孔比元件引脚大 0.3mm，焊盘直径大于孔径 0.8mm 以上，焊盘略大以方便焊接，用波峰焊也容易上锡，印制电路板厂家做出来也容易。

对于变压器的一次侧与二次侧，用挡墙或者二次侧用三层绝缘线飞线保证爬电距离。

桥堆前 L、N 布线距离在 2.5mm 以上，桥堆后高压 +、- 距离在 2.5mm 以上。布线时大电流回路先布，面积越小越好，信号线远离大电流布线，以避免干扰。IC 信号检测部分的滤波电容靠近 IC，信号地与功率地分开走，采用星形接地或者单点接地，最后汇总到大电容的"-"引脚，避免信号受到干扰或者抗扰度出现状况。

IC 和贴片元件的方向尽量整排整列摆放，以方便波峰焊上锡，提高生产线效率，避免阴影效应、连锡、虚焊等问题出现。

对于 AI 元器件，需要根据相应的规则放置元器件，例如可将焊盘做成水滴状，使 AI 元器件的引脚刚好在水滴状焊盘上，美观漂亮。

印制电路板上的布线对辐射影响比较大，可以参考相关书籍。还有一种情况，印制电路板单面板布线完成后，在顶层敷整块铜皮接大地，对抑制传导和辐射很有效果。另外，布线时还需要考虑雷击。

3.7.3　电源的调试

① 先用万用表先测试主电流回路上的二极管、MOSFET 是否短路、是否装反，变压器的电感量与漏感是否进行测试，变压器同名端是否绕错。

② 开始上电时，一般先将电压调到 100V，若 PWM 没有输出，用示波器看 V_{CC}、PWM 引脚。当电压上升到启动电压时，PWM 没有输出，应检查各引脚的保护功能是否被触发，或者参数是否正确。当找不到问题时，应查看 IC 的上电时序图或者 IC 的内部启动条件。

使用示波器时需注意，3 芯插头的地线要拔掉，不拔掉的话最好采用隔离探头测试波形，否则会烧毁电路。用 2 个以上的探头时，探头的 COM 端接同一个点，避免影响电路或者夹错位置烧毁元件。

③ IC 启动问题解决后，PWM 有输出，发现启动时变压器啸叫，用示波器测量 MOSFET 的电流波形，或者看过流保护脚的波形是否是三角波，有可能是饱和波形，也有可能是方波，需重新核算 ΔB。另外还有其他情况，如 V_{CC} 绕组与主绕组绕错位置、输出短路、RCD 吸收部分出现问题造成不启动、TVS 短路不启动等现象。

④ 输出有了，但是输出电压或高或低。这时需要判断是一次侧问题，还是二次侧问题。测试输出二极管电压、电流波形，看是否是正常的反激波形，若波形不对，估计同名端反了。

检查光电耦合器是否损坏，光电耦合器正常，采用稳压管 +1kΩ 电阻替换 LM431 的位置，即可判断输出反馈 LM431 部分，或者恒流，或者过载保护等保护的动作造成不启动。

常见问题：光电耦合器脚位画错，导致反馈到不了前级；LM431 封装弄错（一般 LM431 的封装有 2 种），脚位有镜像；同名端出现问题会导致输出电压不对。

⑤ 输出电压正常了，但不是精确的输出电压（12V 或 24V），这时一般采用 2 个电阻并联的方式来调节到精确电压。采样电阻精度必须为 1% 或者 0.5%。

⑥ 输出能带载，但带满载变压器有响声，输出电压纹波大。此时测量 PWM 波形，看是否有大小波或者开几十个周期停几十个周期的现象。出现这样的情况是调节环路 431 上的 C 与 RC 有问题，应调整其参数。

现在的很多 IC 内部都已经集成了补偿电路，环路都比较好调整。

当环路调节没有效果时，可以计算电感量是否太大或者太小，也可以重新核算过流保护电阻，看过流保护电阻电压是否较小。IC 工作在 brust mode，可以更改过流保护电阻阻值进行测试。

⑦ 高低压都能带满载，波形也正常，此时应测试电源效率，输入 90V 与 264V 时效率尽量做到一致（改占空比、匝数比），以方便后续安规测试温升。电源效率一般在 75% 以上，越高越好，最高可达 97%。

⑧ 输出纹波测试时一般都有要求，用 47μF+104 或者 10μF+104 电容测试。电解电容值影响纹波电压，电容的高频低阻特性（不同品牌和系列）也会影响电压波动。示波器测试纹波时用弹簧测试探头测试，可以避免干扰尖峰。输出纹波达不到要求时，可以改电容量，也可以改电容的系列（选择电容主要看其内阻），甚至考虑采用固态电容替换。

⑨ 对于输出过电流保护，若要求精度高，可在次级采用过电流保护电路；若要求精度不高，一般初级采用过电流保护电路，大部分集成电路都有过电流或者过功率保护。过电流保护一般放大到 1.1 ~ 1.5 倍的输出电流，最大输出电流时，元器件的应力都需要测试，并留有余量。电流保护如增加反馈环路可以做成恒流模式，无反馈环路一般为打嗝保护模式。做好过电流保护还需要满载 + 电解电容的测试。

⑩ 对于输出过电压保护，若稳定性要求高可放两个光电耦合器，一个正常工作，另一个用于过电压保护；若无要求，在 V_{CC} 辅助绕组处增加过电压保护电路，或者集成电路内已经有集成的过电压保护，外围元器件很少。

⑪ 过温保护一般是看具体情况进行添加的，安规在高温测试时对温度都有要求，能满足安规要求温度即可。除非环境复杂或者异常情况，需要增加过温保护电路。

⑫ 启动时间一般要求在 2s 或者 3s 内。

⑬ 上升时间和过冲，需要通过调节软启动和环路响应实现。

⑭ 负载调整率和线性调整率都是通过调节环路响应来实现的。

⑮ 保持时间，通过更改输入大电容容量即可。

⑯ 对于输出短路保护。现在集成电路的短路保护越做越好。一般短路时，集成电路的 V_{CC} 辅助绕组电压低，集成电路靠启动电阻供电。集成电路启动后，过流保护脚检测到过电流便进行短路保护，停止 PWM 输出。一般在 264V 输入时短路功率最大，短路功率控制在 2W 以内比较安全。短路时需要测试 MOSFET 的电流与电压，并通过查看 MOSFET 的 SOA 图（安全工作区）判断短路是否超出设计范围。

⑰ 空载启动后，输出电压跳变，有可能是轻载时 V_{CC} 辅助绕组感应电压低，此时需要增加 V_{CC} 绕组匝数；还有可能是输出反馈环路不稳定，此时需要更新环路参数。

⑱ 带载启动或者空载与重载时电压低或不能建立电压。重载时，V_{CC} 辅助绕组电压高，需查看是否过电压或者过电流保护动作。

变压器一般按照正常输出带载设计，会导致重载或者过电流保护动作前变压器饱和。

元器件的应力都应测试，满载、过载、异常测试时元器件应力都应有余量，余量大小视规定和成本而定。

3.8 电子制作中电磁兼容常见问题与整改

电子电路设计与制作中，电磁兼容是不可忽视的问题。为方便读者学习，这部分内容做成了电子版，读者可以扫描二维码下载阅读。

电磁兼容常见问题与整改

3.9 开关电源电路设计实例

例3-1 10W降压开关电源设计

（1）技术指标 在一些线性电源产生的热量对电路来说无法承受的场合，开关电源可以作为板载电源使用。前置粗调节器的输出电压在 +10 ～ +18V 之间变化，板载电源的输出电压为 +3.3V。

在本设计例子中，特意不用高度集成的控制电路，这是为了更好地演示开关电源器件的选择和设计过程。图 3-35 所示为 Buck 变换器的幅频特性和相频特性。

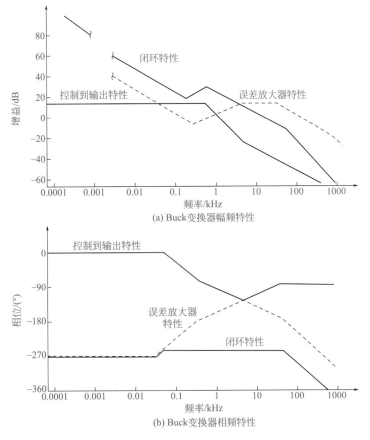

图 3-35 Buck 变换器的幅频特性和相频特性

主要技术指标如下。

输入电压范围：DC+10 ～ +14V

输出电压：DC+5V

最大输出电流：2A

输出电压纹波峰峰值：+30mV

输出精度：+1%

（2）常用技术参数与元器件参数的计算

① "黑箱"预先估计

输出功率：+5.0V × 2A=10.0W（max）

输入功率：P_{out}/η_{est}=10.0W/0.80=12.5W

功率开关管损耗：（12.5W−10W）× 0.4=1.0W

续流二极管损耗：（12.5W−10W）× 0.6=1.5W

② 输入平均电流

低输入电压时：12.5W/10V=1.25A

高输入电压时：12.5W/14V=0.9A

估计峰值电流：$1.4I_{out(rated)}$=1.4 × 2.0A=2.8A

要求的工作频率：100kHz

③ 电感设计　最差工作条件发生在高输入电压的情况下，则有

$$L_{min} = \frac{(V_{in(max)} - V_{out})(1 - V_{out}/V_{in(max)})}{1.4I_{out(min)}f_{sw}} = \frac{(14V - 5V)(1 - 5V/14V)}{1.4 \times 0.5A \times 100kHz} = 82.6\mu H$$

式中　　$V_{in(max)}$——输入电压最大值；

V_{out}——输出电压；

$I_{out(min)}$——最小负载电流（取 0.5A）；

f_{sw}——工作频率。

电感采用在 J 型引线塑料安装板上安装的表面安装环形电感。在这里选用 Coilcraft 公司的器件，型号为 DO3340P-104。

④ 功率开关管　功率开关管选用 P 沟道的 MOSFET。最大输入电压是 DC18V，因而 V_{DSS} 额定值要小于 30V。峰值电流为 2.8A，同时为了使损耗小于 1W，所以可以估算 R_{DS} 应小于：

$$R_{DS(on-max)}=P_{D(est)}/I_{pk(est)}^2 =1W/（2.8A）^2 < 0.128\Omega$$

这里选用常用的 SO8 封装、导通电阻为 0.045Ω 的 FDS9435 型 P 沟道 MOSFET。

⑤ 续流二极管　为了减小导通损耗和开关损耗，续流二极管选用肖特基二极管。肖特基二极管在 3A 峰值电流时，它的导通电压是可以接受的。MBRD330 在流过 3A 电流时的压降为 0.45V（+25℃）。

⑥ 输出滤波电容　输出滤波电容值由下式决定：

$$C_{out(min)} = \frac{I_{out(max)}(1 - DC_{min})}{f_{sw}V_{ripple(pp)}} = \frac{2A \times (1 - 5V/14V)}{100kHz \times 30mV} = 429\mu F$$

对输出和输入滤波电容主要关心的是流过这些电容的纹波电流。在这种情况下，纹波电流与电感电流的交流分量是相同的。电感电流的最大值是 2.8A，纹波电流的峰峰值约为 1.8A，纹波电流的有效值约为 0.6A（大约为峰峰值的 1/3）。

这里选用表面安装的钽电容，这种电容的 ESR 只有电解电容的 50%。在周围环境温度为 +85℃时，建议将电容的容量降额 30%。

最好选用 AVX 公司生产的电容，AVX 公司生产的电容的 ESR 很小，这样就允许流过比较大的纹波电流。下面任何一种电容都可以满足输出要求。

TPSE477M010R0050（AVX 公司）：470μF（20%）、10V、50mΩ、1.625A（有效值）。

TPSE447M010R0100（AVX 公司）：470μF（20%）、10V、100mΩ、1.149A（有效值）。

F751A477MD（Nichicon 公司）：470μF（20%）、10V、120mΩ、0.92A（有效值）。

同时满足容量、额定电压和 *ESR* 小的表面安装电容很少。比较可行的方法是把容量不小于设计值一半的两个电容并联起来，这样可选择的电容较多，*ESR* 也较小。在这种情况下，可以选用两个 330μF、10V 的钽电容并联。下面列出的就是可选用的电容。

T510X337M010AS（KEMET 公司）：330μF（20%）、10V、35mΩ、2.0A（有效值）。

F751A337MD（Nichicon 公司）：330μF（20%）、10V、150mΩ、0.8A（有效值）。

⑦ 输入滤波电容 输入滤波电容的电流波形与功率开关管的电流波形一样，是梯形，它从 1A 的初始值陡峭地上升到 2.8A。输入滤波电容的工作条件较输出滤波电容要恶劣得多。估计梯形电流的有效值时，可以把电流波形看成是由一个峰值为 1A 的矩形波和一个峰值为 1.8A 的三角波叠加组成的，由此估计得到的电流有效值大约是 1.1A。输入滤波电容值可以从下式计算出：

$$C_{in} = \frac{P_{in}}{f_{sw}V_{ripple(pp)}^2} = \frac{12.5\text{W}}{100\text{kHz}\times(1.0\text{V})^2} = 125\mu\text{F}$$

电容的额定电压越高，它的容量就越小，这样可以用两个 68μF 的电容并联。可选用的电容如下。

TPS686M016R0150（AVX 公司：每个电源需要 2 个）：68μF（20%）、16V、150mA、0.894A（有效值）。

TAJ476M016（AVX 公司：每个电源需要 3 个）：47μF（20%）、16V、900mΩ、0.27A（有效值）。

F721C476MR（Nichicon 公司：每个电容需要 3 个）：47μF（20%）、16V、750mΩ、0.19A（有效值）。

⑧ 选择控制器 Buck 控制器所要考虑的性能如下。

a. 可以直接由输入电压供电工作。

b. 具有逐周过电流限制。

c. 具有图腾柱 MOSFET 驱动能力。

市场上有许多 Buck 控制芯片，在这里选用的是 UC3573。这款芯片的内部电压误差放大器的参考电压为 1.5（1±2%）V。

⑨ 设置工作频率（f_t） 参考数据手册。开关频率按下式选择电容：

$$C_T = 1/(15\text{k}\Omega f_{sw}) = 1/(15\text{k}\Omega\times100\text{kHz}) = 666\text{pF}（取最接近的值为 680\text{pF}）$$

⑩ 电流检测电阻（R1） 这种控制器的保护方式是逐周检测电流，当电流信号电压超过 0.47V（阈值）时，就立刻关断功率开关管。

在设计时，在最大的电流峰值与保护的电流阈值之间留了 25% 的裕度（保护值为 1.25×2.8A=3.5A）。所以电流检测电阻 R1 的阻值为

$$R_1 = 0.47\text{V}/3.5\text{A} = 0.134\Omega$$

最接近的电阻值为 0.1Ω。

对于电压检测电阻分压网络（R3 和 R4），R4（下端的电阻）阻值为

$$R_4 = 1.5\text{V}/1\text{mA} = 1.49\text{k}\Omega（1\%）$$

这样检测的电流为 1.006mA。

R3（上端电阻）阻值为

$$R_3 = (5.0\text{V}-1.5\text{V})/1.006\text{mA}=3.48\text{k}\Omega(1\%)$$

⑪ 电压反馈环补偿　本设计采用的是电压型正激式变换器，为了得到最好的暂态响应，选用 2 个极点、2 个零点的补偿器。

输出滤波器的极点是由输出滤波电感和输出滤波电容决定的，超过转折频率后，以 -40dB/10 倍程下降。输出滤波器的转折频率为

$$f_\text{fp} = \frac{1}{2\pi\sqrt{L_\text{o}C_\text{o}}} = \frac{1}{2\pi\sqrt{100\mu\text{H}\times660\mu\text{F}}} = 619\text{Hz}$$

由输出滤波电容引起的零点为（两个 ESR 为 120mΩ 的电容并联）：

$$f_\text{zest} = \frac{1}{2\pi R_\text{est}C_\text{o}} = \frac{1}{2\pi\times60\text{m}\Omega\times660\mu\text{F}} = 4020\text{Hz}$$

电路的直流增益绝对值为

$$A_\text{DC} \approx V_\text{in}/\Delta V_\text{enor} = 14\text{V}/3.0\text{V}=4.67$$

$$G_\text{DC} = 20\lg(A_\text{DC}) = 13.4\text{dB}$$

⑫ 设置补偿器极点和零点的位置　闭环幅频特性的穿越频率不能高于 20% 的开关频率（20kHz）。笔者在设计时发现，穿越频率在 10 ～ 15kHz 之间，电路性能可以满足多数应用要求。暂态响应时间为 200μs，取

$$f_\text{xo} = 15\text{kHz}$$

首先假设补偿后的系统回路增益是以 -20dB/10 倍程的斜率下降。为了得到 15kHz 的穿越频率，电压误差放大器要增大输入信号的增益，使伯德图上的曲线上移。

$$G_\text{xo} = 20\lg(f_\text{xo}/f_\text{fp}) - G_\text{DC} = 20\lg(15\text{kHz}/619\text{Hz}) - 13.4\text{dB} = G_2 = +14.3\text{dB}$$

$$A_\text{xo} = A_2 = 5.2\,(\text{绝对值})$$

这就是为了得到所要的穿越频率而需要的中频带的增益（G_2）。

在第一个补偿零点处的增益为

$$G_1 = G_2 + 20\lg(f_\text{ez2}/f_\text{ep1}) = +14.3\text{dB} + 20\lg(310\text{Hz}/4020\text{Hz})$$

$$G_1 = -8\text{dB}$$

$$A_1 = -0.4\,(\text{取绝对值})$$

为了补偿滤波器两个极点，在滤波器极点的一半处设置两个零点

$$f_\text{ez1} = f_\text{ez2} = 310\text{Hz}$$

第一个补偿极点设置在电容的 ESR 频率（4020Hz），即

$$f_\text{ezp} = 4020\text{Hz}$$

第二个补偿极点通过对高于穿越频率的增益衰减来维持高频的稳定性

$$f_\text{ep2} = 1.5f_\text{xo} = 22.5\text{kHz}$$

这样就可以计算误差放大器的补偿参数

$$G_7 = \frac{1}{2\pi f_{xo} A_2 R_3} = \frac{1}{2\times\pi\times 15\text{kHz}\times 5.2\times 3.48\text{k}\Omega} = 587\text{pF}（取 560\text{pF}）$$

$$R_2 = A_1 R_1 = 0.4\times 3.48\text{k}\Omega = 1.39\text{k}\Omega（取 1.5\text{k}\Omega）$$

$$C_6 = \frac{1}{2\pi f_{ez1} R_2} = \frac{1}{2\pi\times 310\text{Hz}\times 1.5\text{k}\Omega} = 3.42\mu\text{F}（取 2.2\mu\text{F}）$$

$$R_5 = R_2/A_2 = 1.5\text{k}\Omega/0.4 = 3.75\text{k}\Omega（取 3.9\text{k}\Omega）$$

$$C_{10} = \frac{1}{2\pi f_{ep2} R_5} = \frac{1}{2\pi\times 22.5\text{kHz}\times 3.9\text{k}\Omega} = 1815\text{pF}（取 1800\text{pF}）$$

⑬ 实际电路原理图绘制　10W 降压开关电源如图 3-36 所示。

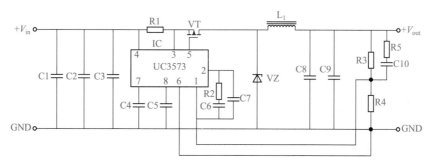

图 3-36　10W 降压开关电源电路

例3-2　15W零电压开关准谐振电流型控制反激式变换器设计

本设计是关于传统的电压控制 ZVS 准谐振变换器的改进。通过将原有的无占空比限制的电流型控制方式改变成固定关断时间、可控导通时间的电流型控制方式，可构成 ZVS 拓扑。此外，应用谐振技术可以减少开关损耗的同时，还有过电流保护和电流型控制响应的优势。虽然它的工作频率可能不超过 1MHz，但具备无开关损耗和低 EMI 辐射的优点，如图 3-38 所示的电路图。

（1）技术指标

输入电压范围：DC18 ～ 32V、DC+24V（额定值）

输出电压与电流：DC+15V/0.5 ～ 1A

欠电压"不启动"的电压：8.0V ± 1.0V

（2）常用技术参数与元器件参数的计算

① "黑箱"预设计

输出功率：$V_{out} I = 15\text{V}\times 1\text{A} = 15\text{W}$

最大峰值电流：

$$I_{pk} = \frac{5.5 P_{out}}{V_{in(min)}} = \frac{5.5\times 15\text{W}}{18\text{V}} = 4.6\text{A}$$

输入平均电流：

$$I_{\text{in(av)}} \approx \frac{P_{\text{out}}}{\text{效率} \times V_{\text{in(max)}}} = \frac{15\text{W}}{0.9 \times 24\text{V}} = 0.7\text{A}$$

$$I_{\text{in(av-hi)}} \approx \frac{P_{\text{out}}}{\text{效率} \times V_{\text{in(min)}}} = \frac{15\text{W}}{0.9 \times 18\text{V}} = 0.926\text{A}$$

确定一次绕组所需导线的规格，因为电源需要 18V 下通过额定负载电流，因此一次导线规格为 #20AWG。

② 设计反激式变压器

在电源内部，变压器是唯一一个非表面贴装元件，因为没有表面安装的磁芯可以大到 15W 的水平。虽然可以用环形磁芯，但这里使用 TDK 公司的低造价 E-E 磁芯，EPC 公司的低造价磁芯也可行。

a. 确定磁芯材料：电源将工作频率设定在 150 ~ 500kHz 范围内，两类磁芯材料可以适用于这个频率范围。如 "F""3C8" 和 "H7P4"（为不同制造厂商生产的类似材料）可工作在高达 800kHz 的频率。"N""3C85" 和 "H7P40" 可以应用在兆赫范围而只有很小的磁芯损耗。在这个应用中，采用 H7P40 材料（TDK）。

b. 确定磁芯尺寸：TDK 按磁芯在单管正激式变换器中能处理的功率大小进行分级。它的体积要求非常类似于反激式变换器。适合 15W 的 EPC 磁芯为 EPC17 或更大型号。这一体积的规格型号是：磁芯为 PC40EPC17-Z，骨架为 BER17-1111CPH，固定夹为 EEPC17-A。

c. 确定一次电感：设定最大导通时间为 7μs，这种情况出现在最小输入电压时，则一次电感为

$$L_{\text{pri}} = \frac{V_{\text{in(min)}}}{I_{\text{pk}}} = \frac{18\text{V} \times 7\mu\text{s}}{4.6\text{A}} \approx 27\mu\text{H}$$

气隙长度约为

$$l_{\text{gap}} \approx \frac{0.4\pi L_{\text{pri}} I_{\text{pk}}^2 \times 10^8}{A_c B_{\text{max}}^2} = \frac{0.4\pi \times 27\mu\text{H} \times (4.6\text{A})^2 \times 10^8}{0.22\text{cm}^2 \times (1800\text{Gs})^2} = 0.101\text{m}$$

有这个气隙的磁芯的 A_L 约为 55nH/ 匝 ^{2}。这里采用 TDK 的 A_L，并且用下式计算匝数：

$$N_{\text{pri}} = \sqrt{\frac{L_{\text{pri}}}{A_L}} = \sqrt{\frac{27\mu\text{H}}{55\text{nH} / \text{匝}^2}} = 22.2\text{匝（取 22 匝）}$$

二次绕组电感控制磁芯在断续模式运行时释放自身储存能量。由于输入电压和输出电压在幅值上非常接近，可以用 1：1 的匝比，这样对于相应的 PWM 系统来说，关断时间是 3μs。这里取匝比为 1：1，用双线并绕，以达到最高的耦合度。

$$N_{\text{sec}} = 22 \text{ 匝}$$

对于线径规格，一次绕组：#20AWG 或相当的导线——取 #24AWG 3 股；二次绕组：#20AWG 或相当的导线——取 #24AWG 3 股。注意：为防止混淆，使用两种不同颜色的导线。

d. 变压器绕线技巧。一次绕组和二次绕组导线绕到骨架上之前应先绞在一起，将各绕组

端部分开，并焊到引脚上。将一层聚酯薄膜覆盖在外层，使其美观和安全。

③ 设计谐振回路　这是对谐振回路参数初步的估算，因为到此还不能预计实际电路所有寄生参数的影响。所计算的回路参数值和控制 IC 的关断时间必须在调试时进行调整。

首先，假定储存在 LC 谐振回路的能量是平均分配的，即

$$\frac{P_{out}}{f_{op}} = \frac{C_r V_C^2}{2} = \frac{L_r i_L^2}{2}$$

整理上式并解得谐振电容值为

$$C_r = \frac{2P_{out}}{V_C^2 f_{op}}$$

欲限制谐振电容（C7）上的尖峰电压小于 100V，解得

$$C_r = \frac{2 \times 15W}{(70V)^2 \times 250kHz} = 0.0245\mu F \text{（取 } 0.02\mu F\text{）}$$

选择电源的最高工作频率为 250kHz。轻载时，最大开通时间应在 10% ～ 15% 之间。所以谐振频率也在 250kHz 左右，解得谐振电感为

$$L_r = \frac{1}{C_r \times (2\pi f_r)^2} = \frac{1}{0.02\mu F \times (\pi 2 \times 250kHz)^2} = 20\mu H$$

④ 设计输出整流 / 滤波电路

a. 输出整流器电压为

$$V_r = V_{out} + \frac{N_{sec}}{N_{pri}} V_{in(max)} = 15V + 32V = 47V$$

二极管 VD4 选用 MBE360。

b. 二极管的输出滤波电容容值为

$$C_o = \frac{I_{out(max)} N_{off}}{V_{ripple}} = \frac{1A \times 2\mu s}{50mV} = 40\mu F$$

选取电容 C9 为 47μF/DC25V。采用高等级的钽电容，并与 0.5μF 陶瓷电容并联。

⑤ 设计自启动电路　采用电流限制线性调节型自启动电路。对于基极偏置电阻 R1 有

$$R_1 = (18V - 12V)/0.5mA = 12k\Omega$$

对于集电极限流电阻 R2 有

$$R_2 = (18V - 13V)/10mA = 500\Omega\text{（取 } 510\Omega\text{）}$$

⑥ 设计控制部分　使用普通的 UC3843P 电流型控制芯片。因为 IC 50% 占空比的限制，所以选择 IC 也很重要。振荡器工作在固定关断时间的单触发方式，即关断时定时电容短接到地，开通时间由电流检测输入引脚控制。当电流达到一定值时，定时电容被释放。振荡器如同一个单触发定时器。如此循环工作。

改进为固定关断时间的控制器：在定时电容两端接一个小功率 N 沟道 MOSFET，它的栅极与主功率 MOSFET 的栅极相接，小功率 MOSFET 可选 BS170 或 2N7002。根据相关元器件数据手册以及约 2μs 的关断时间，定时电阻阻值大约为 15kΩ，定时电容容值为 220pF。定时元件值在调试时还要进一步调整到与谐振回路的半周期相匹配。

⑦ 设计电压负反馈环　使用 1.0mA 的检测电流，使得电压检测电阻分压器的下电阻（R9）阻值为 2.49kΩ、1%，上电阻（R8）阻值为 R_8=（15V−2.5V）/1mA=12.5kΩ（取 12.4kΩ，1%）。

⑧ 设计反馈环补偿　通常零电压准谐振电源的频率随着电源电压和负载的变化而发生 4 倍的改变。由于这种改变，估计最低开关频率为 80kHz。可以用这个值来估算补偿量。

即使工作在变频状态，电流型反激式变换器的控制到输出特性曲线还是单极点的，所以应采用单极零点补偿方法。滤波器极点、ESR 零点和直流增益分别为

$$f_{\text{fp(hi)}}=\frac{1}{2\pi\times 15\text{V}/1\text{A}\times 47\mu\text{F}}=225\text{Hz}（额定负载 1\text{A} 时）$$

$$f_{\text{fp(low)}}=\frac{1}{2\pi\times 15\text{V}/0.5\text{A}\times 47\mu\text{F}}=112\text{Hz}（额定负载 0.5\text{A} 时）$$

$$A_{\text{DC}}=\frac{(28\text{V}-15\text{V})^2}{28\text{V}\times 2.5\text{V}}=2.41$$

$$G_{\text{DC}}=20\lg 2.41=7.7\text{dB}$$

控制到输出特性曲线如图 3-37 所示。

穿越频率应小于 $f_{\text{sw}}/5$，即

$$f_{\text{xo}}<80\text{kHz}/5=16\text{kHz}（设为 10\text{kHz}）$$

为使穿越频率的增益为 0dB，补偿网络的增益为

$$G_{\text{xo}}=20\lg（f_{\text{xo}}/f_{\text{fp(hi)}}）-G_{\text{DC}}$$
$$=20\lg（10000\text{Hz}/225\text{Hz}）-7.7\text{dB}$$
$$=25.2\text{dB}（仅用于伯德图）$$
$$A_{\text{xo}}=18.3（标量增益）$$

补偿误差放大器零点设在最低的滤波器极点上，即

$$f_{\text{ez}}=f_{\text{fp(low)}}=112\text{Hz}$$

补偿误差放大器极点设在电容 ESR 引起的最低的预期零点频率上，即

$$f_{\text{ep}}=f_{\text{p(ESR)}}=10\text{kHz}（近似值）$$

已知 +5V 电压检测分压器的上电阻值（R_8=12.4kΩ），则有

$$C_3=\frac{1}{2\pi A_{\text{xo}}R_8 f_{\text{xo}}}=\frac{1}{2\pi\times 18.3\times 12.4\text{k}\Omega\times 10\text{kHz}}=70\text{pF}（取 68\text{pF}）$$

$$R_3=A_{\text{xo}}R_8=18.3\times 12.4\text{k}\Omega=227\text{k}\Omega（取 220\text{k}\Omega）$$

$$C_4=\frac{1}{2\pi f_{\text{ez}}R_3}=\frac{1}{2\pi\times 112\text{Hz}\times 220\text{k}\Omega}=0.065\mu\text{F}（取 0.06\mu\text{F}）$$

最终所设计的电路如图 3-38。

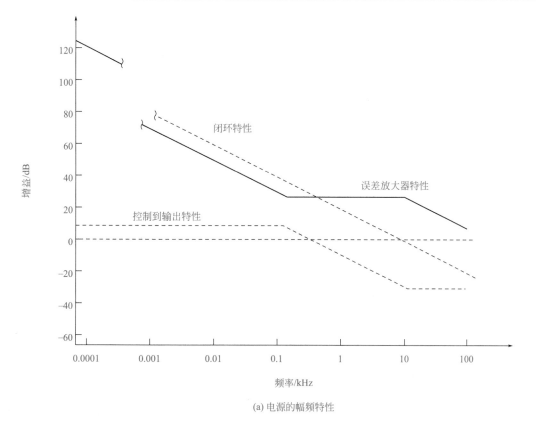

(a) 电源的幅频特性

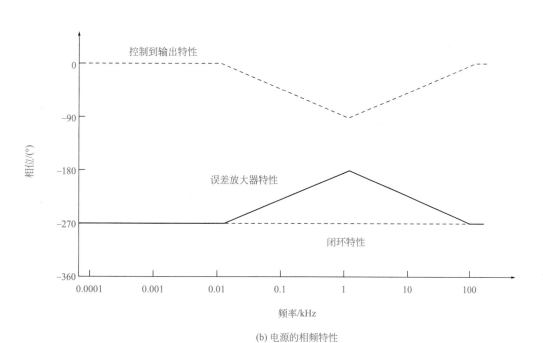

(b) 电源的相频特性

图 3-37　幅频和相频特性（补偿设计）

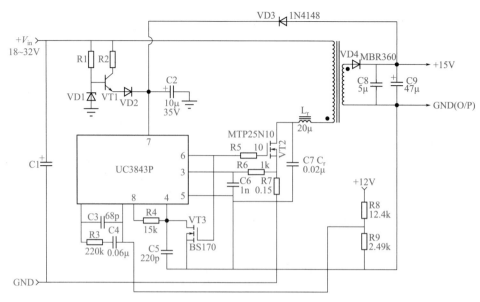

图 3-38　ZVS 准谐振电流型反激式变换器电路

例3-3　65W通用交流输入、多路输出反激式开关电源设计

这种开关电源可以用于 AC85 ～ 240V 输入的电子产品中。这种特殊的开关电源可以提供 25 ～ 150W 的输出功率，可以用在办公室小型分组交换机（PBX）等产品中。

（1）技术指标

输入电压范围：AC90 ～ 240V，50/60Hz

输出电压：DC+5V，额定电流 1A，最小电流 750mA

　　　　　DC+12V，额定电流 1A，最小电流 100mA

　　　　　DC-12V，额定电流 1A，最小电流 100mA

　　　　　DC+24V，额定电流 1.5A，最小电流 0.25A

输出电压纹波：+5V、±12V 时最大 100mV（峰峰值）

　　　　　　　+24V 时最大 250mV（峰峰值）

输出精度：+5V、±12V 时最大 ±5%

　　　　　+24V 时最大 ±10%

目标成本：25.00 美元，100 台 / 批

系统保护和其他特性如下。

低电压输入限制：该电源产品允许最低输入电压为 AC85（1±5%）V。

微处理器掉电信号：该电源系统在 +5V 输出端电压低于 4.6（1±5%）V 时，提供一个集电极输出开路的信号。

（2）常用技术参数与元器件参数的计算

① "黑箱"预先估算

a. 总的输出功率：$P_o = 5V \times 1A + 2 \times 12V \times 1A + 24V \times 1.5A = 65W$

b. 估算输入功率：$P_{in} = P_o / \eta = 65W / 0.8 = 81.25W$（式中，$\eta$ 为效率）

c. 直流输入电压：

从 AC110V 输入有

$$V_{\text{in(min)}} = \text{AC90V} \times 1.414 = \text{DC127V}$$

$$V_{\text{in(max)}} = \text{AC130V} \times 1.414 = \text{DC184V}$$

从 AC220V 输入有

$$V_{\text{in(min)}} = \text{AC185V} \times 1.414 = \text{DC262V}$$

$$V_{\text{in(max)}} = \text{AC240V} \times 1.414 = \text{DC340V}$$

d. 平均输入电流：

$$I_{\text{in(max)}} = P_{\text{in}}/V_{\text{in(min)}} = 81.25\text{W}/\text{DC127V} = \text{DC0.64A}$$

$$I_{\text{in(max)}} = P_{\text{in}}/V_{\text{in(max)}} = 81.25\text{W}/\text{DC340V} = \text{DC0.24A}$$

注意：一次绕组用 #20AWG 导线或采用其他相当规格的导线。

e. 估算峰值电流：

$$I_{\text{pk}} = 5.5 P_{\text{out}}/V_{\text{in(min)}} = 5.5 \times 65\text{W}/\text{DC127V} = 2.81\text{A}$$

f. 散热：基于 MOSFET 的反激式变换器的经验，损耗的 35% 是由 MOSFET 产生的，60% 是由整流部分产生的。估计的损耗是 16.25W（效率为 80% 时）。由此可得出 MOSFET 损耗为

$$P_{\text{D}} = 16.25\text{W} \times 0.35 = 5.7\text{W}。$$

整流部分损耗为

$$P_{\text{D(+5V)}} = (5/65) \times 16.25\text{W} \times 0.6 = 0.75\text{W}$$

$$P_{\text{D(±12V)}} = (12/65) \times 16.25\text{W} \times 0.6 = 1.8\text{W}$$

$$P_{\text{D(+24V)}} = (24/65) \times 16.25\text{W} \times 0.6 = 3.6\text{W}$$

注意：这些损耗产生的热量是在立式封装散热片的散热范围内的。

② 设计前的考虑事项　电路拓扑需要用隔离型、多输出反激式变换器，以满足 UL、CSA 和 VDE 的安全规程。这些方面的考虑将影响到最后的封装、变压器以及电压反馈环的设计。

控制器芯片选用电流型控制的 UC3845P，其工作频率为 50kHz。

③ 设计变压器　在这种场合下，用得最普遍的是 E-E 型磁芯。对于这种功率等级，用每边约为 1.1in（28mm）的磁芯即可。这里选用 Magnetics 公司的"F"磁芯材料（3C8 铁氧体软磁材料）。

所选的磁芯（Magnetics 公司）型号为 F-43515-EC，骨架型号为 PC-B3515-L1。

a. 一次电感最小值为

$$L_{\text{pri}} = \frac{V_{\text{in(min)}} \partial_{\text{max}}}{I_{\text{pk}} f} = \frac{127\text{V} \times 0.5}{2.81\text{A} \times 50000\text{Hz}} = 452\mu\text{H}$$

b. 为防止磁饱和所要加的气隙长度为

$$l_{\text{gap}} = \frac{0.4\pi L_{\text{pri}} I_{\text{pk}} \times 10^8}{A_{\text{c}} B_{\text{max}}^2} = \frac{0.4 \times 3.14 \times 0.00045\text{H} \times 2.81\text{A} \times 10^8}{0.904\text{cm}^2 \times (2000\text{Gs})^2} = 0.044\text{cm} = 17\text{mil}$$

最接近这个气隙长度的磁芯是 A_{L} 为 100mH 每 1000 匝、气隙长度为 67mil 的磁芯。最

后选择的型号是：有气隙的型号为 F-43515-EC-02，没有气隙的型号为 F-43515-EC-00。

c. 一次绕组所需的最大匝数为

$$N_{pri} = 1000 \sqrt{\frac{L_{pri}}{A_L}} = 1000 \text{ 匝} \sqrt{\frac{0.452mH}{100mH}} = 67.2 \text{匝（取67匝）}$$

d. +5V 输出端所需匝数为

$$N_{sec1} = \frac{N_{pri}(V_{o1}+V_{D1})(1-\partial_{max})I_{pk} \times 10^8}{V_{in(min)} \partial_{max}} = \frac{67\text{匝} \times (5V+0.5V) \times (1-0.5) \times 2.81V \times 10^8}{127V \times 0.5} = 2.9\text{匝（取3匝）}$$

e. 其余绕组所需匝数为

$$N_{sec2} = \frac{(V_{o2}+V_{D2})N_{sec1}}{V_{o1}+V_{D1}}$$

对于 ±12V 输出端有

$$N_{12V} = \frac{(12V+0.9V) \times 3\text{匝}}{5V+0.5V} = 7.03\text{匝（取7匝）}$$

对于 24V 输出端有

$$N_{24V} = \frac{(24V+0.9V) \times 3\text{匝}}{5V+0.5V} = 13.6\text{匝（取14匝）}$$

绕组匝数确定后，再重新检查相应输出端的电压误差，即

±12V 输出端：11.93V，满足要求。

+24 输出端：24.76V，满足要求。

f. 变压器绕线技术。由于变压器必须满足安全规程要求，这里用交错绕组的方法来绕制。为了满足 VDE 标准，一次侧和二次侧之间采用三层聚酯薄膜带，骨架边缘保留 2mm 的爬电距离，相应绕组的导线线规如下。

一次绕组：#24AWG，单股。

+5V：#24AWG，4 股。

+12V：#20AWG，2 股。

−12V：#22AWG，2 股。

+24V：#22AWG，2 股。

二次绕组：#26AWG，单股。

④ 设计输出滤波部分

a. 选择输出整流器。对于 +5V 输出有

$$V_R > V_{out} + \frac{N_{se1}}{N_{pri}} V_{in(max)} = 5V + 3\text{匝} \div 67\text{匝} \times 340V = 20.2V$$

由于 $I_F > I_{av} > 1A$，选择 MBR340 肖特基整流二极管。

±12V：设计方法与上面相同，选择 MBR370。

+24V：选择 MUR420。

b. 确定输出滤波电容的最小值。

对于 +5V 输出有

$$C_{\text{out(min)}} = \frac{I_{\text{out(max)}}\, T_{\text{off(max)}}}{V_{\text{ripple(desined)}}} = 1.5\text{A} \times 18\mu\text{s} \div 100\text{mV} = 270\mu\text{F}$$

选用两个 10V、150μF 电容。

对于 ±12V 输出有

$$C_{\text{out}} = 180\mu\text{F}$$

选用两个 20V、100μF 电容。

对于 +24V 输出有

$$C_{\text{out}} = 180\mu\text{F}$$

选用三个 35V、47μF 电容。

⑤ 设计控制器驱动部分

a. 选择功率半导体器件。功率开关管（MOSFET）要求：

$$V_{\text{DSS}} \geq V_{\text{flbk}} = V_{\text{in(max)}} + \frac{N_{\text{pri}}}{N_{\text{sec}}}(V_{\text{out}} + V_{\text{d}}) = 340\text{V} + (67\,\text{匝}/3\,\text{匝}) \times (5\text{V} + 0.5\text{V}) = 463\text{V}$$

I_{D} 约等于 I_{pk}，即大于 3A。这里选用 IFR740。

在本设计例子中，影响开关电源控制器芯片选择的主要因素是：需要有 MOSFET 驱动（图腾柱驱动），单极性输出，能把占空比限制在 50% 内，电流型控制。工业上通常选择 UC3845P。

b. 设计电压反馈环。电压反馈环与输入电压和控制器隔离，可以用光隔离器进行隔离。为了减小光隔离器漂移的影响，二次侧要用到一个误差放大器，这个误差放大器可以选用 TL431CP。图 3-39 给出了电压反馈电路。

为了改善输出交叉调整性能，可以对每个正极性输出端都进行检测，这样可以有效地提高每个输出端在负载变化时的响应特性。

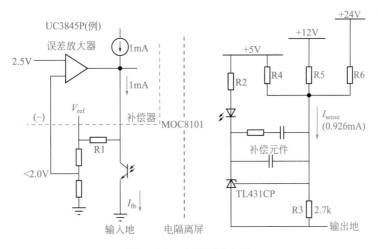

图 3-39　电压反馈电路

这部分的设计从控制器开始，设计时把 UC3845P 内部的误差放大器旁路掉，这意味着光隔离器可以驱动原来由误差放大器所驱动的电路。由于误差放大器有一个 1mA 的电流源，为了使电路工作，TL431CP 要从光隔离器的 LED 上抽取 1mA，所有的控制电流都叠加在这个电流上。假定检测的值是 1mA/V，这样 R1 的阻值为

$$R_1 = \frac{5.0\text{V}}{5.0\text{mA}} = 1.0\text{k}\Omega$$

R2（光隔离器 LED 的偏置电阻）的阻值为

$$R_2 = \frac{5.0\text{V} - (2.5\text{V} + 1.4\text{V})}{6.0\text{mA}} = 183\Omega（取 180\Omega）$$

检测电流大约取为 1.0mA，这样 R3 的阻值为

$$R_3 = \frac{2.5\text{V}}{1.0\text{mA}} = 2.5\text{k}\Omega（取 2.7\text{k}\Omega）$$

实际检测电流为

$$I_{\text{sense}} = \frac{2.5\text{V}}{2.7\text{k}\Omega} = 0.926\text{mA}$$

现在要设计每个正极性输出端占反馈量的比例，以满足应用要求。+5V 输出端是给微处理器和 HCMOS 逻辑电路供电的，其误差严格控制在 0.25V 以内。而 ±12V 输出端是给运算放大器和 RS232 驱动供电的，这部分电路对电源的变化相对不敏感。+24V 输出端只要误差在 ±2V 以内都可以接受，所以各部分检测电流占反馈量的比例为：+5V 占 70%，+12V 占 20%，+24V 占 10%。

+5V 输出端的检测电阻 R4 的阻值为

$$R_4 = \frac{(5\text{V} - 2.5\text{V})}{0.7 \times 0.926\text{mA}} = 3856\Omega（取 3.9\text{k}\Omega）$$

+12V 输出端的检测电阻 R5 的阻值为

$$R_5 = \frac{12\text{V} - 2.5\text{V}}{0.2 \times 0.926\text{mA}} = 51295\Omega（取 51\text{k}\Omega）$$

+24V 输出端的检测电阻 R6 的阻值为

$$R_6 = \frac{24\text{V} - 2.5\text{V}}{0.1 \times 0.926\text{mA}} = 232\text{k}\Omega（取 240\text{k}\Omega）$$

补偿器的元件参数稍后进行设计。

c. 电流检测电阻。接在 MOSFET 源极上的电流检测电阻大概值为

$$R_{\text{ec}} = \frac{V_{\text{ec(max)}}}{I_{\text{pk}}} = \frac{0.7\text{V}}{2.81\text{A}} = 0.249\Omega$$

在测试阶段，如果发现在最小输入电压下，电源无法提供满载功率，就需要减小该电阻值。

⑥ 设计反馈补偿器　所有电流型开关电源的输出滤波特性都是单极点的。在控制到输出特性中，+5V 输出端的最低滤波极点频率为

$$f_{\text{fp}} = \frac{1}{2\pi \times (5\text{V} / 0.75\text{A}) \times 300\mu\text{F}} = 79.6\text{Hz}$$

虽然 +5V 占检测量的比例最大，但它的功率只占到输出功率 65W 中的 5W，所以还要计算输出功率最大的输出端滤波器极点，并根据这个极点来设计补偿器。由于该滤波器极

点频率比较低，也使补偿器的零点频率偏低，这样只能提高闭环的相位，但不利于系统的稳定。

$$f_{\text{fp}(24)} = \frac{1}{2\pi \times (24\text{V} / 0.25\text{A}) \times 141\mu\text{F}} = 11.8\text{Hz}$$

系统的直流增益为

$$A_{\text{DC(max)}} = \frac{(340\,\text{V} - 5.0\,\text{V})^2 \times 3\text{匝}}{340\text{V} \times 1\text{V} \times 67\text{匝}} = 14.78$$

该增益用分贝表示为

$$G_{\text{DC(max)}} = 20\lg 14.78 = 23.4\text{dB}$$

假设由输出滤波电容的 *ESR* 引起的零点位置大致在 20kHz 处，现在要安排误差补偿器的极点和零点位置。在轻载时，输出滤波器的极点可以用一个零点进行补偿。

$$f_{\text{ez}} = f_{\text{fp(hightload)}}$$

$$f_{\text{ep}} = f_{\text{z(ESR)}}$$

为使闭环系统的带宽等于或小于 10kHz，补偿器所要增加的增益为

$$G_{\text{xo}} = 20\lg\left(\frac{10\text{kHz}}{11\text{Hz}}\right) - 23.4\text{dB} = 36.6\text{dB}$$

即绝对增益为63。

接下来确定补偿器元件的参数，即

$$C_1 = \frac{1}{2\pi \times 3.9\text{k}\Omega \times 63 \times 20\text{kHz}} = 32\text{pF}$$

$$R_2 = 3.9\text{k}\Omega \times 63 = 246\text{k}\Omega$$

$$C_2 = \frac{1}{2\pi \times 11.8\text{Hz} \times 246\text{k}\Omega} = 0.055\mu\text{F}$$

⑦ 设计输入 EMI 滤波部分 在本设计例子中，EMI 滤波器选用二阶共模滤波器。EMI 滤波器的主要作用是滤除开关噪声和由输入线引入的谐波。EMI 滤波器的设计是从估计开关频率处所需的衰减量开始的。

假设在 50kHz 处所要达到的衰减量为 24dB，则要求共模滤波器的转折频率为

$$f_{\text{c}} = f_{\text{sw}} 10^{\frac{A_{\text{tt}}}{40}} = 50\text{kHz} \times 10^{\frac{-24}{40}} = 12.5\text{kHz}$$

式中，A_{tt} 是开关频率处所需衰减量的负 dB 值。

阻尼因数不应小于 0.707，这样可以保证在转折频率处有 −3dB 的衰减量，不会因振荡而产生噪声。另外，由于安全规程中是用电源阻抗模拟网络（LISN）进行测试的，所用的输入阻抗为 50Ω，所以这里假设输入阻抗也为 50Ω。下面计算滤波器的共模电感和"Y"连接的电容值：

$$L = \frac{R_{\text{L}}\zeta}{\pi f_{\text{c}}} = \frac{50\Omega \times 0.707}{\pi \times 12.5\text{kHz}} = 900\mu\text{H}$$

$$C = \frac{1}{(2\pi f_c)^2 L} = \frac{1}{(2\pi \times 12.5 \text{kHz})^2 \times 900 \mu \text{H}} = 0.18 \mu \text{F}$$

在实际中，电容值并不允许取得这么大，能通过交流漏电流测试的最大电容值是 0.05μF，这个值只有计算值的 27%。所以，电感值要增大 360%，以维持转折频率不变。因而电感值要取 3.24mH，阻尼因数也相应变成 2.5，不过这个值还是可以接受的。

共模滤波电感（变压器）在市场上有现货可以买到，最接近的型号是 E3493。通过这个滤波器的设计，使 500kHz ~ 10MHz 的谐波至少有 -40dB 的衰减量。如果在 EMI 测试阶段中发现还要加滤波器，可以再加一个三阶的差模滤波器。

最终的幅频和相频特性如图 3-40 所示，65W 离线反激式变换器电路图如图 3-41 所示。

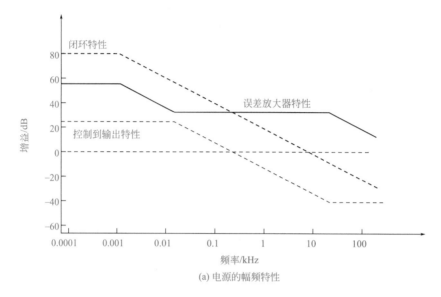

(a) 电源的幅频特性

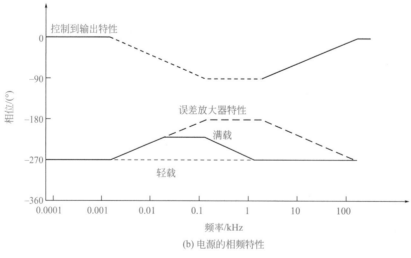

(b) 电源的相频特性

图 3-40　幅频和相频特性

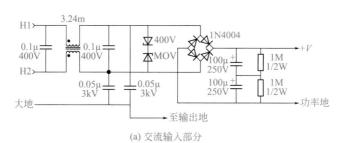

(a) 交流输入部分

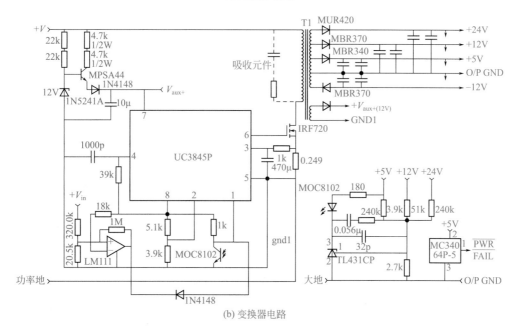

(b) 变换器电路

图 3-41　65W 离线反激式变换器电路

例3-4　半桥式开关电源变换器设计

半桥式开关电源可以在分布式电源系统中应用。它可以为分布式电源系统提供 DC28V 的安全母线电压。这种开关电源要求交流输入端有一个切换开关，以适应 AC110V 或 AC240V 供电系统，如图 3-46 所示。

（1）技术指标

输入电压范围：AC90 ～ 130V,50/60Hz

AC200 ～ 240V,50/60Hz

输出电压：DC+28V，最大电流额定值 10A，最小负载电流 1A

输出纹波电压：50mV（峰峰值）

输出精度：±2%

成本目标：1000 台批量时，单机 ×××.×× 美元

（2）常用技术参数与元器件参数的计算

①"黑箱"预先估算

额定输出功率：P_o=28V×10A=280W

估计输入功率：$P_{in(est)}=280W/0.8=350W$

直流输入电压（AC110V 时要用倍压）：

AC110V 供电时：$V_{in(low)}=2\times1.414\times AC90V=DC255V$

$V_{in(hi)}=2\times1.414\times AC130V=DC368V$

AC220V 供电时：$V_{in(low)}=1.414\times AC185V=DC262V$

$V_{in(hi)}=1.414\times AC270V=DC382V$

平均输入电流（直流）：$I_{in(max)}=350W/DC255V=1.37A$

$I_{in(min)}=350W/DC382V=0.92A$

估计最大峰值电流：$I_{pk}=2.8\times280W/DC255V=3.1A$

② 设计决策　电源采用电流型控制的半桥电路拓扑，为了减小启动时的浪涌，增加一个软启动电路。电源满足 UL、CSA 和 VDE 安全规程。

电源的工作频率定在 100kHz，控制器芯片选用 MC34025P。

③ 设计变压器

a. 变压器基本参数设计。磁芯采用 E-E 型，这是因为在所有磁芯中，这种磁芯的绕线面积最大。为了通过 VDE 认证，需要加许多绝缘层，这就要求增大绕线面积。在双象限正激式变换器中，磁芯可以不加气隙。磁芯材料可以用 3C8（铁氧体软磁性材料）或"F"材料（Magnetics 公司）。在这种开关工作频率下，磁芯所产生的铁损是可以接受的。

磁芯尺寸的估算值是每一边 1.3in（33mm），最接近这一尺寸的磁芯型号是 F-43515。这里除了预定 F-43515 外，同时预定比这一尺寸大一号的 F-44317，以防止绕组尺寸超过窗口面积。

如果选用 F-43515 型磁芯，计算一次匝数时，需要考虑电源刚开始启动时的一些情况：在刚开始工作的几毫秒内，整个输入电压都加到一次绕组上。设计时要求保证这段时间内变压器不会饱和。变压器需要根据最高环境温度和最大交流输入电压进行设计。一次绕组需要的匝数为

$$N_{pri}=\frac{382V\times10^8}{4\times100kHz\times2800Gs\times0.904cm^2}=37.7匝（取38匝）$$

注意：B_{max} 在稳态工作时在 1300～1500Gs 之间。

$$N_{sec}=\frac{1.1\times(28V+0.5V)\times38匝}{(255V-2V)\times0.95}=4.96匝$$

由于 E-E 磁芯不能有小数匝，所以取 5 匝。这样在最小输入电压时得到的最大占空比为

$$\frac{4.95\times0.95}{5}=94\%$$

94% 还是合理的。

对于辅助绕组有

$$\frac{5匝\times12.5V}{28.5V}=2.2匝$$

取 2 匝，因而二次电压变为 11.4V，这也是可以接受的。

对于线规，一次绕组：#19AWG 或采用其他相当规格的导线。二次绕组：#12AWG 或采用其他相当规格的导线。辅助绕组：#A28AWG。

b. 变压器绕线技术。如图 3-42 所示，变压器采用交错绕制的方法，一次绕组由 4 股 #19AWG 组成，二次绕组用 5mil 厚、0.5in（12mm）宽的铜箔。先把一次绕组的 2 股线绕在骨架上，接着绕辅助绕组，绕好后放上 3 层 1mil 厚的聚酯薄膜进行绝缘。然后再绕二次绕组，加 1 层聚酯薄膜后再绕一次绕组的另外 2 股线。最后用至少 2 层聚酯薄膜把绕组包扎起来。

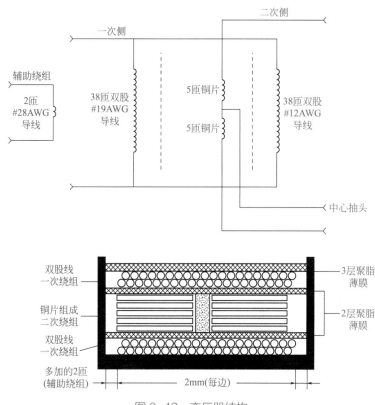

图 3-42　变压器结构

④ 选择功率半导体器件

a. 功率开关管：

$V_{DSS} > V_{in} >$ DC382V，取 500V。

$I_D > I_{in(av)} > 2.75A$，取大于 4A。

选用 IRF730 器件。

b. 输出整流二极管：

$V_R > 2V_{out} >$ DC56V，取大于 DC70V。

$I_{FWD} > I_{out(max)} > 10A$，取 20A。

选用 MBR20100CT 二极管。

⑤ 设计输出滤波器

a. 最小输出交流滤波电感值为

$$L_{o(min)} = \frac{(47V - 28V) \times 4.25\mu s}{1.4 \times 1A} = 57.7\mu H$$

用 LI^2 的方法确定 MPP 磁环的大小，可以选用 P/N55930A2 磁芯，所绕的匝数为

$$N_{\text{Lo}} = 1000\sqrt{\frac{0.0577}{157}} \text{匝} = 19.2 \text{匝（取 20 匝）}$$

绕在磁环上的导线的线规全部为 #12AWG，也可以用 100 股的编织线，以减小集肤效应。

b. 最小输出滤波电容值为

$$C_{\text{o(min)}} = \frac{10\text{A} \times 4.25\mu\text{s}}{0.05\text{V（峰峰值）}} = 850\mu\text{F}$$

用 4 个 200μF 铝电解电容并联，这样通过每个电容的纹波电流就小于 3A。

c. 设计输出直流滤波电感。

在可能的直流偏置下，所选择的磁导率不能过低。这里选择在磁场强度为 40Oe 时，相对磁导率 μ_{r} 大于 60 的磁芯。

选用与上面磁芯大小相同的磁芯，用下式可以得到所需的匝数：

$$N = \frac{40\text{Oe} \times 6.35\text{cm}}{0.4\pi \times 10\text{A}} = 20.2 \text{匝（取 20 匝）}$$

导线的线规选用 #12AWG，但这种磁芯用编织线绕制比较容易，所以这里选用编织线。

⑥ 设计栅极驱动变压器　这种变压器的设计过程与正励式功率变压器相同。这里选用小的 E-E 磁芯，并且用 4 层聚酯薄膜胶带把一次绕组和二次绕组隔离开。驱动变压器的电压应力与主变压器的电压应力相同，所以需要进行相应的绝缘处理。这些绝缘带可以防止 MOSFET 损坏时对控制电路造成影响。这里选用无气隙的 P/N F-418908EC 型 E-E 磁芯。

a. 确定一次绕组的匝数（驱动变压器的设计与正激式功率变压器相同）：

$$N_{\text{pri}} = \frac{18\text{V} \times 10^{8}}{4 \times 100\text{kHz} \times 1800\text{Gs} \times 0.228\text{cm}^{2}} = 11 \text{匝}$$

b. 由于输入控制 IC 的电压大约为 15V，所以把匝数比定为 1:1，这样二次绕组匝数也取 11 匝。

绕制时首先绕一次绕组，接着加 2 层聚酯薄膜胶带，然后把二次绕组的 2 股线同时绕上，最后缠上 2 层聚酯薄膜胶带。所有绕组的导线的线规都选用 #30AWG。

⑦ 设计启动电路　开机启动电路与前面的例子相同。对于有小电压滞环的控制 IC 如 MC34025，启动电路在发生过电流和启动时，要能提供控制 IC 和驱动 MOSFET 所需的全部电流。从主变压器提供一组辅助电压，该电压比在启动阶段的"调整"电压高，因而在正常工作时切断流过高损耗的集电极电阻的电流。这样在正常工作时，可以减少几瓦的损耗。

三极管作为一个线性稳压器（大电流限制），集电极电阻消耗了大部分的功率。由于在周围环境温度为 +50℃ 时，三极管消耗的功率大约为 1W，所以选用 TO-220 封装，同时其阻断电压要大于 DC400V。在这里选用 TIP50 即可。

集电极电阻的大概值（考虑到电压耐量，要用两个电阻串联）为

$$R_{\text{Coll}} = \frac{255\text{V}}{15\text{mA}} = 17\text{k}\Omega$$

用两个电阻串联，每个 8.2kΩ。

这些电阻上的功率损耗为

$$P_{\text{D(max)}} = \frac{(382\text{V})^{2}}{16.4\text{k}\Omega} = 8.9\text{W}$$

如果用两个 8.2kΩ、5W 的电阻串联，这样损耗就分担在两个电阻上，可以保证电阻不会损坏。

基极电阻阻值为

$$R_{\text{Base}} = \frac{255\text{V}}{0.5\text{mA}} = 508\text{k}\Omega\ （取 510\text{k}\Omega）$$

同样，为防止电阻因电压损坏（1/4W 电阻，电压为 250V），选用两个 240kΩ、1/4W 的电阻。

⑧ 设计控制电路　整个控制电路为电流型控制。工业上常用的控制器型号为 UC3525N 或 MC34025P，它们可以设置成电流型或电压型控制器，这里设置成电流型控制器。

振荡器频率的设置可以参照定时曲线，为了得到 100kHz 的工作频率，R_{T} 和 C_{T} 的值为

$$R_{\text{T}} = 7.5\text{k}\Omega$$

$$C_{\text{T}} = 2200\text{pF}$$

⑨ 设计电流检测电路　由于半桥电路中无法用电阻检测电流，所以在本设计例子中用电流互感器检测主要电流波形。有些变压器制造商用环形磁芯生产用于这种目的的电流互感器。电流互感器的二次绕组匝数有 50 匝、100 匝和 200 匝。可根据控制器工作需要来确定二次电压。电流互感器的输出为

$$V_{\text{CT(sec)}} \approx V_{\text{sec}} + 2V_{\text{fwl}} = 1.0\text{V} + 2 \times 0.65\text{V} = 2.3\text{V}$$

选择 1：100 的电流互感器时，二次电流为

$$I_{\text{sec}n} = (N_{\text{pri}} / N_{\text{sec}}) \times I_{\text{pri}} = 3.1\text{A}/100 = 31\text{mA}$$

把电流转化成电压所需的电阻为

$$R_{\text{sec}} = 2.3\text{V}/31\text{mA} = 75\Omega$$

由于斜率补偿电路始终通过一个电阻接地，为了改善这个电路，这里把电阻分成两部分，一个电阻加在电流互感器的二次侧，另一个电阻加在整流器后，这两个电阻的阻值均为 150Ω。当整流二极管导通时，这两个电阻的并联值就和设计值（75Ω）一致。在电流的输出端，需要加一个前沿尖峰滤波器，为了使滤波器引起的信号延时在合理的范围内，这里设计的 R、C 参数是：电阻 1kΩ，电容 470pF。

⑩ 斜率补偿器　所有的电流型控制器用在占空比超过 50% 的场合时，在电流波形上要加一个斜率补偿器，否则占空比超过 50% 时系统会不稳定。通常把振荡器的波形加到电流波形上，使电流波形斜度增加，因而使电流检测的比较器提前翻转。另外，还有一个经常被疏忽的问题，就是振荡器的带载能力。这里采用 PNP 管的射极跟随器来提高振荡器的带载能力。这部分电路如图 3-43 所示。

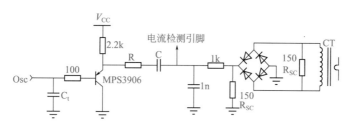

图 3-43　电流斜率补偿器

电子设计与制作 电路分析·器件选择·设计仿真·制作实例

斜率补偿器的设计只是定性的，最后在试验板上还要进行调整。

⑪ 设计电压反馈环 电压反馈环要使一次侧与二次侧隔离，这里用的是光隔离器隔离方法。电压反馈电路如图 3-44 所示。

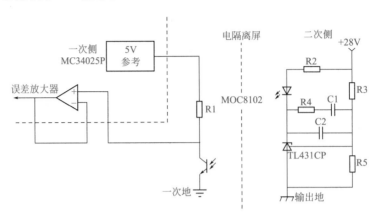

图 3-44 电压反馈电路

MC34025P 内部的误差放大器有一个图腾柱输出，因此它的输出不容易被屏蔽掉。把这部分当作简单的电压跟随器，误差放大器的功能完全由接在二次侧的 TL431CP 来实现。

在电源二次侧中，把通过电压检测电阻分压网络的电流值设置为 1mA（也就是每伏 1kΩ）。用最接近的 2.7kΩ 电阻产生的实际检测电流为 0.926mA，这样就很容易计算出上端电阻 R3 的阻值：

$$R_3 = \frac{28V - 2.5V}{0.926mA} = 27.54k\Omega \quad （取 27k\Omega）$$

用来给光隔离器和 TL431CP 提供偏置电流的电阻阻值是由 TL431CP 工作所需的最小电流 1mA 决定的。如果流过分支的电流为 6mA，这样电阻 R2 的阻值为

$$R_5 = \frac{28V - (2.5V + 1.4V)}{6mA} = 4017\Omega \quad （取 3.9k\Omega，1/4W）$$

在一次侧，光隔离器的输出三极管是一个共发射极放大器。MOC8102 典型的电流传输比为 100%，误差为 ±25%。当 TL431CP 完全导通时，通过 MOC8102 的电流为 6mA，这时三极管已经进入饱和状态，所以集电极上的电阻阻值为

$$R_{Coll} = \frac{5V - 0.3V}{6mA} = 783\Omega \quad （取 820\Omega）$$

到这里就完成了无补偿的电压反馈电路的设计。

⑫ 设计电压反馈补偿器 电流型控制正激式变换器具有单极点的滤波特性，最佳的补偿方法是用单极点、单零点的补偿器。下面首先计算控制到输出的特性。

开环时的系统直流增益为

$$A_{DC} = \frac{V_{in}}{\Delta V_c} \times \frac{N_{sec}}{N_{pri}} = \frac{382V \times 5匝}{1V \times 38匝} = 50.3$$

用分贝来表示系统的直流增益为

$$G_{DC} = 20lg(A_{DC}) = 34dB$$

电源的负载最小时，输出滤波器的极点位置最低。负载最小时，负载的等效电阻为 28V/1A，即 28Ω，这样极点的最低位置为

$$f_{\text{fp}} = \frac{1}{2\pi R_{\text{L}} C_{\text{o}}} = \frac{1}{2\pi \times 28\Omega \times 880\mu\text{F}} = 6.5\text{Hz}$$

控制到输出特性上由于输出滤波电容 ESR 引起的零点位置可以由两种方法来确定：如果电容数据手册上有 ESR 的确切值，零点位置就可以计算出来；如果没有，就用粗略估计方法来确定。用四个铝电解电容并联，使总的 ESR 只有每个电容 ESR 的 1/4。在本设计例子中，把零点位置估计在 4kHz。

误差放大补偿器的极点和零点位置如下：

$$f_{\text{ez}} = f_{\text{fp}} = 6.5\text{Hz}$$

$$f_{\text{ep}} = f_{\text{z(ESR)}} = 4\text{kHz}$$

系统的闭环带宽 f_{xo} 选择 6kHz，当然带宽可以达到 15 ～ 20kHz。但是，在开关频率一半的位置上有一个双重极点，如果太靠近这个位置会减小闭环的相位和幅度裕度。

为了达到设计的闭环带宽，误差放大器所要增加的增益为

$$G_{\text{xo}} = 20\lg\left(\frac{f_{\text{xo}}}{f_{\text{fp}}}\right) - G_{\text{DC}} = 20\lg\left(\frac{6000\text{Hz}}{6.5\text{Hz}}\right) - 34\text{dB} = 25.3\text{dB}$$

把这个值转换成绝对增益为

$$A_{\text{xo}} = 10\left(\frac{G_{\text{xo}}}{20}\right) = 18.4$$

确定闭环特性上临界点的值后，就可以计算各个元器件的参数。

$$C_2 = \frac{1}{2\pi A_{\text{xo}} R_3 f_{\text{ep}}} = \frac{1}{2\pi \times 18.4 \times 27\text{k}\Omega \times 4000\text{Hz}} = 80\text{pF}$$

$$R_4 = A_{\text{xo}} R_3 = 18.4 \times 27\text{k}\Omega = 496\text{k}\Omega\,(\text{取}\,510\text{k}\Omega)$$

$$C_1 = \frac{1}{2\pi R_4 f_{\text{ez}}} = \frac{1}{2\pi \times 510\text{k}\Omega \times 6.5\text{Hz}} = 0.048\mu\text{F}\,(\text{取}\,0.05\mu\text{F})$$

⑬ 设计整流器和输入滤波器电路 输入滤波电容的估计值用下式计算：

$$C_{\text{in}} = \frac{I_{\text{in(av)}}}{8fV_{\text{ripple(pp)}}} = \frac{1.38\text{A}}{8 \times 120\text{Hz} \times 20\text{V}} = 72\mu\text{F}$$

整流器上所用的标准整流器件的电流容量要满足在低输入电压时产生的最大平均电流值。最大平均电流值在"黑箱"设计阶段已经给出。所以这个整流器件的导通电流要大于 2A，最小阻断电压为两倍的最高输入电压，也就是 764V。这里选用 1N5406。

⑭ 设计输入 EMI 滤波器 EMI 滤波器选用两阶共模滤波器。由于工作频率为 100kHz，所以在 100kHz 处所需达到的衰减量定为 -24dB。共模滤波器的转折频率为

$$f_{\text{c}} = f_{\text{sw}} \times 10^{\left(\frac{A_{\text{tt}}}{40}\right)} = 100\text{kHz} \times 10^{\left(\frac{-24}{40}\right)} = 25\text{kHz}$$

　　阻尼因数取不小于 0.707 是比较合适的，这样在转折频率处有 -3dB 的衰减量，就不会因振荡而产生噪声。另外，由于安全规程中是用 LISN 进行测试的，所用的输入阻抗为 50Ω，所以这里假设输入阻抗也为 50Ω。下面计算滤波器的共模电感和"Y"连接的电容值：

$$L = \frac{R_L \zeta}{\pi f_c} = \frac{50\Omega \times 0.707}{\pi \times 25\text{kHz}} = 450\mu\text{H}$$

$$C = \frac{1}{(2\pi f_c)^2 L} = \frac{1}{(2\pi \times 25\text{kHz})^2 \times 450\mu\text{H}} = 0.09\mu\text{F}（取 0.1\mu\text{F}）$$

　　在实际中，电容值并不允许取得这么大，能通过交流漏电流测试的最大电容值是 0.05μF，只有计算值的 50%，所以电感值要增大到 200%，以维持相同的转折频率。这样电感值要取 900μH，阻尼因数也变成了 2.5，不过这个值还是可以接受的。最终的幅频和相频特性如图 3-45 所示，电路图如图 3-46 所示。

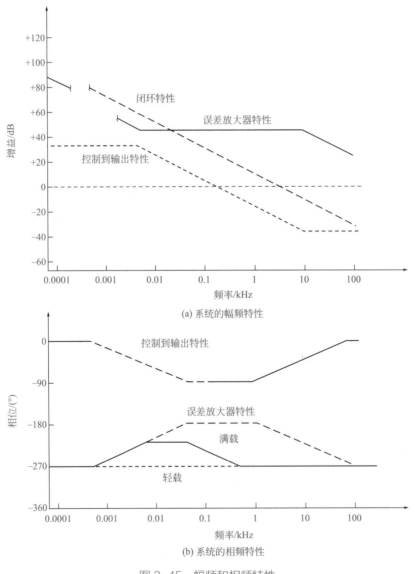

图 3-45　幅频和相频特性

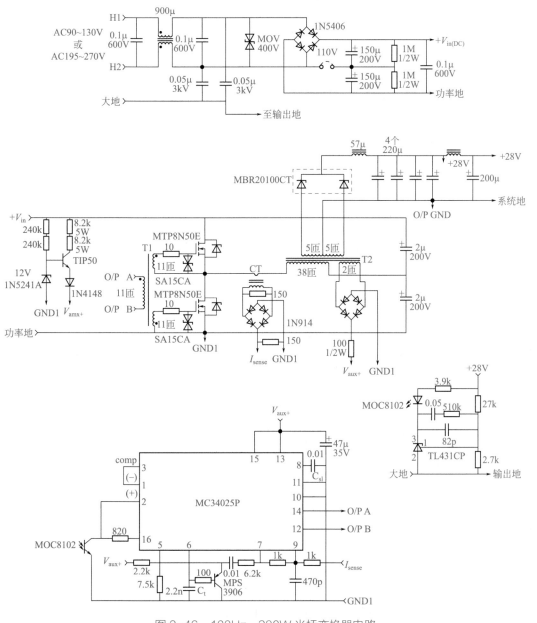

图 3-46　100Hz、280W 半桥变换器电路

例3-5　有源功率因数校正（PFC）电路设计

本例是关于 180W 不连续模式升压式功率因数校正电路的设计过程。它的最大输出功率为 200W，能够在 50Hz 或 60Hz 下的 85 ～ 270V 有效值电压范围内工作，而不需要使用切换跳线。

（1）设计指标要求

交流输入电压范围：85 ～ 270V（有效值）

交流供电频率：50 ～ 60Hz

输出电压：DC400V ± 10V

额定负载时的输入功率因数：大于 90%

总的谐波畸变率（THD）：低于 EN1000-3-2 数值范围

（2）常用技术参数与元器件参数的计算

① 设计前考虑事项　额定功率低于 200W，对一个功率因数校正级来说，是有很多好处的。其主要的好处是它能够在不连续模式下运行。在功率更高的功率因数校正电路设计中，必须使用连续模式，而这种模式由于二极管反向恢复问题的存在，会在电路中产生明显的损耗。在频率固定的不连续模式功率因数校正控制器中，电路会在一段时间内工作于连续模式 [V_{in}<50V（大约）]。一旦使用临界连续模式控制器，设计人员能够保证不会出现连续模式。

首先需要考虑的是确定输入交流电压的峰值。AC110V 输入时有

$$V_{in(nom)} = 1.414 \times AC110V = DC155.5V$$

$$V_{in(hi)} = 1.414 \times AC130V = DC183.8V$$

AC240V 输入时有

$$V_{in(nom)} = 1.414 \times AC240V = DC339.4V$$

$$V_{in(hi)} = 1.414 \times AC270V = DC381.8V$$

由上可知，输入电压将高于期望输入的最高电压峰值。这里功率因数校正级输出电压选定为 DC400V。

电感电流的最大峰值出现在预期输入的最小交流电压峰值时，即

$$I_{pk} = 1.414 \times 2P_{out(rated)} / (\eta V_{inAC(min)}) = 1.414 \times 2 \times 180W / (0.9 \times 85V) = 6.7A$$

② 设计电感　在设计升压式电感时，必须指定参考点是预期最小交流输入电压的峰值。在这种运行条件（例如固定负载和输入电压）下，导通脉冲宽度在整个半正弦波形期间保持恒定。为了求得最小输入交流电压时的导通脉冲宽度，需做如下的计算

$$R = \frac{V_{out(DC)}}{\sqrt{2}V_{inAC(min)}} = \frac{400V}{1.414 \times 85V} = 3.3\Omega$$

最大导通脉冲宽度为

$$T_{on(max)} = \frac{R}{f(1+R)} = \frac{3.3\Omega}{50kHz(1+3.3\Omega)} = 15.3\mu s$$

升压式电感的上限近似值为

$$L \approx \frac{T_{on(max)}(\sqrt{2}V_{inAC(min)})^2 \eta}{2P_{out(max)}} \approx \frac{15.3\mu s \times (1.414 \times 85V)^2 \times 0.9}{2 \times 180W} \approx 553\mu H$$

电感（变压器）线圈不仅要承受最大平均输入电流，还要承受输出电流。所以，用于绕制线圈的导线规格应为

$$L_{w(max-av)} = \frac{P_{out}}{\eta V_{inAC(min)}} + \frac{P_{out}}{V_{out}} = \frac{180W}{0.9 \times 85V} + \frac{180W}{400V} = 2.8A$$

这种导线在绕线圈时更具柔韧性，而且有助于减少由于集肤效应引起的绕组交流阻抗。

同样，由于在绕组中存在高电压，这里采用 4 层绝缘的方法以减小匝间击穿的危险。

根据磁芯选择 PQ 类型。主要是考虑到在单级应用中，不同的磁芯类型需要气隙长度是不同的。较长的气隙长度（ > 50mil ）将导致额外的电磁波辐射到周围环境中，使得 RFI 滤波的难度加大。为了减小气隙长度，对于给定的磁芯尺寸，需要找到一个具有最大磁芯截面积的铁氧体磁芯。PQ 磁芯具有这种特性。参考由 Magnetics 公司提供的 PQ 磁芯，型号 P-43220-× ×（× × 是以 mil 为单位的气隙长度）。磁芯中所需的气隙长度近似为

$$l_{\text{gup}} = \frac{0.4\pi L I_{\text{pk}} \times 10^8}{A_{\text{C}} B_{\text{max}}^2} \approx \frac{0.4\pi \times 553\mu\text{H} \times 6.6\text{A} \times 10^8}{1.70\text{cm}^2 \times (2000\,\text{Gs})^2} \approx 67\text{mil}$$

通常假设气隙长度为 50mil。Magnetics 公司可以提供这种气隙长度的磁芯，而成本仅增加几个百分点。在这个气隙长度条件下，磁芯的自感系数（A_{L}）估计在 160mH 每 1000 匝（可使用线性外推法，求其他气隙长度情况下的 A_{L}）。

电感的匝数是

$$N = 1000\text{匝}\sqrt{\frac{0.55\text{mH}}{160\text{mH}}} = 59\text{匝}$$

检查磁芯是否能绕下这么多匝（忽略辅助绕组面积）：

$$\frac{A_{\text{W}}}{W_{\text{A}}} = \frac{59\text{匝} \times 0.471\text{mm}^2}{47\text{mm}^2} = 59\% \quad（可以绕下）$$

③ 设计辅助绕组 辅助绕组的峰值整流输出电压存在频率为 100Hz 或 120Hz 波动，所以控制器的滤波电容需要足够大，以抑制控制器的 V_{CC} 下降。在低输入电压时，辅助绕组的反激式整流电压达到最大值，其值由下式得到

$$V_{\text{aux}} = \frac{N_{\text{aux}}(V_{\text{out}} - V_{\text{in}})}{N_{\text{pri}}}$$

整流后辅助绕组的交流波形如图 3-47 所示。

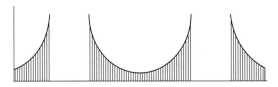

图 3-47 整流后辅助绕组的交流波形

MC34262P 有 DC16V 的浮地驱动钳位，所以为了保持浮地驱动耗散最小，辅助绕组整流电压峰值必须在 16V 左右，由下式决定匝数

$$N_{\text{aux}} = \frac{59\text{匝} \times 16\text{V}}{400\text{V} - 30\text{V}} = 2.6\text{匝}$$

考虑到交流低电压运行情况，这里确定绕组为 3 匝。使用单股 #28AMG 加强绝缘电磁线。

将电压纹波减小到 2V 时所需的辅助绕组整流输出滤波电容为

$$C_{aux} = \frac{I_{dd}T_{off}}{V_{ripple}} = \frac{25mA \times 6ms}{2.0V} = 75\mu F \quad (取DC20V时为100\mu F)$$

最终所设计的电感结构如图3-48所示。

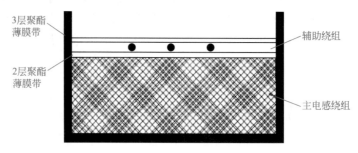

图3-48　PFC升压式电感的结构

④ 设计变压器结构　对于双绕组变压器，首先在骨架上用3股#22AMG4电磁线绕59匝，接着放2层聚酯薄膜带，然后绕3匝的辅助绕组，最后放置3层聚酯薄膜带。中间层薄膜带的作用是为了防止因一次、二次绕组间的高电压而产生弧光效应。

⑤ 设计启动电路　这里使用一个无源电阻来启动控制芯片，并提供MOSFET的栅极驱动电流。设置两个电阻串联是因为整流输入的370V峰值电压接近电阻的击穿电压。启动电阻向100μF的旁路电容充电，在二次绕组的整流峰值电压能够运行控制芯片前，电容中积累的能量必须能够给控制芯片提供6ms的运行时间。启动滞环电压最小值是1.75V。检查旁路电容是否足够大，从而在到达关断阈值前启动电路

$$V_{drop} = \frac{I_{dd}T_{off}}{C} = \frac{25mA \times 6ms}{100\mu F} = 1.5V \quad (可以)$$

若要在高压输入线路上保持耗散小于1W，需要确定通过启动电阻的最大电流，即

$$I_{start} < \frac{1.0W}{270V} = 3.7mA$$

总电阻是

$$R_{start} = \frac{270V - 16V}{3.7mA} = 68.6k\Omega \quad (最小)$$

取总电阻大约为100kΩ，或者是两个47kΩ、1/2W的电阻。

⑥ 设计电压乘法器的输入电路　乘法器（引脚3）规定的线性输入范围的最小值是2.5V。这个值是在最高期望交流输入电压为正弦波峰值（370V）时，分压后输入整流波形的峰值。如选取检测电流为200μA，分压电阻为

$$R_{bottom} = \frac{2.5V}{200\mu A} = 12.5k\Omega \quad (取12k\Omega)$$

实际检测电流是

$$2.5V/12k\Omega = 208\mu A$$

上电阻为

$$R_{\text{top}} = \frac{370\text{V} - 2.5\text{V}}{208\mu\text{A}} = 1.77\text{M}\Omega$$

用两个 $910\text{k}\Omega$ 的电阻串联来实现。

这些电阻的额定功率是 $P = (370\text{V})^2/1.77\text{M}\Omega \approx 0.08\text{W}$。每个电阻具有 1/2W 的额定功率。

⑦ 设计电流检测电路　电流检测电阻必须能在低输入交流电压时达到 1.1V 的电流检测极限电压。它的阻值为

$$R_{\text{CS}} = \frac{1.1\text{V}}{6.6\text{A}} = 0.17\Omega$$

同时在将输入电流信号加到引脚 4 之前加一个由 $1\text{k}\Omega$ 电阻和 470pF 电容组成的前沿尖峰滤波器。

⑧ 设计电压反馈电路　对于输出电压分压检测电阻，选择检测电流为 200μA，那么下电阻为

$$R_{\text{bottom}} = \frac{V_{\text{ref}}}{I_{\text{sense}}} = \frac{2.5\text{V}}{200\mu\text{A}} = 12.5\text{k}\Omega\ （取 12\text{k}\Omega）$$

这样实际检测电流为 $2.5\text{V}/12\text{k}\Omega = 208\mu\text{A}$。上电阻为

$$R_{\text{top}} = \frac{400\text{V} - 2.5\text{V}}{208\mu\text{A}} = 1.91\text{M}\Omega$$

取额定功率为 1/2W 的 $1\text{M}\Omega$ 和 $910\text{k}\Omega$ 两个电阻串联来实现。

电压误差放大器是一个单极点补偿网络，在频率 38Hz 时为单位增益，以抑制电网 50Hz 或 60Hz 的频率。电压误差放大器上的反馈电容为

$$C_{\text{fb}} = \frac{1}{2\pi f R_{\text{top}}} = \frac{1}{2\pi \times 38\text{Hz} \times 1.91\text{M}\Omega} = 0.0022\mu\text{F}\ （取 0.05\mu\text{F}）$$

⑨ 设计输入 EMI 滤波器　这里使用一个二阶共模滤波器。用于功率因数校正电路的 EMI 滤波器设计难点在于，它运行时频率是变化的，运行时的最低频率发生在正弦波的峰值时。在这点上，磁芯完全释放能量需要的时间最长。由于期望的运行频率是 50kHz，这里将它假定为最小频率。

比较合理的初始值是假定在 50kHz 时需要 24dB 的衰减，这样使共模滤波器的转折频率为

$$f_{\text{c}} = f_{\text{sw}} \times 10^{\frac{A_{\text{tt}}}{40}} = 50\text{kHz} \times 10^{\frac{-24}{40}} = 12.5\text{kHz}$$

取阻尼因数不小于 0.707 是比较合适的，这样在转折频率处有 -3dB 的衰减量，就不会因振荡而产生噪声。

另外，由于认证机构用 LISN 进行测试时，所用的输入线路阻抗为 50Ω，所以这里假设输入阻抗也为 50Ω。下面计算 EMI 滤波器的共模电感和 Y 连接的电容值：

$$L = \frac{R_{\text{L}}\zeta}{\pi f_{\text{c}}} = \frac{50\Omega \times 0.707}{\pi \times 12.5\text{kHz}} = 900\mu\text{H}$$

$$C = \frac{1}{(2\pi f_\mathrm{c})^2 L} = \frac{1}{(2\pi \times 12.5\mathrm{kHz})^2 \times 900\mu\mathrm{H}} = 0.18\mu\mathrm{F}$$

　　在实际情况中，电容值并不允许取得这么大，能通过交流漏电流测试的最大电容值是 $0.05\mu\mathrm{F}$，这是电容计算值的 27%，所以必须将电感提高 360% 来保证同样的转折频率。将电感变成 3.24mH，最终阻尼因数是 2.5，这是可以接受的。

　　Coilcraft 公司提供现成的共模滤波扼流圈（变压器），最接近上述值的器件型号是 E3493。这样滤波器在 500kHz 和 10MHz 的频率之间至少有 -40dB 衰减量。如果在后面的 EMI 测试阶段，发现需要附加滤波器，可以在这里加入三级差模滤波器。

　　最终的 180W 功率因数校正电路示意图如图 3-49 所示。

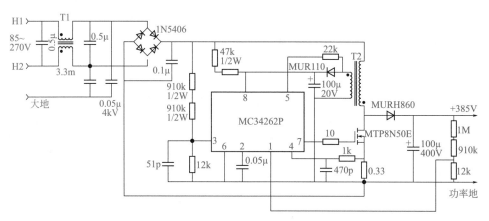

图 3-49　180W 功率因数校正电路示意图（含 EMI 滤波器）

　　⑩ 印制电路板考虑事项　最严格的安全规程要求是由德国的 VDE 提出的。因为对于 300V（EMS）交流线路，要求具有 3.2mm 爬电距离或弧光传过表面的距离。这意味着在 H1 和 H2（高压和中线）线与它们的整流直流信号之间必须有 3.2mm 的间隔。同样，在输入共模滤波变压器的绕组之间以及反激式变换器中的电感高低引脚之间也必须有 3.2mm（最小）的表面距离。440V 输出线和其他低压输送线路的间隔必须大于 4.0mm。任何接地线和其他线的距离必须大于 8.0mm。

　　所有的电流输送线应当尽量粗而短。电流检测电阻的接地点应为输入、输出以及低电压电路的一个公共接地点。

第4章

传感器电路设计

4.1 从汽车传感器学起

传感器是人类通过仪器探知自然界的触角，它的作用与人的感知系统相类似。如果将计算机视为识别和处理信息的"大脑"、将通信系统比作传递信息的"神经系统"、将执行器比作人的肌体，那么传感器就相当于人的感知系统。

在汽车行驶过程中，传感器的作用已不只局限于对行驶速度、行驶距离和发动机转速的监控，还用于安全监控，如安全气囊、防盗装置、电子燃料喷射控制。

图4-1为传感器在汽车中的布置图。

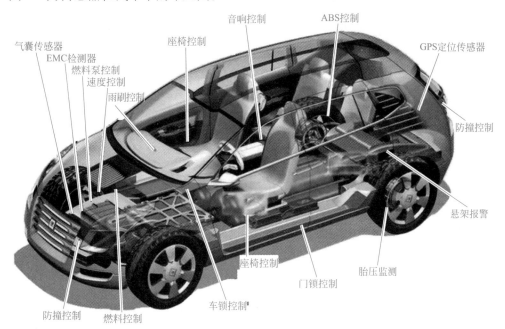

图4-1 传感器在汽车中的布置图

传感器包含两个必不可少的功能：一是信号检测；二是能把检测信号转换成一种与被测量有确定函数关系，而且便于传输和处理的量。例如，传声器（俗称话筒）就是这种传感器，它感受声音的强弱并将其转换成相应的电信号；又如，电感式位移传感器能感受位移量的变化，并把它转换成相应的电信号。

国家标准 GB/T 7665—2005《传感器通用术语》中对传感器的定义是："能感受规定的被测量并按照一定的规律转换成可用信号的器件或装置，通常由敏感元件和转换元件组成。其中，敏感元件是指传感器中能直接感受或响应被测量的部分；转换元件是指传感器中将敏感元件感受或响应的被测量信号转换成适于传输或测量的电信号部分。"

传感器的作用、组成和特性可扫二维码详细学习。

传感器的作用、组成和特性

4.2 常用传感器及辅助器件

常用的传感器有压力传感器、温度传感器、磁电传感器以及红外传感器等。为了方便学习，这部分内容提供了电子版，可以扫描二维码详细学习。

常用传感器的应用

4.3 传感器电路设计实例

例4-1 蔬菜大棚温度、湿度超限报警器电路设计

（1）设计思路　用于蔬菜大棚的温度、湿度超限报警器，能在蔬菜大棚内的温度和湿度偏离设定温度时，及时发出声光报警信号，提醒大棚种植人员注意控制棚内的温度与湿度，从而提高蔬菜产量。

（2）报警器系统设计框图　蔬菜大棚温度、湿度超限报警器系统设计框图如图 4-2 所示。

（3）报警器电路图设计　蔬菜大棚温度、湿度超限报警器电路图如图 4-3 所示。

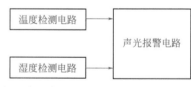

图 4-2　蔬菜大棚温度、湿度超限报警系统设计框图

（4）工作原理　该温度、湿度超限报警器电路由温度检测电路、湿度检测电路和报警电路、电源电路组成。

① 温度检测电路由热敏电阻 RT（作为温度传感器）、电位器 RP3 与 RP4 和非门集成电路 IC1（D1 ～ D6）内部的 D4 ～ D6 组成。

② 湿度检测电路由湿度检测电极 a 与 b（作为湿度传感器）、电位器 RP1 与 RP2、IC1内部的 D1 ～ D3 组成。

③ 报警电路由发光二极管 VL1 ～ VL4、电阻 R1 ～ R3、三极管 VT、音效集成电路 IC2和扬声器 BL 组成。

其中，RP1 用来设定湿度下限值；RP2 用来设定湿度上限值；RP3 用来设定温度下限值；RP4 用来设定温度上限值。

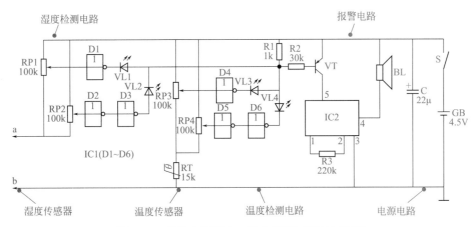

图 4-3　蔬菜大棚温度、湿度超限报警器电路图

④ 湿度报警：当蔬菜大棚内的土壤湿度在设定的湿度范围内时，D1 和 D3 均输出高电平，VL1 和 VL2 均处于截止状态，PNP 型三极管 VT 不导通，音效集成电路 IC2 不工作，扬声器 BL 不发声。

当蔬菜大棚内的土壤湿度超过设定湿度的上限值时，电极 a、b 之间的阻值变小，使 RP2 的中点电位低于 2.7V，D2 输出高电平，D3 输出低电平，VL2 发光，指示棚内湿度过大；同时 VT 导通，IC2 通电工作，BL 发出报警声。

当蔬菜大棚内的土壤湿度低于设定湿度的下限值时，电极 a、b 之间的阻值变大，使 RP1 中点电位高于 2.7V，D1 输出低电平，VL1 发光，指示棚内湿度过小；同时 VT 导通，IC2 通电工作，BL 发出报警声。

⑤ 温度报警：当蔬菜大棚内的温度在设定的温度范围内时，D4 和 D6 均输出高电平，VL3 和 VL4 均处于截止状态，VT 不导通，IC2 不工作，BL 不发声。

当蔬菜大棚内温度超过设定温度的上限值时，RT 的阻值减小，使 RP4 中点电位低于 2.7V，D5 输出高电平，D6 输出低电平，VL3 点亮，指示棚内温度偏高；同时 VT 导通，IC2 通电工作，BL 发出报警声。

当蔬菜大棚内的温度低于设定温度的下限值时，RT 的阻值增大，使 RP3 中点电位高于 2.7V，D4 输出低电平，VL3 点亮，指示棚内温度偏低；同时 VT 导通，IC2 通电工作，BL 发出报警声。

（5）电路中元器件的选择

① R1 ～ R3 选用 1/4W 金属膜电阻或碳膜电阻。

② RP1 ～ RP4 均选用有机实心电位器。

③ RT 选用 MF51 型负温度系数热敏电阻（作为温度传感器）。

④ C 选用耐压值为 10V 的铝电解电容。

⑤ VL1 ～ VL4 均选用 φ5mm 的发光二极管。

⑥ VT 选用 S8550 或 C8550、3CG8550 型硅 PNP 三极管。

⑦ IC1 选用 CD4069 或 CC4069、MC14069 型六非门集成电路，IC2 选用 LC179 型三声模拟音效集成电路。

⑧ BL 选用 0.25W、8Ω 的电动式扬声器。

⑨ S 选用小型单极拨动式开关。

⑩ GB 使用 3 节 5 号干电池。

⑪ 电极 a、b 采用铜丝或不锈钢丝制作，两电极之间距离为 10 ～ 12cm。

例4-2　压力传感器在全自动洗衣机中的应用电路设计

（1）设计思路　压力传感器在全自动洗衣机中的应用如图4-4所示，其主要是利用气室，将在不同水位情况下水压的变化作为空气压力的变化检测出来，从而在设定的水位上自动停止向洗衣机注水。

图4-5为压力传感器的结构图。图4-6为压力传感器受力变化情况。图4-7为压电电阻排列结构。

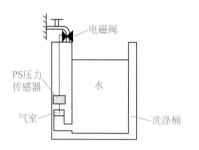

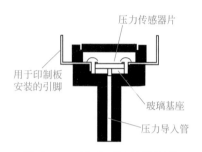

图4-4　压力传感器在全自动洗衣机中的应用　　　图4-5　压力传感器的结构图

在压力传感器半导体硅片上安装压电电阻，如果对这一电阻体施加压力，由于压电效应，其电阻值将发生变化。如图4-6所示，当向空腔部分施加一定压力时，膜片受到一定程度的拉伸或压缩而产生形变。如图4-7所示，受到拉伸的电阻R2和R4的阻值增大，受到压缩的电阻R1和R3的阻值减小。

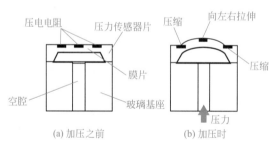

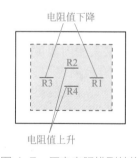

图4-6　压力传感器受力变化情况　　　　　　图4-7　压电电阻排列结构

由于各压电电阻组成桥路结构，如果将它们连接到恒流源上，则由于压力的增减，将在输出端获得输出电压 ΔU，当压力为零时的 ΔU 等于偏置电压。实际上在生成扩散电阻体时，由于所形成的扩散电阻体尺寸大小的不同和存在杂质浓度的微小差异，因此总是有某个电压值存在。压力为零时，$R_1=R_2=R_3=R_4=R$，把施加一定压力时电阻R1、R2的阻值变化部分记作 ΔR，相应电阻R3、R4的阻值变化部分记作 $-\Delta R$，于是 $\Delta U=\Delta RI$。ΔU 相对压力呈现出几乎完全线性的特性，只是随着温度的变化而有所变化。

（2）系统设计框图　洗衣机压力传感器系统设计框图如图4-8所示。

图4-8　洗衣机压力传感器系统设计框图

（3）工作原理　图 4-9 是洗衣机压力传感器的外围电路设计实例，图中用恒流源来驱动压力传感器。

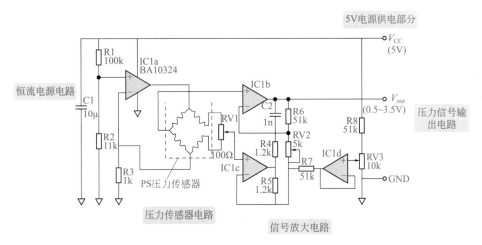

图 4-9　压力传感器在全自动洗衣机中的应用电路设计

① 恒流电源电路：5V 电压经过电容 C1 去除噪声和干扰信号以及电阻 R1、R2 分压到达 IC1a 的 + 端和 R3 组成的分压电路为压力传感器提供恒流电源，这样保证了压力传感器输出信号的稳定。

② 压力传感器电路：压力为零时，$R_1=R_2=R_3=R_4=R$，把施加一定压力时电阻 R1、R2 的阻值变化部分和相应电阻 R3、R4 的阻值变化部分记作产生一个电压差，这个电压信号反映的就是水压变化值。

③ 信号放大电路：由于桥路失衡时的输出电压比较小，所以必须用 IC1b 和 IC1c 来进行放大。图中 RV1 为偏置调整电阻，RV2 为压力灵敏度调整电阻，RV3 为未加压时输出电压调整电阻，C1、C2 用于去除噪声。另外，如果电源电压波动，将引起输出电压的变化，所以设计了恒流电源电路，给电路提供了一个稳定的电源。

④ 压力信号输出电路：在电路中 RV3 为未加压时输出电压调整电阻，通过电阻值调整，使得输出电压信号幅度正好触发单片机电路中的水压电磁阀动作，从而控制洗衣机水压。

例4-3 温度传感器在汽车散热器冷却风扇控制系统中的应用设计

（1）设计思路　热敏铁氧体温度传感器常用于控制汽车散热器的冷却风扇，其外形和结构如图 4-10 所示。该传感器由永久磁铁、热敏铁氧体和舌簧开关组成。把它安装在散热器冷却水的循环通路上，如图 4-11 所示。当冷却水温低于规定值时，热敏铁氧体温度传感器的舌簧开关闭合，风扇继电器触点断开，风扇停止运转；当冷却水温高于规定值时，舌簧开关断开，风扇继电器触点闭合，风扇开始运转。

（2）系统设计框图　汽车散热器冷却风扇系统设计框图如图 4-12 所示。

（3）工作原理　热敏铁氧体温度传感器在汽车散热器冷却风扇电路中的工作原理如图 4-13 所示。

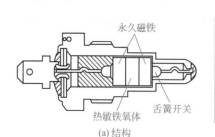

永久磁铁

舌簧开关

热敏铁氧体

(a) 结构

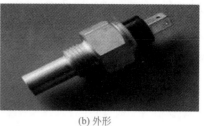

(b) 外形

图 4-10　热敏铁氧体温度传感器的外形和结构

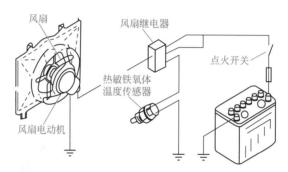

风扇

风扇继电器

点火开关

热敏铁氧体
温度传感器

风扇电动机

图 4-11　热敏铁氧体温度传感器在散热器冷却风扇系统中的安装位置

| 风扇电路 | 风扇控制电路 | 电源电路 |

图 4-12　汽车散热器冷却风扇系统
设计框图

风扇通断控制电路

风扇电路

点火开关

汽车电源电路

风扇工作

风扇继电器

舌簧开关

图 4-13　热敏铁氧体温度传感器在汽车
散热器冷却风扇电路中的工作原理图

① 当发动机的冷却水温高于规定值时，舌簧开关闭合，电源经点火开关→风扇继电器线圈→舌簧开关→地的线路闭合，风扇继电器常开触点闭合，冷却风扇运转，如图 4-14（a）所示。

② 当发动机的冷却水温低于规定值时，舌簧开关断开，电源经点火开关→风扇继电器线圈→舌簧开关→地的线路断开，风扇继电器常开触点断开，冷却风扇停止运转，如图 4-14（b）所示。

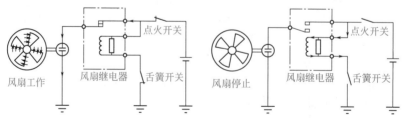

点火开关

风扇工作

风扇继电器

舌簧开关

(a) 热敏电阻温度传感器开关闭合风扇工作

点火开关

风扇停止

风扇继电器

舌簧开关

(b) 热敏电阻温度传感器开关断开风扇停止

图 4-14　热敏电阻温度传感器工作原理

第5章

数字电路设计

知识 拓展 **7** 》**数字逻辑电路基础**

用数字信号完成对数字量的算术运算和逻辑运算的电路称为数字电路，或数字系统。由于它具有逻辑运算和逻辑处理功能，所以又称数字逻辑电路。现代的数字电路由半导体工艺制成的若干数字集成器件构造而成。逻辑门是数字逻辑电路的基本单元。

在数字电路中，基本的逻辑关系有三种，即与逻辑、或逻辑和非逻辑。对应于这三种基本逻辑关系有三种基本逻辑门电路，即与门、或门和非门。为了方便读者学习，将基本逻辑门电路、TTL 门电路与 MOS 门电路的知识做成了电子版，读者可以扫描二维码详细学习。

数字逻辑电路基础

5.1 常用数字集成电路

数字集成电路是将元器件和连线集成于同一半导体芯片上而制成的数字逻辑电路或系统。根据数字集成电路中包含的门电路或元器件数量，可将数字集成电路分为小规模集成电路（SSI）、中规模集成电路（MSI）、大规模集成电路（LSI）、超大规模集成电路（VLSI）和特大规模集成电路（ULSI）。小规模集成电路包含的门电路在 10 个以内，或元器件数不超过 100 个；中规模集成电路包含的门电路在 10 ～ 100 个之间，或元器件数在 100 ～ 1000 个之间；大规模集成电路包含的门电路在 100 个以上，或元器件数在 10^3 ～ 10^4 个之间；超大

规模集成电路包含的门电路在 1 万个以上，或元器件数在 $10^5 \sim 10^6$ 个之间；特大规模集成电路的元器件数在 $10^6 \sim 10^7$ 个之间。

5.1.1　门电路构成的多谐振荡器的基本原理

非门作为一个开关倒相器件，可用于构成各种脉冲波形的产生电路。电路的基本工作原理是利用电容的充放电，当输入电压达到与非门的阈值电压 V_T 时，门的输出状态即发生变化。因此，电路输出的脉冲波形参数直接取决于电路中阻容元件值。

（1）非对称型多谐振荡器　非对称型多谐振荡器的输出波形是不对称的，当用 TTL 与非门组成时，输出脉冲宽度为

$$t_{w1}=RC, \ t_{w2}=1.2RC, \ T=2.2RC$$

调节 R 和 C 的值，可改变输出信号的振荡频率。通常改变 C 值实现输出频率的粗调，改变 R 值实现输出频率的细调，如图 5-1 所示。

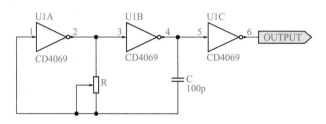

图 5-1　非对称型多谐振荡器电路

（2）对称型多谐振荡器　电路完全对称，电容的充放电时间常数相同，故输出对称方波。通过改变 R 和 C 的值，可以改变输出振荡频率。非门 U1C 用于输出波形整形。如图 5-2 所示。

一般取 $R \leqslant 1k\Omega$，当 $R_1=R_2=1k\Omega$，$C_1=C_2=100pF \sim 100\mu F$ 时，f 可在几赫至兆赫之间变化。脉冲宽度 $t_{w1}=t_{w2}=0.7RC$，$T=1.4RC$。

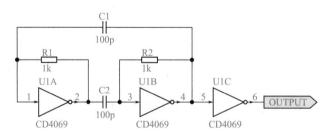

图 5-2　对称型多谐振荡器电路

（3）CD4069 的工作原理

① CD4069 反相器　CD4069 是六反相器电路，由六个 CMOS 反相器电路组成。此器件主要用作通用反相器，即在不需要中功率 TTL 驱动和逻辑电平转换的电路中（非门，1 输入、1 输出），用于数字电路反相的作用。CD4069 的外形如图 5-3 所示，其引脚排列和内部结构如图 5-4 所示。

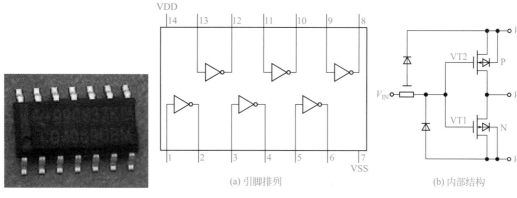

(a) 引脚排列   (b) 内部结构

图 5-3 CD4069 的外形   图 5-4 CD4069 的引脚排列与内部结构

② CD4069 反相器工作原理 CD4069 反相器是一种逻辑电路芯片,输入高电平输出低电平,输入低电平输出高电平。

a. CD4069 反相器可以将输入信号的相位反转 180°,这种电路可应用在模拟电路,如音频放大器、时钟振荡器等。在电子电路设计中,经常要用到 CD4069 反相器。

b. CD4069 中 CMOS 反相器由两个增强型 MOS 管组成。其中 VT1 为 NMOS 管,称为驱动管;VT2 为 PMOS 管,称为负载管。NMOS 管的栅源开启电压 V_{TN} 为正值,PMOS 管的栅源开启电压 V_{TP} 为负值,其数值范围在 2～5V 之间。为了使电路能正常工作,要求电源电压 $V_{DD} \gg (V_{TN} + |V_{TP}|)$。$V_{DD}$ 可在 3～18V 之间,其适用范围较宽。

5.1.2 555定时器构成的多谐振荡器

(1)555 定时器基本原理及其组成 555 定时器由电阻分压器、电压比较器、基本 RS 触发器、输出缓冲反相器、集电极开路输出三极管组成。555 定时器的外形、内部结构及引脚排列如图 5-5 所示。

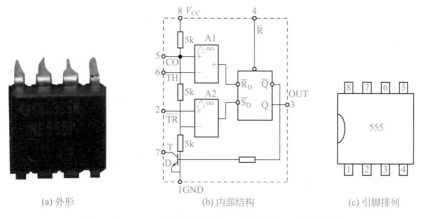

(a) 外形   (b) 内部结构   (c) 引脚排列

图 5-5 555 定时器的外形、内部结构及引脚排列

(2)用 555 定时器组成多谐振荡器 用 555 定时器组成多谐振荡器的原理图如图 5-6 所示。

a. 电路第一暂态，输出为 1。电容充电，电路转换到第二暂态，输出为 0。

b. 电路第二暂态，电容放电，电路转换到第一暂态。

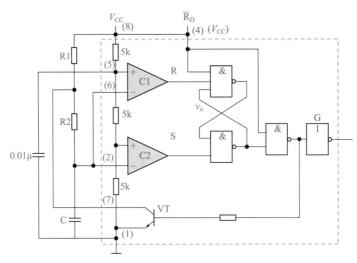

图 5-6　用 555 定时器组成多谐振荡器的原理图

（3）555 定时器组成多谐振荡器工作波形与振荡频率计算　555 定时器组成多谐振荡器的波形如图 5-7 所示。

振荡频率计算如下：

$$t_{PL} = R_2 C \ln 2 \approx 0.7 R_2 C$$

$$t_{PH} = (R_1 + R_2) C \ln 2 \approx 0.7 (R_1 + R_2) C$$

$$f = \frac{1}{t_{PL} + t_{PH}} \approx \frac{1.43}{(R_1 + 2R_2)C}$$

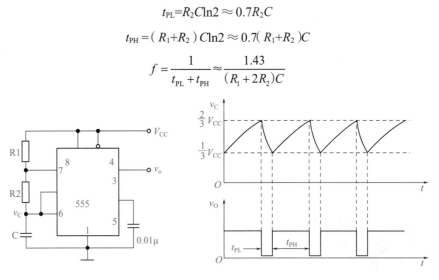

图 5-7　555 定时器组成多谐振荡器的振荡波形

5.1.3　74LS147 组成优先编码器

当有两个或两个以上的信号同时输入编码电路时，电路只能对其中一个优先级别高的信号进行编码，即允许几个信号同时有效，但电路只对其中优先级别高的信号进行编码，而对其他优先级别低的信号不予理睬。下面以 74LS147 为例介绍 8421BCD 码优先编码器的功能。

74LS147 的功能表如表 5-1 所示。74LS147 的外形和引脚排列如图 5-8 所示。其中第 15 脚 NC 为空。74LS147 优先编码器有 9 个输入端和 4 个输出端。当某个输入端为 0 时，代表输入某一个十进制数；当 9 个输入端全为 1 时，代表输入的是十进制数 0。4 个输出端反映输入十进制数的 BCD 码编码输出。

74LS147 优先编码器的输入端和输出端都是低电平有效，即当某一个输入端为低电平 0 时，4 个输出端就以低电平 0 输出其对应的 8421BCD 编码。当 9 个输入端全为 1 时，4 个输出端也全为 1，代表十进制数 0 的 8421BCD 编码输出。

表5-1　74LS147的功能表

输入（低电平有效）									输出（8421 反码）			
$\overline{I9}$	$\overline{I8}$	$\overline{I7}$	$\overline{I6}$	$\overline{I5}$	$\overline{I4}$	$\overline{I3}$	$\overline{I2}$	$\overline{I1}$	$\overline{Y3}$	$\overline{Y2}$	$\overline{Y1}$	$\overline{Y0}$
1	1	1	1	1	1	1	1	1	1	1	1	1
0	×	×	×	×	×	×	×	×	0	1	1	0
1	0	×	×	×	×	×	×	×	0	1	1	1
1	1	0	×	×	×	×	×	×	1	0	0	0
1	1	1	0	×	×	×	×	×	1	0	0	1
1	1	1	1	0	×	×	×	×	1	0	1	0
1	1	1	1	1	0	×	×	×	1	0	1	1
1	1	1	1	1	1	0	×	×	1	1	0	0
1	1	1	1	1	1	1	0	×	1	1	0	1
1	1	1	1	1	1	1	1	0	1	1	1	0

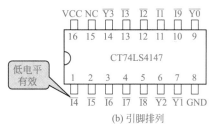

（a）外形　　　　　　　　　（b）引脚排列

图 5-8　74LS147 的外形和引脚排列

注：对于集成电路，不同厂家前面字母和后面字母标注有所不同，一般前面是厂家，后缀是封装和批次等的说明，如 SN74LS147、74LS147N、CT74LS147N等，只要功能相同，即为同一产品，在使用中不要局限于SN、CT等标注，下同。

5.1.4　译码器

译码是编码的反过程，它是将代码的组合译成一个特定的输出信号。二进制译码器如图 5-9 所示。

数字电路中译码器的逻辑功能就是将输入的二进制代码转译成各路高低电平信号输出。

3 位二进制译码器有 3 个输入信号，可以用 3 位二进制代码组成 8 种不同的状态。3 位二进制译码器的功能是将每个输入代码转译成 8 条输出线上不同的高低电平信号，因此有时也称这种译码器为 3 线 -8 线译码器。3 位二进制译码器真值表如表 5-2 所示。

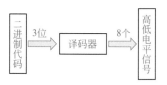

图 5-9　二进制译码器

表5-2　3位二进制译码器真值表

输入			输出							
A	B	C	Y0	Y1	Y2	Y3	Y4	Y5	Y6	Y7
0	0	0	1	0	0	0	0	0	0	0
0	0	1	0	1	0	0	0	0	0	0
0	1	0	0	0	1	0	0	0	0	0
0	1	1	0	0	0	1	0	0	0	0
1	0	0	0	0	0	0	1	0	0	0
1	0	1	0	0	0	0	0	1	0	0
1	1	0	0	0	0	0	0	0	1	0
1	1	1	0	0	0	0	0	0	0	1

这里以74LS139为例介绍。74LS139是双2线-4线译码器，其中A0、A1是输入端，$\overline{Y0} \sim \overline{Y3}$ 是输出端，$\overline{S}$ 是使能端。当 $\overline{S} = 0$ 时译码器工作，输出低电平有效。

74LS139的外形和引脚排列如图5-10所示。

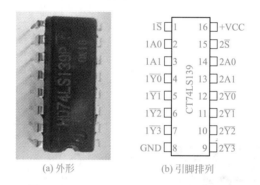

(a) 外形　　　　　　　(b) 引脚排列

图5-10　74LS139的外形和引脚排列

74LS139的真值表和逻辑图如图5-11所示。

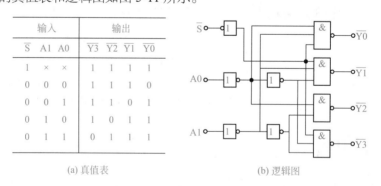

(a) 真值表　　　　　　　(b) 逻辑图

图5-11　74LS139的真值表和逻辑图

5.1.5　同步计数器

（1）同步计数器特点　同步计数器是将计数脉冲同时接到各触发器，各触发器状态的变换与计数脉冲同步。同步计数器由于各触发器同步翻转，因此工作速度快，但接线较复杂。

（2）同步计数器组成原则 根据翻转条件，确定触发器级间连接方式，即找出 J、K 输入端的连接方式。

表 5-3 为 3 位同步二进制加法计数器状态表。

表5-3 3位同步二进制加法计数器状态表

脉冲数 (C)	二进制数		
	Q2	Q1	Q0
0	0	0	0
1	0	0	1
2	0	1	0
3	0	1	1
4	1	0	0
5	1	0	1
6	1	1	0
7	1	1	1
8	0	0	0

从表 5-3 可看出：最低位触发器 F0 每来一个脉冲就翻转一次；对于触发器 F1，当 Q0=1 时，再来一个脉冲则翻转一次；对于触发器 F2，当 Q0=Q1=1 时，再来一个脉冲则翻转一次。其电路图如图 5-12 所示。

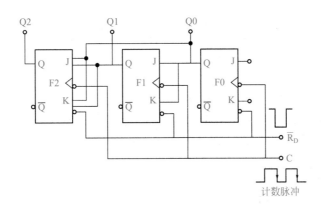

图 5-12 3位同步二进制加法计数器电路图

计数脉冲同时加到各触发器上，脉冲到来后触发器状态是否改变，要看 J、K 的状态。

（3）实际集成电路芯片 74LS161 同步计数器介绍 74LS161 的核心功能是二进制计数器，由四个 JK 触发器组成。它的附加功能是可以同步置数、异步清零，另外还有两个计数控制端。

异步清零：$\overline{CR}=0$ 时，无条件地在任何情况下使所有输出端 Q 为 0。

同步置数：$\overline{LD}=0$ 时，不能立即置数，必须加一个条件，在时钟 CP 的上升沿才能将 D0 ~ D3 的数据置入 Q0 ~ Q3。

计数控制端 CT_T、CT_P 全为 1 时才能计数，否则保持。CT_T 与 CT_P 有区别，CT_T 对溢出端 CO 有影响，在多个 74LS161 级联使用时非常有用。

① 74LS161 的引脚功能 74LS161 是常用的 4 位二进制可预置的同步加法计数器，可以灵活地运用在各种数字电路、单片机系统中，实现分频器等很多重要的功能，其外形和引脚排列如图 5-13 所示。

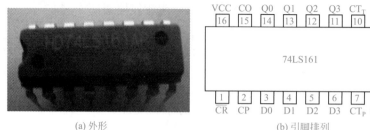

(a) 外形　　　　　　　(b) 引脚排列

图 5-13　74LS161 的外形和引脚排列

② 74LS161 的功能表　74LS161 功能表如表 5-4 所示。

表5-4　74LS161功能表

输入									输出					功能
$\overline{CR}$	$\overline{LD}$	CT_P	CT_T	CP	D0	D1	D2	D3	Q0	Q1	Q2	Q3	CO	
0	×	×	×	×	×	×	×	×	0	0	0	0	0	异步清零
1	0	×	×	↑	d0	d1	d2	d3	d0	d1	d2	d3		同步置数
1	1	0	×	×	×	×	×	×	保持					
1	1	×	0	×	×	×	×	×	保持				0	
1	1	1	1	↑	×	×	×	×	计数					

从表 5-4 中可知，当清零端 $\overline{CR}$=0 时，计数器输出端 Q3 ～ Q0 立即全为 0，此时为异步复位状态。当 $\overline{CR}$=1 且 $\overline{LD}$=0、CP 信号上升沿作用后，74LS161 输出端 Q3 ～ Q0 的状态分别与并行数据输入端 D3 ～ D0 的状态一样，此时为同步置数状态。只有当 $\overline{CR}$=$\overline{LD}$=CT_P=CT_T=1、CP 脉冲上升沿作用后，计数器加 1。74LS161 还有一个进位输出端 CO，其逻辑关系是 CO=Q0·Q1·Q2·Q3·CT_T。合理应用计数器的清零功能和置数功能，一片 74LS161 可以组成十六进制以下的任意进制分频器。

5.1.6　异步计数器

（1）异步计数器特点　异步计数器电路的特点是结构简单、速度慢。异步计数器的各个触发器的时钟端不是相连的，即各个触发器使用不同的时钟，在不同的时刻改变状态。因此，异步计数器电路的分析比同步计数器电路要稍微复杂。

（2）异步计数器组成原则　必须满足二进制加法原则：逢二进一（1+1=10，即 Q 由 1 加 1 → 0 时有进位）。各触发器应满足以下两个条件。

① 每当 CP 有效触发沿到来时，触发器翻转一次，即用 T′ 触发器。

② 控制触发器的 CP 端，只有当低位触发器 Q 由 1 → 0（下降沿）时，才向高位 CP 端输出一个进位信号（有效触发沿），高位触发器翻转，计数加 1。

由 JK 触发器组成 4 位异步二进制加

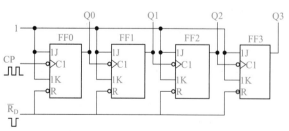

图 5-14　由 JK 触发器组成 4 位异步二进制加法计数器电路

法计数器电路如图 5-14 所示。

工作原理：异步置 0 端上加负脉冲，各触发器都为 0 状态，即 Q3Q2Q1Q0=0000 状态。在计数过程中，为高电平。只要低位触发器由 1 状态翻到 0 状态，相邻高位触发器接收到有效 CP 触发沿，T′触发器的状态便翻转。

（3）实际集成电路芯片异步计数器 74LS90 74LS90 是异步二 - 五 - 十进制加法计数器，它既可以作二进制加法计数器，又可以作五进制和十进制加法计数器。图 5-15 是集成电路 74LS90 的外形、引脚排列和逻辑符号。

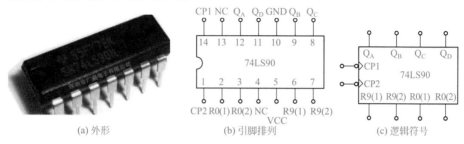

图 5-15 集成异步计数器 74LS90 的外形、引脚排列和逻辑符号

通过不同的连接方式，74LS90 可以实现四种不同的逻辑功能，而且还可借助 R0（1）、R0（2）对计数器清零，借助 R9（1）、R9（2）将计数器置 9。

74LS90 的具体功能（表 5-5）详述如下。

① 计数脉冲从 CP1 输入，Q_A 作为输出端，为二进制计数器。

② 计数脉冲从 CP2 输入，Q_D、Q_C、Q_B 作为输出端，为异步五进制加法计数器。

③ 若将 CP2 和 Q_A 相连，计数脉冲由 CP1 输入，Q_D、Q_C、Q_B、Q_A 作为输出端，则构成异步 8421BCD 码十进制加法计数器。

④ 若将 CP1 与 Q_D 相连，计数脉冲由 CP2 输入，Q_A、Q_D、Q_C、Q_B 作为输出端，则构成异步 5421BCD 码十进制加法计数器。

⑤ 清零、置 9 功能。

异步清零：当 R0（1）、R0（2）均为 1，R9（1）、R9（2）中有 0 时，实现异步清零功能，即 $Q_DQ_CQ_BQ_A$=0000。

置 9 功能：当 R9（1）、R9（2）均为 1，R0（1）、R0（2）中有 0 时，实现置 9 功能，即 $Q_DQ_CQ_BQ_A$=1001。

表5-5 74LS90的逻辑功能

输 入						输 出				功 能
清 0		置 9		时 钟		Q_D	Q_C	Q_B	Q_A	
R0（1）、R0（2）		R9（1）、R9（2）		CP1	CP2					
1	1	0 ×		× ×		0	0	0	0	清 零
		× 0								
0 ×		1 1		× ×		1	0	0	1	置 9
× 0										
0 ×		0 ×		↓	1	Q_A 输出				二进制计数
				1	↓	$Q_DQ_CQ_B$ 输出				五进制计数
				↓	Q_A	$Q_DQ_CQ_BQ_A$ 输出 8421BCD 码				十进制计数
× 0		× 0		Q_D	↓	$Q_AQ_DQ_CQ_B$ 输出 5421BCD 码				十进制计数
				1	1	不 变				保 持

5.2 数字电路系统的设计步骤及设计方法

5.2.1 数字电路系统的设计步骤

数字电路系统是用来对数字信号进行采集、加工、传送、运算和处理的装置。一个完整的数字电路系统往往包括输入电路、输出电路、控制电路、时基电路和若干子系统等五个部分。进行数字电路设计时，首先根据设计任务要求进行总体设计，在设计过程中反复对设计方案进行论证，以求方案最佳；然后在整体方案确定后设计单元电路，选择元器件，画出逻辑图、逻辑电路图，进行性能测试；最后画总体电路图，撰写设计报告。数字电路系统具体设计步骤如下。

（1）分析设计要求，明确系统功能　系统设计之前，首先明确系统的任务、技术性能、性能指标、输入/输出设备、应用环境以及特殊要求等，然后查阅相关的各种资料，广开思路，构思出多种总体方案，绘制结构框图。

（2）确定总体方案　明确了系统性能以后，接下来考虑如何实现技术功能和性能指标，即寻找合适的电路来完成。因为设计的途径不是唯一的，满足要求的方案也不止一个，所以为得到一个满意的设计方案，需要对所提出的各种方案进行比较，以电路的先进性、结构的繁简程度、成本的高低及制作的困难程度等方面作综合比较，并考虑各种元器件的来源，经过设计→验证→再设计的多次反复过程，最后确定一种可行的方案。

（3）设计单元电路　将一个复杂的大系统划分成若干个子系统或单元电路，然后再逐个进行设计。整个电路系统设计的实质部分就是单元电路的设计。单元电路的设计步骤大致可分为以下三步。

① 分析总体方案对单元的要求，明确单元电路的性能指标，并注意各单元电路之间的输入/输出信号关系，应尽量避免使用电平转换电路。

② 选择单元电路的结构形式。通常选择所熟悉的电路，或者通过查阅资料选择更合适、更先进的电路，在此基础上进行调试改进，使电路的结构形式达到最佳。

③ 计算主要参数，选择元器件。选择元器件的原则是：在可以实现设计要求的前提下，所选的元器件最少、成本最低，最好采用同一种类型的集成电路。这样可以不用考虑不同类型元器件之间的连接匹配问题。

（4）设计控制电路　控制电路的作用是将外部输入信号以及各子系统送来的信号进行综合、分析，发出控制命令去管理输入、输出电路及各个子系统，使整个系统同步协调、有条不紊地工作。控制电路的功能有系统清零、复位、安排各子系统的时序及启动、停止等，在整个系统中起核心和控制作用。设计时最好画出时序图，根据控制电路的任务和时序关系反复构思电路，选用合适的元器件，使其达到功能要求。常用的控制器有三种：移位型控制器、灵敏型控制器和微处理控制器。根据完成控制的复杂程度，灵活选择控制器。

（5）综合子系统电路，画出系统原理图　各部分子系统设计完成后，应画出总体电路图。总体电路图是电路设计、安装、调试及生产组装的重要依据，所以电路图画好之后要进行审图，检查设计过程中遗漏的问题，及时发现错误，进行修改，保证电路的正确性。画电路图的注意事项如下。

① 画电路图时应注意流向，通常是从信号源或输入端画起，从左至右、从上至下按信号的流向依次画出各单元电路。电路图的大小、位置要合适，不要把电路画成窄长形或瘦高形。

② 尽量把电路图画在一张图纸上。如果遇到复杂的电路，一张图纸画不下时，首先把主电路画在一张图纸上，然后把相对独立的和比较次要的电路分画在另外的图纸上。必须注意的是，一定要把各张图纸上电路之间的信号关系说清楚。

③ 连线要画成水平线或竖直线，一般不画斜线、少拐弯，电源一般用标值的方法，地线可用地线符号代替。四端互相连接的交叉线必须在交叉处用圆点画出，否则表示跨越。三端相连的交叉处不用画圆点。

④ 电路图中的集成电路芯片，通常用框形表示。在框中标明其型号，框的两侧标明各连线引脚的功能。除了中大规模集成电路外，其余元器件应标准化。

⑤ 如果遇到复杂的电路，可以先画出草图，待调整好布局和连线后，再画出正式电路图。

（6）安装测试，反复修改，逐步完善　在各单元模块和控制电路达到预期要求以后，可把各个部分连接起来，构成整个电路系统，并对系统进行功能测试。测试主要包含三部分：系统故障诊断与排除、系统功能测试、系统性能指标测试。若这三部分的测试有一项不符合要求，则必须修改电路设计。

（7）撰写设计文件　在整个系统实验完成后，应整理出设计文件，具体包括完整的电路原理图、详细的程序清单、所用元器件清单、功能与性能测试结果及使用说明书。

5.2.2　数字电路系统的设计方法

数字电路系统常见的设计方法有自下而上法和自上而下法。

（1）自下而上的设计方法　数字电路系统自下而上的设计是一种试探法，设计人员首先将规模大、功能复杂的数字电路系统按逻辑功能划分成若干子模块，一直分到各子模块可以用经典的方法和标准的逻辑功能部件进行设计为止；然后将子模块按其连接关系分别连接，并逐步进行调试；最后将子系统组合在一起，进行整体调试，直到达到要求为止。

具体设计步骤如下。

① 分析系统的设计要求，确定总体方案。

② 划分逻辑单元，确定初始结构，建立总体逻辑图。

③ 选择功能部件组成电路。

④ 将功能部件构成数字电路系统。

这种方法的特点是：没有明显的规律可循，主要靠设计人员的实践经验和熟练的设计技巧，用逐步试探的方法设计出一个完整的数字电路系统。系统的各项性能指标只有在系统构成后才能分析测试。

（2）自上而下的设计方法　自上而下的设计方法是将整个系统从逻辑上划分成控制器和处理器两大部分，采用 ASM 图或 RTL 语言来描述控制器和处理器的工作过程。如果控制器和处理器仍比较复杂，可以在控制器和处理器内部多重地进行逻辑划分，然后选用适当的元器件以实现各个子系统功能，最后把它们连接起来，完成数字电路系统的设计。

具体设计步骤如下。

① 明确所要设计系统的逻辑功能。
② 确定系统方案与逻辑划分，画出系统方框图。
③ 采用某种算法描述系统。
④ 设计控制器和处理器，组成所需要的数字系统。

数字电路设计与
电子仿真软件应用

5.3　数字电路设计与电子仿真软件应用

电子仿真软件很多，但比较适合初学者的，是目前使用较多的 NI Multisim10 电子仿真软件。它有许多版本，这里介绍的是 Multisim10.0.1 教育汉化版本，读者可以扫描二维码详细学习。

5.4　数字电路设计实例

例5-1 电子节拍器设计

（1）设计任务和基本要求　设计一个电子节拍器，要求如下。
① 使用 555 定时器；
② 节拍分挡（1～3挡）；
③ 节拍分明，声音明显。
（2）设计方案　该电子节拍器的组成框图如图 5-16 所示。
只要确定了节拍振荡频率，通过扬声器就可以输出电子节拍。
这里选用 555 定时器作为多谐振荡器使用。

图 5-16　电子节拍器的组成框图

TTL 集成电路 555 定时器的引脚排列和内部结构图如图 5-17 所示。

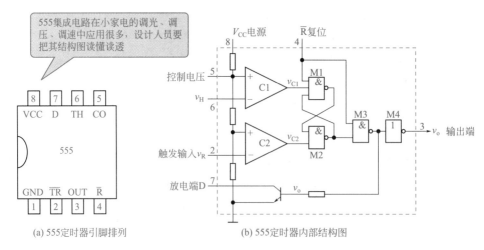

(a) 555定时器引脚排列　　　　(b) 555定时器内部结构图

图 5-17　TTL 集成电路 555 定时器的引脚排列和内部结构图

引脚 1：外接电源负端 Vss 或 GND。在一般情况下与地相连。

引脚 2：触发端或置位端，在此脚的电压低于 $1/3V_{CC}$ 时，可使内部触发器处于置位状态，输出高电平"1"。

引脚 3：与外部负载相连。

引脚 4：强制复位端。此脚所加电压低于 0.4V 时，定时器不工作。不用时将该脚接正电源。

引脚 5：控制电压端。该脚与内部 $2/3V_{CC}$ 分压点相连，如果在此脚加入外部电压，就能改变内部两个比较器的比较基准电压，从而控制电路的翻转门限，以改变产生的脉冲宽度或频率。当不用该脚时，应把该脚接 0.01μF 的电容到地。

引脚 6：阈值电压端。当该脚的电压大于 $2/3V_{CC}$ 时，可使内部触发器复位，即使 555 定时器的输出为低电平"0"。

引脚 7：放电端。该脚与内部放电三极管集电极相连，用作定时电容的放电。

引脚 8：外接电源正端。双极型 555 定时器可外接 4.5 ～ 16V 电源，COMS 型 555 定时器可接 3 ～ 18V 电源。

从图 5-17 可知，TTL 集成电路 555 定时器是由两个电压比较器（C1 和 C2）、三个电阻（5kΩ）、一个 RS 触发器、一个放电三极管 VT 及逻辑门电路组成。其功能表如表 5-6 所示。

表5-6 TTL电路555集成定时器功能表

$\overline{TR}$（②脚）触发输入 v_R	TH（⑥脚）阈值输入 v_H	$\overline{R}$（④脚）复位	D（⑦脚）放电端	OUT（③脚）输出 v_o
$>\dfrac{1}{3}V_{CC}$	$>\dfrac{2}{3}V_{CC}$	1	导通	0
$<\dfrac{1}{3}V_{CC}$	$<\dfrac{2}{3}V_{CC}$	1	截止	1
$>\dfrac{1}{3}V_{CC}$	$<\dfrac{2}{3}V_{CC}$	1	不变	不变
×	×	0	导通	0

由图 5-17 和表 5-6 可知，定时器的主要功能取决于比较器，而比较器的输出又控制了 RS 触发器和放电三极管 VT 的工作状态。当⑤脚悬空时，比较器 C1 和 C2 的比较电压分别为 $\dfrac{2}{3}V_{CC}$ 和 $\dfrac{1}{3}V_{CC}$。

① 当 $v_H>\dfrac{2}{3}V_{CC}$、$v_R>\dfrac{1}{3}V_{CC}$ 时，比较器 C1 输出低电平（$v_{C1}=0$），比较器 C2 输出高电平（$v_{C2}=1$），基本 RS 触发器被置 0，放电三极管 VT 导通，输出端为低电平输出（$v_o=0$）。

② 当 $v_H<\dfrac{2}{3}V_{CC}$、$v_R<\dfrac{1}{3}V_{CC}$ 时，比较器 C1 输出高电平（$v_{C1}=1$），比较器 C2 输出低电平（$v_{C2}=0$），基本 RS 触发器被置 1，放电三极管 VT 截止，输出端为高电平输出（$v_o=1$）。

③ 当 $v_H<\dfrac{2}{3}V_{CC}$、$v_R>\dfrac{1}{3}V_{CC}$ 时，基本 RS 触发器 R=1、S=1，触发器状态不变，输出保持原状态不变。

由 555 定时器构成的多谐振荡器电路的原理图和工作波形图如图 5-18 所示。

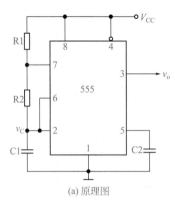
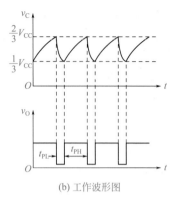

(a) 原理图　　　　　　　　　　(b) 工作波形图

图 5-18　由 555 定时器构成的多谐振荡器的原理图和工作波形图

电源接通后，V_{CC} 通过电阻 R1、R2 向电容 C1 充电。当电容电压 v_C 上升到 $\frac{2}{3} V_{CC}$ 时，比较器 C1 翻转，此时输出电压 $v_o=0$，同时三极管 VT 导通，电容 C1 通过 R2 放电，使 v_C 下降，当电容电压 v_C 下降到 $\frac{1}{3} V_{CC}$ 时，比较器 C2 输出 0，输出电压 $v_o=1$，三极管 VT 被截止，C1 完全放电后重新开始充电，如此周而复始，形成振荡。其振荡周期与充放电的时间有关。

① 电容 C1 放电所需时间为

$$t_{PL} = R_2 C_1 \ln 2 \approx 0.7 R_2 C_1$$

② 电容 C1 电压 v_C 由 $\frac{1}{3} V_{CC}$ 上升到 $\frac{2}{3} V_{CC}$ 所需的充电时间为

$$t_{PH} = (R_1 + R_2) C_1 \ln 2 \approx 0.7 (R_1 + R_2) C_1$$

③ 多谐振荡器的振荡频率为

$$f = \frac{1}{t_{PL} + t_{PH}} \approx \frac{1.43}{(R_1 + 2R_2) C_1}$$

④ 多谐振荡器的振荡周期为

$$T = t_{PL} + t_{PH} \approx 0.7 (R_1 + 2R_2) C_1$$

⑤ 多谐振荡器所产生脉冲信号的占空比为

$$q(\%) = \frac{t_{PH}}{T} \times 100\% = \frac{R_1 + R_2}{R_1 + 2R_2} \times 100\%$$

当 $R_2 \gg R_1$ 时，占空比近似为 50%。

（3）电路设计　多挡电子节拍器电路设计如图 5-19 所示。

电路节拍分三挡进行控制，振荡频率为

$$f_1 = \frac{1.43}{(R_P + 2R) C_1}$$

$$f_2 = \frac{1.43}{(R_P + 2R) C_2}$$

$$f_3 = \frac{1.43}{(R_P + 2R) C_3}$$

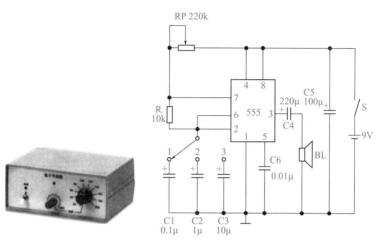

图 5-19　多挡电子节拍器

设计人员可以根据实际情况，自行改变充放电时间常数 RC，调节频率或节拍，也可以增减挡数。为使节拍精确、参数稳定，电阻选用金属膜 RJ 类电阻，电解电容选用漏电小、耐压高的电容。

例5-2　抢答器设计

（1）设计任务和基本要求　具体要求如下。

① 抢答器同时供 4 组选手使用，分别用 4 个按钮 S0 ~ S4 表示。

② 设置一个系统清除和抢答控制开关 S，该开关由主持人控制。

③ 开始抢答后，第一个按下抢答按钮的抢答者抢答有效，其他人再按抢答按钮均无效。

④ 抢答器具有定时抢答功能，且一次抢答的时间由主持人设定（如 10s）。当主持人按下"开始"键后，定时器进行减计时。

⑤ 每一次抢答成功后，竞赛处于问答状态。显示倒计时时间停止。显示器显示抢答组号。

⑥ 抢答有效时间内无人按抢答按钮，抢答状态自动停止。当主持人按复位开关后，重新进入抢答状态。

（2）设计方案　根据任务和要求，设计抢答器电路框图，如图 5-20 所示。接通电源后，主持人将开关拨到"清除"状态，抢答器处于禁止状态，编号显示器灯灭，定时器显示设定时间；主持人将开关置"开始"状态，宣布"开始"，抢答器工作，定时器倒计时。选手在定时时间内抢答时，抢答器完成优先判断、编号锁存、编号显示、扬声器提示。当一轮抢答之后，定时器停止，禁止二次抢答，定时器显示剩余时间。如果再次抢答，必须由主持人操作系统清除和抢答控制开关。

（3）电路设计

① 抢答显示电路（抢答核心部分）如图 5-21 所示，此电路由两部分组成，即抢答核心电路和显示电路。四组抢答电路由 74LS175（四个 D 触发器）芯片构成。D 触发器的输入端连接控制开关，作为抢答按钮，由抢答人控制。抢答时按下抢答按钮，"1"电平送入触发器的 D 输入端，否则"0"电平送入。

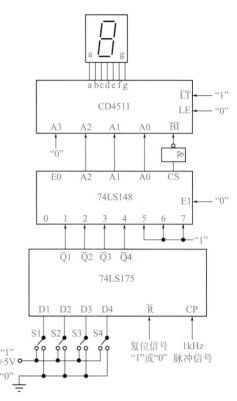

图 5-21　抢答显示电路图

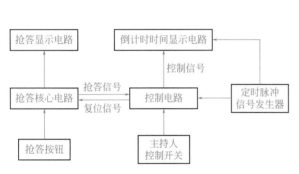

图 5-20　数字抢答器电路框图

② 显示电路　显示电路由编码器（74LS148）、译码器（CD4511）、共阴极 LED 数码显示器组成，显示抢答时抢答有效的组号。74LS148、CD4511 功能表如表 5-7 所示。

表5-7　74LS148、CD4511功能表

编码器 74LS148 功能表				译码器 CD4511 功能表					
输入		输出		输入				输出	
E1	0 1 2 3 4 5 6 7	A2 A1 A0	CS E0	LE	$\overline{LT}$	A3 A2 A1 A0	$\overline{BI}$	a b c d e f g	数字
0	× × × × 0 1 1 1	1 0 0	0 1	0	1	0 1 0 0	1	0 1 1 0 0 1 1	4
0	× × × 0 1 1 1 1	0 1 1	0 1	0	1	0 0 1 1	1	1 1 1 1 0 0 1	3
0	× × 0 1 1 1 1 1	0 1 0	0 1	0	1	0 0 1 0	1	1 1 0 1 1 0 1	2
0	× 0 1 1 1 1 1 1	0 0 1	0 1	0	1	0 0 0 1	1	0 1 1 0 0 0 0	1
0	0 1 1 1 1 1 1 1	0 0 0	0 1	0	1	0 0 0 0	1	1 1 1 1 1 1 0	0

③ 倒计时时间显示电路　该电路记录抢答时间，在主持人按下复位键后，抢答进入有效计时时间，本抢答有效时间规定为 10s，因此倒计时设计从 9s 开始。当倒计时从 9s 到 0s 时，有效抢答时间结束，再按抢答按钮抢答无效。电路由可逆计数器 CD4516、译码器 CD4511、LED 数码显示器组成，如图 5-22 所示。

主持人控制复位信号。主持人按下开关，抢答开始，并发出"1"电平信号送给可逆计数器 CD4516 的预制控制端（LD=1），计数器此时将输入端的数据 1001 预制到输出端，使计数器的初始计数值为 9。1Hz 脉冲信号作为计数器的时钟信号，使计数周期为 1s。因

此，计数器从 9 开始倒计数到 0，共计时 10s。可逆计数器 CD4516 10s 倒计时功能如表 5-8 所示。

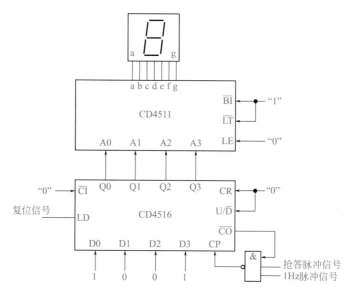

图 5-22　倒计时时间显示电路图

表5-8　可逆计数器CD4516 10s倒计时功能表

时钟	计数	加／减计数	清零	预置	数据输入	进／借位输出	数据输出	数码显示
CP	$\overline{CI}$	U/$\overline{D}$	CR	LD	D0 D1 D2 D3	$\overline{CO}$	Q3 Q2 Q1 Q0	十进制数
×	0	0	0	0	1 0 0 1	1	1 0 0 1	9
↑	0	0	0	0	1 0 0 1	1	1 0 0 0	8
↑	0	0	0	0	1 0 0 1	1	0 1 1 1	7
↑	0	0	0	0	1 0 0 1	1	0 1 1 0	6
↑	0	0	0	0	1 0 0 1	1	0 1 0 1	5
↑	0	0	0	0	1 0 0 1	1	0 1 0 0	4
↑	0	0	0	0	1 0 0 1	1	0 0 1 1	3
↑	0	0	0	0	1 0 0 1	1	0 0 1 0	2
↑	0	0	0	0	1 0 0 1	1	0 0 0 1	1
↑	0	0	0	1	1 0 0 1	0	0 0 0 0	0
×	0	0	0	0	1 0 0 1	1	1 0 0 1	9

④ 控制电路与主持人复位电路　如图 5-23 所示，该电路产生抢答器的控制信号与抢答复位信号。

在规定的有效抢答时间内有人按下抢答按钮时，本次抢答成功，74LS175 所对应的 $\overline{Q}$ 输出端送出低电平，可定义为"抢答信号"。该"抢答信号"将两个时钟脉冲信号封住，使 74LS175 和 CD4516 两个芯片停止工作，使竞赛处于抢答成功答题阶段。

另外，在规定的有效抢答时间内无人按下抢答按钮时，倒计时器将完成全部倒计时到 0 数值，CD4516 的 $\overline{CO}$ 端送出低电平信号，该低电平信号也会将两个时钟脉冲信号封住，使

74LS175 和 CD4516 两个芯片停止工作，使竞赛处于抢答未成功、主持人讲话阶段。

⑤ 定时脉冲信号发生器。这里采用可以产生 1Hz 和 1kHz 时钟脉冲信号的脉冲信号发生器。

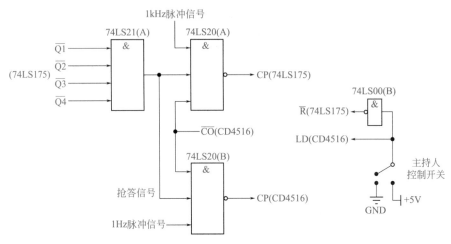

图 5-23　控制电路与主持人复位电路图

（4）总体电路图　总体电路图如图 5-24 所示。

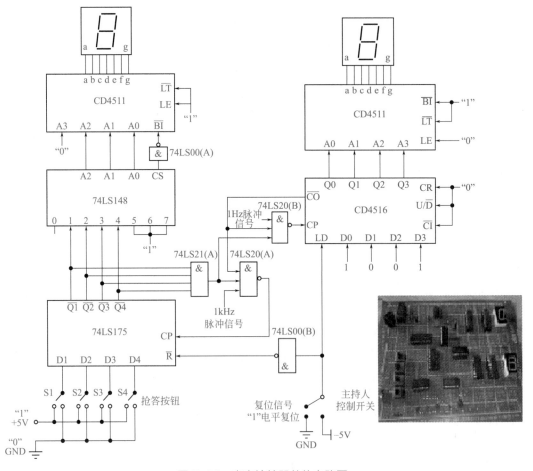

图 5-24　竞赛抢答器总体电路图

154

例5-3 数字电子钟设计

数字电子钟是一种用数字电路技术实现时、分、秒计时的装置。数字电子钟与机械式时钟相比具有更高的准确性和直观性、无机械装置、更长使用寿命的优点，因此得到了更广泛的使用。数字电子钟从原理上讲是一种数字电路，其中包括了组合逻辑电路和时序电路。

（1）设计任务和要求

① 采用数字电路实现对时、分、秒数字显示的计时装置。

② 设计采用 LED 数码管显示时、分、秒，以 24h 计时方式，用 100kHz 的石英晶体振荡器产生振荡脉冲，采用 74LS90 集成电路设计分频器和定时计数器。

③ 电路既有显示时间的基本功能，还可以实现对时间的调整。

（2）设计基本原理框图　使用 74LS90 集成电路完成分频器和计数器的设计，从而提高应用数字电路的能力。

数字电子钟电路由脉冲信号发生器电路、分频器电路、计数器电路、译码显示电路以及校时电路五部分组成，如图 5-25 所示。

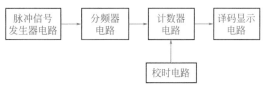

（3）设计过程和各部分工作原理

① 脉冲信号发生器　石英晶体振荡器的振荡频率最稳定，其产生的信号频率为 100kHz，通过整形缓冲级 G3 输出矩形波信号，如图 5-26 所示。

图 5-25　数字电子钟基本原理框图

a. 石英晶体振荡器（简称石英晶体或晶体、晶振）的结构。石英晶体振荡器是利用石英晶体（二氧化硅的结晶体）的压电效应制成的一种谐振器件。它的基本构成大致是：从一块石英晶体上按一定方位角切下薄片（简称为晶片，它可以是正方形、矩形或圆形等），在晶片的两个对应面上涂敷银层作为电极，在每个电极上各焊一条引线接到引脚上，再加上封装外壳即构成石英晶体振荡器。其产品一般用金属外壳封装，也可用玻璃壳、陶瓷或塑胶封装。

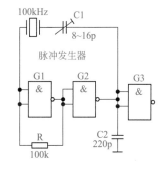

图 5-26　石英晶体振荡器电路

b. 石英晶体振荡器的压电效应。若在晶片的两个电极上加一电场，晶片就会产生机械变形。反之，若在晶片的两侧施加机械压力，则在晶片相应的方向上将产生电场。这种物理现象称为压电效应。如果在晶片的两极上加交变电压，晶片就会产生机械振动，同时晶片的机械振动又会产生交变电场。在一般情况下，晶片机械振动的振幅和交变电场的振幅非常微小，但当外加交变电压的频率为某一特定值时，振幅明显加大，比其他频率下的振幅大得多，这种现象称为压电谐振，它与 LC 回路的谐振现象十分相似。常用石英晶体振荡器外形如图 5-27 所示，它的谐振频率与晶片的切割方式、几何形状、尺寸等有关。

c. 石英晶体振荡器的图形符号和等效电路。石英晶体振荡器的图形符号和等效电路如图 5-28 所示。当晶体不振动时，可把它看成一个平板电容（称为静电电容 C），它的大小与晶片的几何尺寸、电极面积有关，一般为几皮法到几十皮法。当晶体振荡时，机械振动的惯性可用电感 L 来等效，一般 L 的值为几十毫亨到几百毫亨。晶体的弹性可用电容 C 等效，C 的值很小，一般只有 0.0002 ~ 0.1pF。晶体振动时因摩擦而造成的损耗用 R 来等效，其值约

为 $100\,\Omega$。由于晶体的等效电感很大，而 C 很小，R 也小，因此回路的品质因数 Q 很大，可达 $1000\sim10000$。加上晶体本身的谐振频率基本上只与晶片的切割方式、几何形状、尺寸有关，而且可以做得精确，因此利用石英晶体振荡器组成的振荡电路可获得很高的频率稳定性。

图 5-27　常用石英晶体振荡器外形

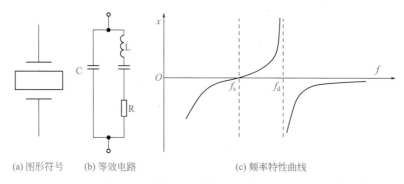

(a) 图形符号　(b) 等效电路　(c) 频率特性曲线

图 5-28　石英晶体振荡器的图形符号、等效电路及频率特性曲线

② 分频器电路

a. 石英晶体振荡器产生的信号频率为 100kHz，要得到 1Hz 的秒脉冲信号，则需要分频。图 5-29 中采用 5 块中规模计数器 74LS90，将其串接起来组成分频器。每块 74LS90 的输出脉冲信号为输入信号的十级分频，则 100kHz 的输入脉冲信号通过五级分频正好获得秒脉冲信号，秒脉冲信号送到计数器的时钟脉冲 CP 端进行计数。首先，将 74LS90 连成十进制计数器，共需 5 块，再把第一级的 CP1 接脉冲发生器的输出端。第一级的 Q_D 端接第二级的 CP1，第二级的 Q_D 端接第三级的 CP1…，第五级的输出 Q_D 就是秒脉冲信号。

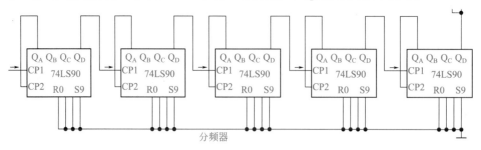

图 5-29　74LS90 组成的分频器

74LS90 是二－五－十进制异步计数器，若要制成八进制的，首先把 74LS90 接成十进制的（CP2 与 Q_A 接，以 CP1 作输入、Q_C 作输出就是十进制的），然后用异步置数跳过一个状

态达到八进制计数。

以从 000 计到 111 为例，先接成加法计数状态，在输出为 1000 时（即 Q_D 为高电平时），把 Q_D 输出接到 R0（1）和 R0（2）脚上（即异步置 0），此时当计数到 1000 时则立刻置 0，重新从 0 开始计数。1000 的状态为瞬态。

0000 到 0111 是有效状态。1000 是瞬态，跳转是从这个状态跳回到 0000 状态。

b. 计数器 74LS90 是一种中规模计数器，其外形和引脚排列如图 5-30 所示，其功能表如表 5-9 所示。

(a) 外形

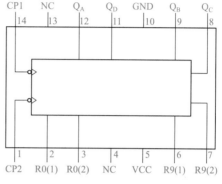

(b) 引脚排列

图 5-30　74LS90 外形和引脚排列

表 5-9　74LS90 功能表

复位输入				输出			
R0（1）	R0（2）	R9（1）	R9（2）	Q_D	Q_C	Q_B	Q_A
H	H	L	×	L	L	L	L
H	H	×	L	L	L	L	L
×	×	H	H	H	L	L	H
×	L	×	L	计数			
L	×	L	×	计数			
L	×	×	L	计数			
×	L	L	×	计数			

注：1. 将输出端 Q_A 与输入端 CP2 相接，构成 8421BCD 码计数器。

2. 将输出端 Q_D 与输入端 CP1 相接，构成 5421BCD 码计数器。

3. 表中 H 为高电平、L 为低电平。

74LS90 逻辑电路图如图 5-31 所示，它由四个主从 JK 触发器和一些附加门电路组成。整个电路可分两部分，其中 FA 触发器构成 1 位二进制计数器，FD、FC、FB 构成异步五进制计数器。在 74LS90 计数器电路中，设有置"0"端 R0（1）、R0（2）和置位（置"9"）端 R9（1）、R9（2）。

电路原理：本电路是由 4 个主从触发器和用作除 2 计数器及计数周期长度为除 5 的 3 位二进制计数器所用的附加选通组成的，有选通的零复位和置 9 输入。

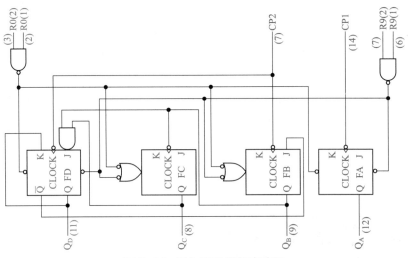

图 5-31　74LS90 逻辑电路图

为了利用本计数器的最大计数长度（十进制），可将输入端 CP2 同输出端 Q_A 连接，并把输入计数脉冲加到输入端 CP1 上，此时输出就如相应的功能表所要求的那样。

74LS90 可以获得对称的十分频计数，方法是将输出端 Q_D 接到输入端 CP1，并把输入计数脉冲加到输入端 CP2，在输出端 Q_A 处就产生对称的十分频方波。

③ 计数器电路　秒计数器采用两块 74LS90 接成六十进制计数器，分计数器也采用两块 74LS90 接成六十进制计数器，时计数器则采用两块 74LS90 接成二十四进制计数器。秒脉冲信号经秒计数器累计，达到"60"时秒计数器复位归零并向分计数器送出一个分脉冲信号；分脉冲信号再经分计数器累计，达到"60"时分计数器复位归零并向时计数器送出一个时脉冲信号；时脉冲信号再经时计数器累计，达到"24"时复位归零，如图 5-32 所示。

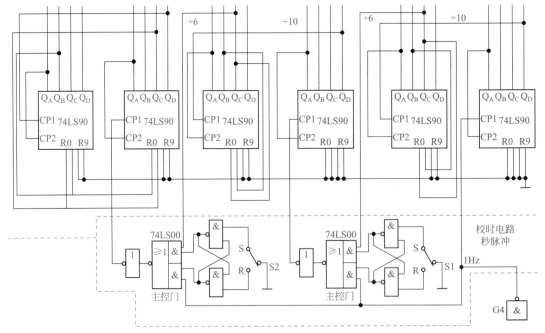

图 5-32　计数器电路

④ 译码显示电路 时、分、秒计数器的个位与十位分别通过每位对应一块七段显示译码器 CD4511 和一个半导体数码管，随时显示出时、分、秒的数值，如图 5-33 所示。

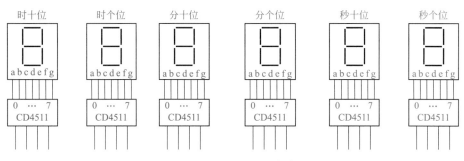

图 5-33 译码显示电路

CD4511 是用于驱动共阴极 LED（数码管）显示器的 BCD 码 - 七段码译码器，具有 BCD 转换、消隐和锁存控制、七段译码及驱动功能的 CMOS 电路能提供较大的拉电流，可直接驱动 LED 显示器。

CD4511 引脚排列如图 5-34（a）所示。其中，A0、A1、A2、A3 为 BCD 码输入端，A0 为最低位。$\overline{\text{LT}}$ 为灯测试端，加高电平时，显示器正常显示，加低电平时，显示器一直显示数码 "8"，各笔段都被点亮，以检查显示器是否有故障。$\overline{\text{BI}}$ 为消隐功能端，低电平时使所有笔段均消隐，正常显示时 $\overline{\text{BI}}$ 端应加高电平。另外，CD4511 有拒绝伪码的特点，当输入数据越过十进制数 9（1001）时，显示字形也自行消隐。LE 是锁存控制端，高电平时锁存，低电平时传输数据。a ~ g 是七段输出，可驱动共阴极 LED 数码管。另外，CD4511 显示数 "6" 时，a 段消隐；显示数 "9" 时，d 段消隐，所以显示 6、9 这两个数时，字形不太美观。若要多位计数，只需将计数器级联，每级输出接一片 CD4511 和 LED 数码管即可。所谓共阴极 LED 数码管是指七段 LED 的阴极是连在一起的，在应用中应接地。限流电阻需要根据电源电压来选取，电源电压 5V 时可使用 300Ω 的限流电阻。

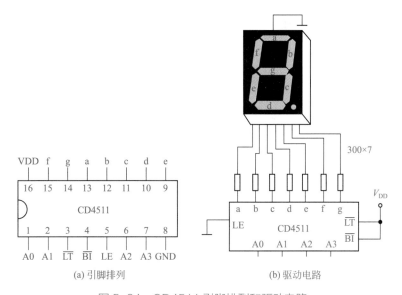

(a) 引脚排列 (b) 驱动电路

图 5-34 CD4511 引脚排列和驱动电路

⑤ 校时电路 在图中设有两个快速校时电路，它是由基本 RS 触发器 74LS00 和与或非门组成的控制电路。电子钟正常工作时，开关 S1、S2 合到 S 端，将基本 RS 触发器置"1"，分、时脉冲信号可以通过控制门电路。当开关 S1、S2 合到 R 端时，将基本 RS 触发器置"0"，封锁了控制门电路，使正常的计时信号不能通过控制门电路，而秒脉冲信号则可以通过控制门电路，使分、时计数器变成秒计数器，实现了快速校准，如图 5-35 所示。

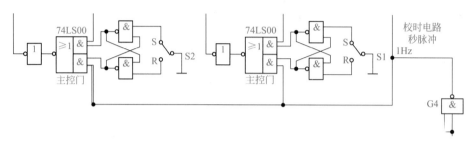

图 5-35 校时电路

（4）总体电路图 数字电子钟总体电路图如图 5-36 所示。

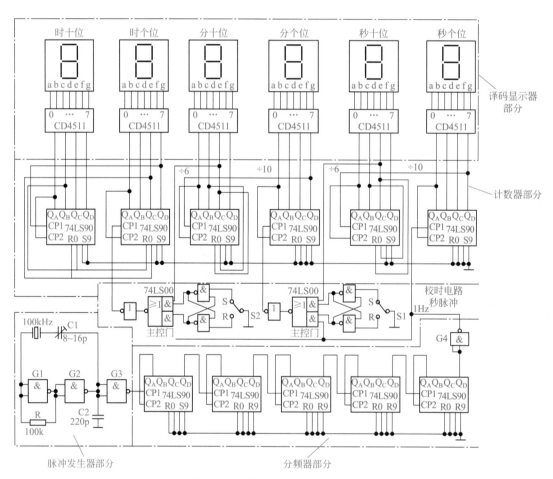

图 5-36 数字电子钟总体电路图

第6章

单片机控制电路设计

C语言设计基础与开发实例

C 语言是 1972 年由美国的 Dennis Ritchie 设计发明的，并首次在 Unix 操作系统的 DEC PDP-11 计算机上使用。C 语言设计基础与开发实例可以扫描二维码详细学习。

C语言设计基础
与开发实例

6.1 单片机接口电路

6.1.1 各种传感器输入电路

TC77 是 Microchip 公司生产的一款 13 位串行接口输出的集成数字温度传感器，其温度数据由热传感单元转换得来。TC77 内部含有一个 13 位 ADC，温度分辨率为 0.0625℃ / LSB。在正常工作条件下，静态电流为 250μA（典型值）。其他设备与 TC77 的通信由 SPI 串行总线或 Microwire 兼容接口实现，该总线可用于连接多个 TC77，实现多区域温度监控，配置寄存器 CONFIG 中的 SHDN 位激活低功耗关断模式，此时电流消耗仅为 0.1μA（典型值）。TC77 具有体积小巧、低装配成本和易于操作的特点，是系统热管理的理想选择。

（1）TC77 的内部结构及引脚功能　图 6-1 所示为 TC77 的内部结构原理图。TC77 由 CMOS 结型温度传感器、带符号位的 13 位 A／D 转换器、温度寄存器、配置寄存器、制造商 ID 寄存器及三线制串行接口等部分组成。

TC77 的引脚定义如下。
SI/O：串行数据引脚。
SCK：串行时钟。
VSS：地。
$\overline{\text{CS}}$：片选端（低电平有效）。
VDD：电源电压（6.0V）。

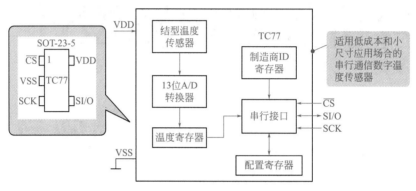

图 6-1　TC77 的内部结构原理图

（2）TC77 的工作原理　数字温度传感器 TC77 从结型（PN 结）温度传感器获得温度并将其转换成数字数据。再将转换后的温度数字数据存储在其内部寄存器中，并能在任何时候通过 SPI 串行总线接口或 Microwire 兼容接口读取。TC77 有两种工作模式，即连续温度转换模式和关断模式。连续温度转换模式用于温度的连续测量和转换，关断模式在敏感型应用中用于降低电源电流的功耗。

① TC77 的上电与电压复位　上电或电压复位时，TC77 即处于连续温度转换模式。上电或电压复位时的第一次有效温度转换会持续大约 300ms。在第一次温度转换结束后，温度寄存器的第 2 位被置为逻辑"1"；而在第一次温度转换期间，温度寄存器的第 2 位是被置为逻辑"0"的。因此，可以通过监测温度寄存器第 2 位的状态判断第一次温度转换是否结束。

② TC77 的低功耗关断模式　在得到 TC77 允许后，主机可将其置为低功耗关断模式。此时，A/D 转换器被中止，温度寄存器被冻结，但串行总线接口（SPI）仍然正常运行。通过设置配置寄存器 CONFIG 中的 SHDN 位，可将 TC77 置于低功耗关断模式，即设置 SHDN=0 时为正常模式，SHDN=1 时为低功耗关断模式。

③ TC77 的温度数据格式　TC77 采用 13 位二进制补码表示温度，表 6-1 所列是 TC77 的温度、二进制补码及十六进制码之间的关系。表中最低有效位（LSB）为 0.0625 ℃，最后两个 LSB 位（即位 1 和位 0）为三态，表中为"1"。在上电或电压复位事件后发生第一次温度转换结束时，位 2 被置为逻辑"1"。

表6-1　TC77的温度、二进制补码与十六进制码之间的关系

温度	二进制（MSB/LSB）	十六进制
+125℃	0011 1110 1000 0111	3E87H
+25℃	0000 1100 1000 0111	0B87H
+0.0625℃	0000 0000 0000 1111	000FH
0℃	0000 0000 0000 0111	0007H
−0.0625℃	1111 1111 1111 1111	FFFFH
−25℃	1111 0011 1000 0111	F387H

例6-1　**TC77与AVR单片机的接口设计**

（1）TC77 与 AVR 单片机的硬件接口　图 6-2 所示为 TC77 与 AVR（ATmega128）单片机的接口硬件连接原理图。图中使用的是同步串行三线 SPI 接口，可以方便地连接采用 SPI 通信协议的外设或 AVR 单片机，实现短距离的高速同步通信。

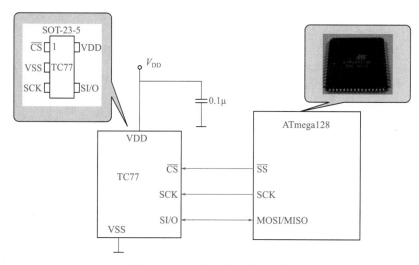

图 6-2　TC77 与 AVR 单片机的接口硬件连接原理图

ATmega128 的 SPI 采用硬件方式实现面向字节的全双工三线同步通信，支持主机、从机和两种不同极性的 SPI 时序。ATmega128 单片机内部的 SPI 接口也可用于程序存储器和数据 EEPROM 的编程下载和上传。但需要特别注意的是，此时 SPI 的 MOSI 和 MISO 接口不再对应 PB2 和 PB3 引脚，而是转换到 PE0 和 PE1 引脚（PD1、PD0）。

（2）TC77 与 AVR 单片机的接口软件　TC77 与 AVR 单片机的接口软件包括主程序和中断服务程序。在主程序中首先对 ATmega128 的硬件 SPI 进行初始化。在初始化时，应将 MOSI、SCLK 和 $\overline{SS}$ 引脚作为输出，同时将 MISO 引脚作为输入，并开启上拉电阻。接着对 SPI 的寄存器进行初始化设置，并空读一次 SPSR（SPI Status Register，SPI 状态寄存器）、SPDR（SPI Data Register，SPI 数据寄存器），使 SPI 空闲，等待发送数据。AVR 的 SPI 由一个 16 位的循环移位寄存器构成，当数据从主机移出时，从机的数据同时也被移入，因此 SPI

电子设计与制作 电路分析 · 器件选择 · 设计仿真 · 制作实例

的发送和接收可在同一中断服务程序中完成。在 SPI 中断服务程序中，先从 SPDR 中读一个接收的字节存入接收数据缓冲器中，再从发送数据缓冲器取出一个字节写入 SPDR 中，由 SPI 发送到从机。数据一旦写入 SPDR，SPI 硬件开始发送数据。下一次 SPI 中断时表示发送完成，并同时收到一个数据。程序中 putSPIchar( ) 和 getSPIchar( ) 为应用程序的底层接口函数，同时使用两个数据缓冲器分别构成循环队列。下面这段代码是通过 SPI 主机方式连续批量输出、输入数据的接口程序。

```
#define SIZE100
unsigned char SPI-rx-buff[SIZE];
unsigned char SPI-tx-buff[SIZE];
unsigned char rx-wr-index,rx-rd-index,rx-counter,rx-buffer-overflow;
unsigned char tx-wr-index,tx-rd-index,tx-counter;
#pragma interrupt-handler spi-stc-isr.18
void spi-stc isr (void)
SPI-rx-buff[rx-wr-index]=SPDR;              // 从 SPI 口读出收到的字节
if (++rx-wr index==SIZE) rx-wr-index=0;     // 放入接收缓冲区
if (++rx-cunter==SIZE);
rx-counter=0;
rx-buffer-overflow=1;
if (tx-counter);                            // 如果发送一个字节数据
tx-counter;
SPDR=SPI tx buff[tx-rd-index]               // 发送一个字节数据
if (++tx-rd index==SIZE) tx-rd-index=0;
unsigned char getSPIchar (viod);
unsigned char data;
while (rx-conter==0);                        // 无接收数据，等待
data=SPI-rx-buff[rx-rd-index];               // 从接收缓冲区取出一个 SPI 收到的数据
if (++rx-rd-index==SIZE) rx-rd-index=0;      // 调整指针
CLI ();
return data;
void put SPIchar (char c)
while (tx-counter==SIZE);                    // 发送缓冲区满，等待
CLI ();
if (tx counter\\ ((SPSR &0x80)==0));         // 发送缓冲区已有待发数据或 SPI 正在发
                                             //   送数据时
SPI tx-buffer-wr-index=c;                    // 将数据放入发送缓冲区排队
if (++tx-sr-index==SIZE) tx-wr-index=0;      // 调整指针
++tx-counter;
else
SPDR=c;// 发送缓冲区中空且 SPI 口空闲，直接放入 SPDR 由 SPI 口发送
SEI ();
void spi-init (void)
unsigned char temp;
DDRB\=0x080;                                 // MISO=input,而且 MOSI、SCK、SS=output
PORTB\=0x80;                                 // MISO 上拉电阻有效
SPCR=0xD5;                                   // SPI 允许
SPSR=0x00;
```

```
Temp=SPSR;
Temp=SPDR;              // 清空 SPI 和中断标志，使 SPI 空闲
void main ( void )
unsigned charI;
CLI ( );                // 关中断
Spi init ( );           // 初始化 SPI 接口
SEI ( );                // 开中断
while ( );
putSPIchar ( i );       // 发送一个字节
i++
getSPIchar ( );         // 发送一个字节
i++
getSPIchar ( );         // 接收一个字节
```

例6-2 湿度传感器单片机检测电路设计

（1）湿度传感器检测需要注意的问题　高分子湿度传感器CHR01为新一代复合型电阻型湿度敏感部件，其复阻抗与空气相对湿度成指数关系，直流阻抗（普通数字万用表测量）几乎为无穷大。由于水分子为极性分子，在直流电存在的情况下会电离分解，从而影响导电与元件的寿命，所以要求采用交流电路对传感器进行供电。

对湿度传感器而言，频率与阻抗之间存在一定的关系，对于测量30% ～ 80%RH 范围，频率的变化对传感器影响并不明显。在单片机软件编程的实际应用中，需要通过将传感器置于湿度发生装置（例如恒温恒湿箱）中进行实测。通过软件对最终的误差进行修正，此项修正基本上可以弥补频率变化所产生的误差以及其他误差。

湿度传感器阻抗变化与温度的关系见规格书中的数据表。首先检测温度，然后按查表法对湿度进行检测。如果湿度精度要求不是特别严格（从数据处理简易的法则来说），可以推算湿度传感器温度系数为 -0.4%RH/℃，公式为

$$H (t) = H (25) - 0.4 \times (t - 25)$$

例如，以实测阻抗按25℃的数据表读数，在35℃时读到的阻抗为30kΩ，相对湿度为60%RH，此时按公式计算的实际湿度应为56%RH。

在生产过程中，由于湿度传感器的原因或其他原因，总会遇到实际值与测量值之间存在误差的情况。在单片机功能允许的情况下，建议通过软件进行最后的修正，主要采用跳线（JUMP）的方法对示值进行修正，安排一个 IO 作为加 / 减运算符号定义，其余 2 ～ 4 个IO用于定义加 / 减的值，例如 RB0，RB1，RB2，可以修正 ±6%RH 的示值偏差。

（2）检测电路　使用电容充放电电路如图 6-3 所示，将湿度传感器等效为电阻 RX 进行充放电，通过测量充放电时间反推阻抗以测量电阻阻抗，通过读表可以检测相对湿度值。

首先，置 RB0 为输出状态，RB1 和 RB2 为输入状态，RB0输出高电平 V_h（ $\geqslant 0.85 V_{DD}$ ），通过湿敏电阻对 C 进行充电。根据电路理论，电容上的电压按一阶指数规律变化，即

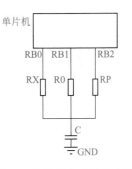

图 6-3　使用电容充放电电路

$$V_C(t) = V_h[1 - \exp(t/R_X C)] \tag{1}$$

在时间 T_{mr} 后，$V_C(t)$ 由 0V 上升到 RB2 的输入高电平门槛电压 V_T（$0.45V_{DD}$），RB2 的输入状态也由低电平变为高电平，此时再将 RB0、RB2 置为低电平，电容 C 上的电压通过 RP 及 RX 和 RB2 快速放电。如此重复进行充放电。

由式（1）可知

$$T_{mr} = -\ln(1 - V_T/V_h) R_X C \tag{2}$$

由式（2）可知，只要测量 T_{mr}，V_T、V_h、C 为已知，可以计算出 R_X。由于元件参数及温度漂移，V_T、V_h、C 的值很难精确计算。为解决此问题，可置 RB1 为高电平，即 V_h（$\geqslant 0.85V_{DD}$），通过固定电阻 R0 对 C 进行充电。同理可知，电容上的电压 $V_c(t)$ 由 0V 上升到 RB2 的输入高电平门槛电压 V_T 的时间为 T_{cr}，即

$$T_{cr} = -\ln(1 - V_T/V_h) R_0 C \tag{3}$$

将式（2）/式（3）可得

$$R_X = (T_{mr}/T_{cr}) R_0 \tag{4}$$

由式（4）可知，测量 T_{mr} 与 T_{cr}，R0 为精密固定电阻，通过计算就可以得到 R_X，与其他因素无关。得到 R_X 阻值后可以查表计算相对湿度值。

（3）参数设计　电阻 R0 与电容 C 的选择主要取决于所需的分辨率，与单片机周期等有关。电阻建议选择精密金属膜电阻，阻值为 60～300kΩ（1%）之间（取值与测量范围有关，取 R_{Xmax} 的 1/2 左右）。

电容的选择既要考虑测量的灵敏度，又要考虑不使计数时间太长、单片机的时钟频率等因素。电容量为

$$C \leqslant -T/[R_{Xmax} \ln(1 - V_T/V_h)]$$

式中　T——计数器溢出时间，与分辨率有关；

R_{Xmax}——最大阻抗值（取 200～600kΩ，与测量范围有关）。

建议电容量在 0.1～1μF 之间选择，选用陶瓷电容或有机电容。

6.1.2　键盘输入电路

键盘是由一组规则排列的按键组成的。一个按键实际上是一个开关元件，也就是说键盘是一组规则排列的开关。单片机系统中应用较多的是非编码键盘。关于非编码键盘输入电路的有关知识可以扫描二维码详细学习。

键盘输入电路

6.2　输出接口电路

6.2.1　单片机与LED数码管的电路连接

（1）认识 LED 数码管　LED 数码管是把若干个发光二极管做成一个固定的形状，如图

6-4 所示，它是由八个发光二极管构成的，所以又称八段数码管。

LED 数码管有共阳极和共阴极两种。把若干个发光二极管的正极接在一起（一般是拼成一个 8 字加一个小数点）作为一个引脚，就称为共阳极 LED 数码管；把若干个发光二极管的阴极接在一起作为一个引脚，就称为共阴极 LED 数码管。那么应用时这个公共脚就接 VCC（共阳极）或 GND（共阴极）。再把多个这样的 8 字装在一起就构成多位数码管。

LED 数码管由 8 个发光二极管（以下简称字段）构成，通过不同的组合可用来显示数字 0～9，字符 A～F、H、L、P、R、U、Y，符号"-"及小数点"."。LED 数码管的外形如图 6-5（a）所示。共阴极和共阳极 LED 数码管，分别如图 6-5（b）和图 6-5（c）所示。

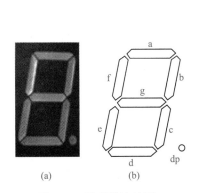

(a)   (b)

图 6-4 数码管的外形

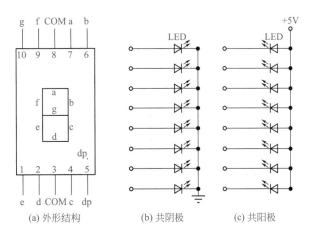

(a) 外形结构   (b) 共阴极   (c) 共阳极

图 6-5 LED 数码管外形结构与内部构成类型

（2）LED 数码管的工作原理　共阳极数码管的 8 个发光二极管的阳极（二极管正端）连接在一起。通常，公共阳极接高电平（一般接电源），其他引脚接段驱动电路输出端。当某段驱动电路的输出端为低电平时，则该端所连接的字段导通并点亮，根据发光字段的不同组合可显示出各种数字或字符。此时，要求段驱动电路能吸收额定段导通电流，还需根据外接电源及额定段导通电流来确定相应的限流电阻。

共阴极数码管的 8 个发光二极管的阴极（二极管负端）连接在一起。通常，公共阴极接低电平（一般接地），其他引脚接段驱动电路输出端。当某段驱动电路的输出端为高电平时，则该端所连接的字段导通并点亮，根据发光字段的不同组合可显示出各种数字或字符。此时，要求段驱动电路能提供额定段导通电流，还需根据外接电源及额定段导通电流来确定相应的限流电阻。

（3）LED 数码管字形编码　要使 LED 数码管显示出相应的数字或字符，必须使字段数据口输出相应的字形编码。对照图 6-5（a），字形码各位定义是：数据线 D0 与 a 字段对应，数据线 D1 与 b 字段对应……依此类推。如使用共阳极数码管，数据为 0 表示对应字段亮，数据为 1 表示对应字段暗；如使用共阴极数码管，数据为 0 表示对应字段暗，数据为 1 表示对应字段亮。如要显示"0"，共阳极数码管的字形编码应为 11000000B（即 C0H），共阴极数码管的字形编码应为 00111111B（即 3FH）。依此类推可求得 LED 数码管字形编码，如表 6-2 所示。

表6-2　LED数码管字形编码表

显示字符	字形	共阳极									共阴极								
		dp	g	f	e	d	c	b	a	字形码	dp	g	f	e	d	c	b	a	字形码
0	0	1	1	0	0	0	0	0	0	C0H	0	0	1	1	1	1	1	1	3FH
1	1	1	1	1	1	1	0	0	1	F9H	0	0	0	0	0	1	1	0	06H
2	2	1	0	1	0	0	1	0	0	A4H	0	1	0	1	1	0	1	1	5BH
3	3	1	0	1	1	0	0	0	0	B0H	0	1	0	0	1	1	1	1	4FH
4	4	1	0	0	1	1	0	0	1	99H	0	1	1	0	0	1	1	0	66H
5	5	1	0	0	1	0	0	1	0	92H	0	1	1	0	1	1	0	1	6DH
6	6	1	0	0	0	0	0	1	0	82H	0	1	1	1	1	1	0	1	7DH
7	7	1	1	1	1	1	0	0	0	F8H	0	0	0	0	0	1	1	1	07H
8	8	1	0	0	0	0	0	0	0	80H	0	1	1	1	1	1	1	1	7FH
9	9	1	0	0	1	0	0	0	0	90H	0	1	1	0	1	1	1	1	6FH
A	A	1	0	0	0	1	0	0	0	88H	0	1	1	1	0	1	1	1	77H
B	B	1	0	0	0	0	0	1	1	83H	0	1	1	1	1	1	0	0	7CH
C	C	1	1	0	0	0	1	1	0	C6H	0	0	1	1	1	0	0	1	39H
D	D	1	0	1	0	0	0	0	1	A1H	0	1	0	1	1	1	1	0	5EH
E	E	1	0	0	0	0	1	1	0	86H	0	1	1	1	1	0	0	1	79H
F	F	1	0	0	0	1	1	1	0	8EH	0	1	1	1	0	0	0	1	71H
H	H	1	0	0	0	1	0	0	1	89H	0	1	1	1	0	1	1	0	76H
L	L	1	1	0	0	0	1	1	1	C7H	0	0	1	1	1	0	0	0	38H
P	P	1	0	0	0	1	1	0	0	8CH	0	1	1	1	0	0	1	1	73H
R	R	1	1	0	0	1	1	1	0	CEH	0	0	1	1	0	0	0	1	31H
U	U	1	1	0	0	0	0	0	1	C1H	0	0	1	1	1	1	1	0	3EH
Y	Y	1	0	0	1	0	0	0	1	91H	0	1	1	0	1	1	1	0	6EH
—	—	1	0	1	1	1	1	1	1	BFH	0	1	0	0	0	0	0	0	40H
·	·	0	1	1	1	1	1	1	1	7FH	1	0	0	0	0	0	0	0	80H
熄灭	灭	1	1	1	1	1	1	1	1	FFH	0	0	0	0	0	0	0	0	00H

（4）LED数码管显示接口　多位LED显示器同时工作时，显示方式分为静态显示和动态显示两种方式。

①静态显示　静态显示就是显示驱动电路具有输出锁存功能，单片机将要显示的数据送出后就不再控制LED，直到下一次显示时再传送一次新的数据。只要当前显示的数据没有

变化，就无须理睬数码管。静态显示的数据稳定，占用的 CPU 时间少。静态显示中，每个显示器都要占用单独具有锁存功能的 I/O 口，该接口用于笔画段字形代码。这样单片机只要把显示的字形数据代码发送到接口电路，该显示器就可以显示发送的字形。要显示新的数据时，单片机再发送新的字形代码。

静态显示时，多位 LED 同时点亮。每段 LED 流过恒定的电流，段驱动电流为 6～10mA。

② 动态显示 动态显示是用其接口电路把所有显示器的 8 个笔画字段（a～g 和 dp）同名端连在一起，而每个显示器的公共极 COM 各自独立接 I/O 线控制。CPU 向字段输出端口输出字形代码时，所有显示器接收相同的字形代码，但究竟是哪一位则由 I/O 线决定。动态扫描用分时方法轮流控制每个显示器的 COM 端，使每个显示器轮流点亮。在轮流点亮过程中，每个显示器的点亮时间极为短暂，但由于人的视觉暂留现象及发光二极管的余辉效应，给人的印象就是一组稳定的显示数据，察觉不到有闪烁现象（一般导通时间取 1ms 左右）。动态显示亮度为静态显示亮度的 1/N 倍，N 为显示器位数。

例6-3 51单片机与MAX7219连接设计

（1）51 单片机与 MAX7219 连接 俗话说"一个篱笆三个桩，一个好汉三个帮"。单片机这个"好汉"虽然发展已十分成熟，但仍需要很多"热心肠"的帮助，才能发挥其强大的功能，而集成电路 MAX7219 就是来帮助单片机输出显示的。单片机的输出显示最常用的是发光二极管和数码管，就是通常所说的 LED 显示技术（数码管就是用 8 个发光二极管构成的）。以数码管显示为例，分为静态显示和动态显示。静态显示相对动态显示，需要占用很多 I/O 口资源，所以动态显示很受欢迎。但当单片机在做一些较复杂的工作时，尤其是有多个数码管显示时，动态显示也占用较多的 I/O 口资源。以 8 个数码管（共阴极）显示输出为例，即使用 3 线 -8 线译码器对公共端进行选择，加上数据端口，仍然需要 11 个 I/O 口，往往使单片机不堪重负，功能大打折扣，如图 6-6 所示。

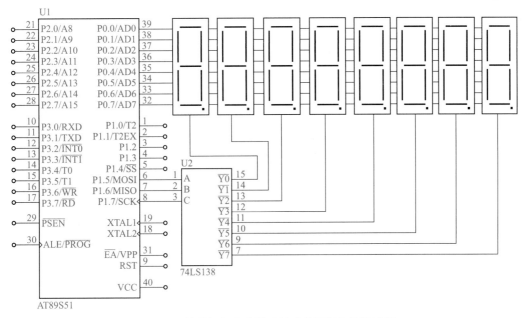

图 6-6　单片机与 8 个数码管（共阴极）的连接线

图中共用了单片机的 11 个 I/O 口。如果用 MAX7219 帮忙，只用 3 个 I/O 口就可以完成任务，真的就是这样的神奇。

（2）MAX7219 的外形及引脚功能 MAX7219 封装常见的是 DIP24，其外形如图 6-7 所示。

MAX7219 的引脚功能如下。

> VCC：+5V 电源端。
>
> GND：接地端。
>
> ISET：LED 段峰值电流提供端。它通过一个电阻与电源相连，以便给 LED 段提供峰值电流，帮助位选信号显示。
>
> SEGA ～ SEGG：LED 七段显示驱动端。
>
> SEGDP：小数点驱动端。
>
> DIG7 ～ DIG0：8 位数值驱动线。输出位选信号，从每个 LED 公共阴极输入电流。
>
> DIN：串行数据输入端。在 CLK 的上升沿，数据被装入内部的 16 位移位寄存器中。
>
> CLK：串行时钟输入端。最高输入频率为 10MHz。在 CLK 的上升沿，数据被移入内部移位寄存器；在 CLK 的下降沿，数据被移至 DOUT 端。
>
> LOAD：装载数据控制端。在 LOAD 的上升沿，最后送入的 16 位串行数据被锁存到数据寄存器或控制寄存器中。
>
> DOUT：串行数据输出端。进入 DIN 的数据在 16.5 个时钟后送到 DOUT 端，以便在级联时传送到下一片 MAX7219 中。

（3）MAX7219 的时序图 DIN、CLK、LOAD 的工作时序，如图 6-8 所示。

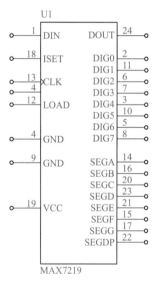

图 6-7 MAX7219 的外形

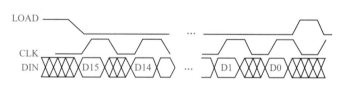

图 6-8 DIN、CLK 和 LOAD 的工作时序

图 6-8 很简单，就是描述三个端口是如何合作传送数据的。其中，DIN 是串行数据输入端，CLK 和 LOAD 实际上充当了组织者。针对单片 MAX7219 介绍数据传送的过程：首先在 CLK 的下降沿，无效；在 CLK 的上升沿，第一位二进制数据被移入内部移位寄存器，然后 CLK 再出现下降沿，无效；然后 CLK 再出现上升沿，第二位二进制数据被移入内部移位寄存器，就这样工作 16 个周期，完成 16 个二进制数位（高 8 个是地址，低 8 个是数据）的传送，这当中 LOAD 一直是低电平；当完成 16 个二进制数位的传送后，把 LOAD 置成高电

平,产生上升沿,把这 16 位串行数据锁存到数据寄存器或控制寄存器中,完成装载;最后再把 LOAD 还原为低电平,重复开始的动作,以此类推。

例如,把数据 09H 传送到地址 0AH(亮度控制寄存器),即设定 LED 为十六级亮度的第十级。编程如下。

```
MOV A,#0AH      ;亮度控制寄存器地址以数据形式送入累加器 A
MOV B,#09H      ;亮度控制码(第十级)送入寄存器 B
LCALL WRITE     ;调用"写 MAX7219 子程序"
WRITE :         ;"写 MAX7219 子程序"开始
CLR LOAD        ;设置 LOAD 无效
LCALL WRITE8    ;调用"写 8 位数据子程序"(送的是前 8 位,所以是亮度控制寄存器的地址)
MOV A,B         ;亮度控制码(第十级)通过寄存器 B 送入累加器 A
LCALL WRITE8    ;调用"写 8 位数据子程序"(送的是后 8 位,所以是亮度控制码)
SETB LOAD       ;使 LOAD 产生上升沿,把刚送入的 16 位串行数据锁存到数据寄存器或控制
                  寄存器中
RET             ;WRITE 子程序返回
WRITE8:         ;"写 8 位数据子程序"开始
MOV R6,#08H     ;数据位写入次数,8 次
LP1:CLR CLK     ;CLK 无效
RLC A           ;取累加器 A 的最高位
MOV DIN,C       ;将累加器 A 的最高位送 DIN
NOP             ;等待,为了有足够的时间传送数据,可省略
SETB CLK        ;CLK 产生上升沿,数据被移入内部移位寄存器
DJNZ R6,LP1     ;8 次结束,否则循环 LP1
RET             ;"写 8 位数据子程序"返回
```

(4)MAX7219 的工作寄存器　MAX7219 的工作寄存器主要由 8 个数位寄存器和 6 个控制寄存器组成。

① 数位寄存器 7 ~ 0:地址依次为 01H ~ 08H,它决定该位 LED 的显示内容。

② 译码方式寄存器:地址为 09H,它决定数位寄存器的译码方式,它的每一位对应一个数位。其中,1 表示译码方式,0 表示不译码方式。比如,00H 表示都不译码。若用于驱动 LED 数码管,一般都设置为译码方式,以方便编程;当用于驱动条形图显示器时,应设置为不译码方式。

③ 扫描位数寄存器:地址为 0BH,设置显示数据位的个数。该寄存器的 D2 ~ D0(低三位)指定要扫描的位数,支持 0 ~ 7 位。比如要显示数据位的个数为 3,则应送往地址 0BH 的数据就应为 03H。各数位均以 1.3kHz 的扫描频率被分路驱动。

④ 亮度控制寄存器:地址为 0AH,该寄存器通常用于数字控制方式,利用其 D3 ~ D0 位控制内部脉冲宽度调制 DAC 的占空比,来控制 LED 段电流的平均值,实现 LED 的亮度控制。D3 ~ D0 取值可从 0000 ~ 1111,对应电流占空比则从 1/32 变化到 31/32,共 16 级。D3 ~ D0 取值越大,LED 显示越亮。而亮度控制寄存器中的其他各位未使用,可置任意值。

⑤ 显示测试寄存器:地址为 0FH,当 D0 置为 1 时,LED 处于显示测试状态,所有 8 位 LED 的段被扫描点亮,电流占空比为 31/32;当 D0 置为 0 时,则处于正常工作状态。D7 ~ D1 位未使用,可任意取值。简单来说,当 D0 为 1 时,点亮整个显示器,当 D0 为 0 时,恢复原数据。可用来检测外挂 LED 数码管各段的好坏。

⑥ 关断寄存器:地址为 0CH,又称待机开关,用于关断所有显示器。当 D0 为 0 时,关

断所有显示器，但不会消除各寄存器中的数据；当 D0 设置为 1 时，正常工作。剩下各位未使用，可取任意值。

⑦ 无操作寄存器：它主要用于多 MAX7219 级联，允许数据通过而不对当前 MAX7219 产生影响。

（5）MAX7219 与 AT89S2051 的连接及程序清单　如图 6-9 所示，把单片机、MAX7219 和 LED 数码管连接起来。由于只用了单片机（MCU）三个引脚，所以用简化版的 AT89S2051 单片机即可。图 6-9 中，DIN 接 P1.0，CLK 接 P1.1，LOAD 接 P1.2 。

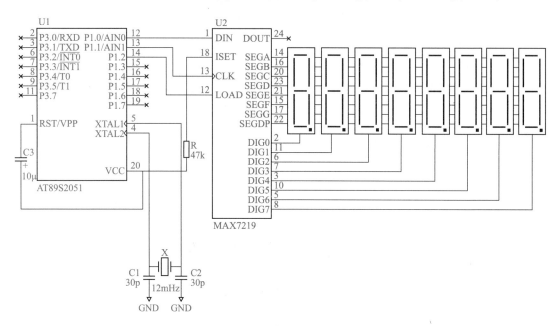

图 6-9　MAX7219 与 AT89S2051 的连接

先来做简单的小实验：让数码管从左到右分别显示 0、1、2、3、4、5、6、7。程序清单如下。

```
ORG   0000H              ；程序开始
AJMP MAIN                ；跳转到 MAIN 主程序处
DIN BIT P1.0             ；定义变量
CLK BIT P1.1             ；定义变量
LOAD BIT P1.2            ；定义变量
ORG 0080H               ；主程序 MAIN 从地址 0080H 开始
MAX7219                 ；各工作寄存器初始化开始
MAIN：MOV A,#0BH         ；扫描数位寄存器地址以数据形式送入累加器 A
MOV B,#07H              ；扫描数位（8 位）送入寄存器 B
LCALL WRITE             ；调用"写 MAX7219 子程序"
MOV A,#09H              ；译码方式寄存器地址以数据形式送入累加器 A
MOV B,#0FFH             ；译码方式（译码）送入寄存器 B
LCALL WRITE             ；调用"写 MAX7219 子程序"
MOV A,#0AH              ；亮度控制寄存器地址以数据形式送入累加器 A
MOV B,#09H              ；亮度调节（10 级）送入寄存器 B
LCALL WRITE             ；调用"写 MAX7219 子程序"
```

```
MOV A,#0CH              ; 关断寄存器地址以数据形式送入累加器 A
MOV B,#01H              ; 待机开关（关）送入寄存器 B
LCALL WRITE             ; 调用"写 MAX7219 子程序"
START:MOV R3,#08H       ; 显示数据循环次数送入寄存器 R3
MOV R0,#00H             ; 寄存器 R0 存放 TAB 表格间接指针
LOOP:MOV DPTR,#TAB      ; 送 TAB 首地址入 DPTR
MOV R4,#01H             ; 数位寄存器 0 的地址（01H）以数据形式送入寄存器 R4
LP:MOV A,R0             ; TAB 表格间接指针送入累加器 A
MOVC A,@A+DPTR          ; 取 TAB 首地址中的显示数据送入累加器 A
MOV B,A                 ; TAB 首地址中的显示数据送入累加器 B
MOV A,R4                ; 数位寄存器 0 的地址送入累加器 A
LCALL WRITE             ; 调用"写 MAX7219 子程序"
INC R0                  ; 寄存器 R0 加一（TAB 表格间接指针指向下一个）
INC R4                  ; 寄存器 R4 加一（换下一个数位寄存器）
DJNZ R3,LP              ; 循环 8 次结束
LJMP START              ; 重新开始显示 0 ～ 7
TAB:DB 00H,01H,02H,03H,04H,05H,06H,07H     ; 前面对"译码方式寄存器"采用
                                            了 BCD 译码方式，所以 TAB 数据这么写
WRITE:                  ; 写 MAX7219 子程序（写 16 位，前 8 位地址，后 8 位数据）
CLR LOAD                ; 设置 LOAD 无效
LCALL WRITE8            ; 调用"写 8 位数据子程序"
MOV A,B                 ; 累加器 B 中内容送入累加器 A
LCALL WRITE8            ; 调用"写 8 位数据子程序"
SETB LOAD               ; 使 LOAD 产生上升沿，把刚送入的 16 位串行数据锁存到数据寄存
                          器或控制寄存器中
RET                     ; "WRITE 子程序"返回
WRITE8:                 ; "写 8 位数据子程序"开始
MOV R6,#08H             ; 数据位写入次数，8 次
LP1:CLR CLK             ; CLK 无效
RLC A                   ; 取累加器 A 的最高位
MOV DIN,C               ; 将累加器 A 的最高位送 DIN
NOP                     ; 等待，为了有足够的时间传送数据，可省略
SETB CLK                ; CLK 产生上升沿，数据被移入内部移位寄存器
DJNZ R6,LP1             ; 8 次结束，否则循环 LP1
RET                     ; "写 8 位数据子程序"返回
END                     ; 程序结束
```

6.2.2　单片机与点阵型液晶显示器件的电路连接

　　汉字显示屏广泛应用于汽车报站器、广告屏等。下面介绍一种实用的汉字显示屏的制作，考虑到电路元件的易购性，采用了 16×16 的点阵模块，如图 6-10 所示。汉字显示的原理以 UCDOS 中文宋体字库为例，每一个字由 16 行 16 列的点阵组成，即国标汉字库中的每一个字均由 256 点阵来表示。可以把每一个点理解为一个像素，而把每一个字的字形理解为一幅图像。所以在这个汉字屏上不仅可以显示汉字，也可以显示在 256 像素范围内的任何图形。

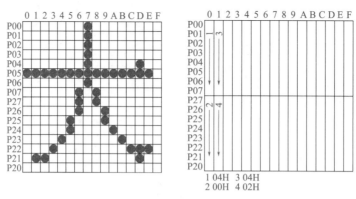

图 6-10　16×16 LED 点阵显示原理图

下面以显示汉字"大"为例,来说明其扫描原理。在 UCDOS 中文宋体字库中,每一个字由 16 行 16 列的点阵组成。如果用 8 位的单片机 AT89S51 控制,由于单片机的总线为 8 位,一个字一般需要拆分为两部分:上部和下部。其中,上部由 8×16 点阵组成,下部也由 8×16 点阵组成。在本例中单片机首先显示的是左侧第一列的上半部分,即第 0 列的 P00～P07 口,方向为 P00 到 P07。显示汉字"大"时,P05 点亮,由上往下排列为 P0.0 灭、P0.1 灭、P0.2 灭、P0.3 灭、P0.4 灭、P0.5 亮、P0.6 灭、P0.7 灭,即二进制 00000100,转换为十六进制则为 04H。上半部第一列完成后,继续扫描下半部的第一列,为了接线的方便,仍设计成由上往下扫描,即从 P27 向 P20 方向扫描,从图 6-10 可以看到,这一列全部为不亮,即二进制 00000000,转换为十六进制则为 00H。然后单片机转向第二列上半部,仍为 P05 点亮,为二进制 00000100,即十六进制则为 04H。这一列完成后继续进行下半部分的扫描,P21 点亮,为二进制 00000010,即十六进制 02H。依照上述方法,继续进行扫描,一共扫描 32 个 8 位,可以得出汉字"大"。

具体程序如下。

```
ORG     00H
START : MOV    A,#0FFH          ;开机初始化,清除画面
MOV     P0,A                    ;清除 P0 口
ANL     P3,#00                  ;清除 P3 口
MOV     R2,#200
D1:     MOV    R3,#248          ;延时
DJNZ    R3,$
DJNZ    R2,D1
MOV     20H,#00H                ;取码指针的初值
L1:     MOV    R1,#100          ;每个字的停留时间
L2:     MOV    R6,#16           ;每个字 16 个码
        MOV    R4,#00H          ;扫描指针清零
        MOV    R0,20H           ;取码指针存入 R0
L3:     MOV    A,R4             ;扫描指针存入 A
        MOV    P1,A             ;开三极管扫描输出
        INC    R4               ;扫描下一个
        MOV    A,R0
        MOV    DPTR,#TABLE      ;取数据代码上半部分
        MOVC   A,@A+DPTR
```

```
        MOV    P0,A              ;查表送 P0 口
        INC    R0
        MOV    A,R0
        MOV    DPTR,#TABLE       ;取数据代码下半部分
        MOVC   A,@A+DPTR
        MOV    P3,A              ;查表送 P3 口
        INC    R0
        MOV    R3,#02
D2:     MOV    R5,#248
        DJNZ   R5,$
        DJNZ   R3,D2
        MOV    A,#00H
        MOV    P0,A
        ANL    P3,#00H
        DJNZ   R6,L3             ;16 个码是否完成
        DJNZ   R1,L2             ;每个字的停留时间是否到了
        MOV    20H,R0
        CJNE   R0,#0FFH,L1       ;256 个码检测是否送完
        JMP    START
TABLE :
        :（显示数据略）
        END
```

6.2.3　单片机与各种继电器的电路连接

（1）单片机与继电器连接的一般方法　继电器一般为强电弱电共存，和单片机共用一块板一般没有问题，关键在于：

① 驱动电路和单片机电源地的隔离。

② 强电不能和弱电有任何电气接触。

③ 最好采用光电耦合器。

④ 板上强电不能靠近单片机。

单片机驱动继电器的一般方法如图 6-11 所示。图中，单片机 I/O 端口串一电阻（1kΩ）至三极管（9013），三极管发射极接地，集电极接继电器线圈的一端，继电器线圈另一端接 5V 电源。二极管（1N4148）负极接 5V 电源，正极接三极管集电极。5V 继电器开关接其他相关电路即可。

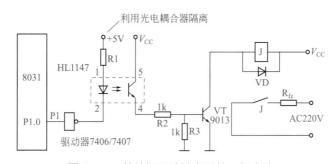

图 6-11　单片机驱动继电器的一般方法

（2）单片机与 HK4100F 继电器的连接

① HK4100F 继电器驱动原理（图 6-12）

a. 电路连接。HK4100F 继电器驱动电路原理：三极管的基极 B 接到单片机的 P3.6，三极管的发射极 E 接继电器线圈的一端，继电器线圈的另一端接 +5V 电源 V_{CC} 上；继电器线圈两端并接一个二极管 1N4148，用于吸收释放继电器线圈断电时产生的反向电动势，防止反向电动势击穿三极管及干扰其他电路；1kΩ 电阻和发光二极管 LED 组成一个继电器状态指示电路，当继电器吸合时 LED 点亮，这样就可以直观地看到继电器状态了。

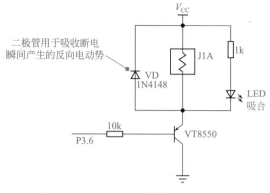

图 6-12　HK4100F 继电器驱动原理图

b. 驱动原理。

● 当单片机 AT89S51 的 P3.6 引脚输出低电平时，三极管饱和导通，+5V 电源电压加到继电器线圈两端，继电器吸合，同时状态指示的发光二极管也点亮，继电器的常开触点闭合，相当于开关闭合。

● 当单片机 AT89S51 的 P3.6 引脚输出高电平时，三极管截止，继电器线圈两端没有电位差，继电器衔铁释放，同时状态指示的发光二极管也熄灭，继电器的常开触点释放，相当于开关断开。提示：在三极管截止的瞬间，由于线圈中的电流不能突变为零，继电器线圈两端会产生一个较高的感应电动势，线圈产生的感应电动势则可以通过二极管 1N4148 释放，从而保护三极管免被击穿，也消除感应电动势对其他电路的干扰，这就是二极管的保护作用。

② 继电器驱动程序　下面给出了一个简单的继电器控制实验源程序，控制继电器不停地吸合、释放动作。程序如下。

```
ORG     0000H
AJMP    START                   ;跳转到初始化程序
ORG     0033H
START : MOV     SP,#50H         ;SP 初始化
MOV     P3,#0FFH                ;端口初始化
MAIN :  CLR     P3.6            ;P3.6 输出低电平，继电器吸合
ACALL   DELAY                   ;延时保持一段时间
SETB    P3.6                    ;P3.6 输出高电平，继电器释放
ACALL   DELAY                   ;延时保持一段时间
AJMP    MAIN                    ;返回重复循环
DELAY : MOV     R1,#20          ;延时子程序
Y1:     MOV     R2,#100
Y2:     MOV     R3,#228
DJNZ    R3,$
DJNZ    R2,Y2
DJNZ    R1,Y1
RET                             ;延时子程序返回
END
```

6.3 并行I/O口扩展电路的设计

6.3.1 并行I/O口的扩展方法

由于在 MCS-51 单片机开发中 P0 口经常作为地址 / 数据复用总线使用，P2 口作为高 8 位地址线使用，P3 口用作第二功能（定时计数器、中断等）使用，所以对于 MCS-51 单片机的 4 个 I/O 口，其可以作为基本并行输入 / 输出口使用的只有 P1 口。因此在单片机的开发中，对于并行 I/O 口的扩展十分重要。扩展并行 I/O 口有以下两种方法。

（1）并行总线扩展　采用三总线方式，即 DB-AB-CB。

（2）并行 I/O 口扩展　数据与信息交互均由 I/O 口来完成。

6.3.2 外部三总线扩展

（1）外部三总线的结构与扩展　MCS-51 单片机的外部三总线主要是由其 P0 口、P2 口及 P3 口的部分结构扩展而成的，如图 6-13 所示。

① 地址总线　地址总线共 16 条，即 P0 口（P0.7 ～ P0.0）作低 8 位地址线（A7 ～ A0），P2 口（P2.7 ～ P2.0）作高 8 位地址线（A15 ～ A8）。

② 数据总线　数据总线有 8 条，即 P0 口（P0.7 ～ P0.0）作 8 位数据线（D7 ～ D0）。

③ 控制总线

a. ALE：地址锁存信号，实现对 P0 口送出的低 8 位地址信号的锁存。

b. $\overline{RD}$（P3.7）：片外读选通信号，低电平有效。

c. $\overline{WR}$（P3.6）：片外写选通信号，低电平有效。

P0 口既要用作低 8 位地址总线，又要用作数据总线，使用时只能分时起作用。可用地址锁存器锁存低 8 位地址。

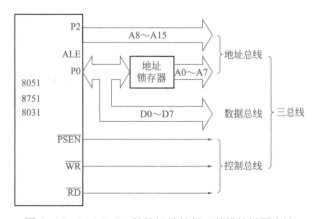

图 6-13　MCS-51 单片机片外部三总线的扩展方法

（2）地址锁存器　地址锁存器一般选择下降沿锁存的芯片，例如 74LS373、8282 等，如图 6-14 所示。

（3）地址译码器 74LS138　74LS138 的引脚排列，如图 6-15 所示。

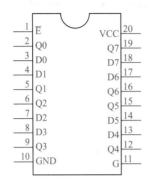

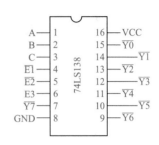

图 6-14　74LS373 的引脚排列　　　　图 6-15　74LS138 的引脚排列

74LS138 芯片内部是一个 3 线 -8 线译码器，其引脚功能如下。

$\overline{E1}$、$\overline{E2}$、E3：使能端，其中$\overline{E1}$、$\overline{E2}$为低电平有效，E3 为高电平有效。

A、B、C：译码器的输入端。

$\overline{Y0}$~$\overline{Y7}$：译码器的输出端，可用作片选信号。

单片机并口扩展图如图 6-16 所示。

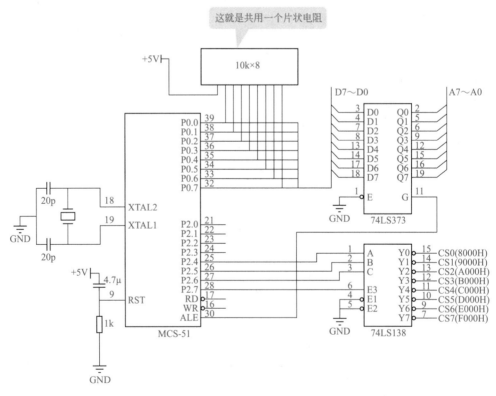

图 6-16　单片机并口扩展图

6.4 单片机控制电路设计实例

例6-4 手机充电器设计

分析一个电源，往往从输入着手。如图 6-17 所示，220V 交流输入，一端经过一个 1N4007 半波整流，另一端经过一个 10Ω 的电阻后，由 10μF 电容滤波。这个 10Ω 的电阻是用来做保护的，如果后面出现故障等导致过电流，那么这个电阻将被烧断，从而避免引起更大的故障。右边的 4700pF 电容和 82kΩ 电阻，构成一个高压吸收电路，当开关管 13003 关断时，负责吸收线圈上的感应电压，从而防止高压加到开关管 13003 上而导致击穿。13003 为开关管（完整的名应该是 MJE13003），耐压为 400V，集电极最大电流为 1.5A，最大集电极功耗为 14W，用来控制一次绕组与电源之间的通断。当一次绕组不停地通断时，就会在开关变压器中形成变化的磁场，从而在二次绕组中产生感应电压。由于图中没有标明绕组的同名端，所以不能看出是正激式还是反激式。

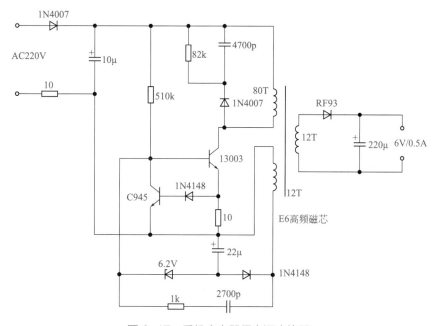

图 6-17　手机充电器用电源变换器

不过，从这个电路结构可以推测出，这个电源应是反激式开关电源。左端的 510kΩ 为启动电阻，给开关管 13003 提供启动用的基极电流，开关管 13003 下方的 10Ω 电阻为电流取样电阻，电流经取样后变成取样电压，该电压经二极管 1N4148 加至三极管 C945 的基极上。当取样电压约大于 1.4V（即开关管电流大于 0.14A）时，三极管 C945 导通，从而将开关管 13003 的基极电压拉低，从而集电极电流减小，这样就限制了开关管 13003 的电流，防止因电流过大而烧毁（其实这是一个恒流结构，将开关管 13003 的最大电流限制在 140mA 左右）。

变压器左下方的绕组（取样绕组）的感应电压经整流二极管 1N4148 整流、22μF 电容滤

波后形成取样电压。为了分析方便，取三极管 C945 发射极一端为地，那么该取样电压就是负值（-4V 左右），并且输出电压越高时，取样电压越负。取样电压经过 6.2V 稳压二极管后，加至开关管 13003 的基极。当输出电压越高时，那么取样电压就越负，当负到一定程度后，6.2V 稳压二极管被击穿，从而将开关管 13003 的基极电位拉低，这将导致开关管断开或者推迟开关管的导通，从而控制了能量输入到变压器中，也就控制了输出电压的升高，实现了稳压输出的功能。

　　下方的 1kΩ 电阻与串联的 2700pF 电容构成正反馈支路，从取样绕组中取出感应电压，加到开关管的基极上，以维持振荡。右边的二次绕组经二极管 RF93 整流、220μF 电容滤波后输出 6V 的电压。二极管 RF93 是一个快速恢复管，例如肖特基二极管等，因为开关电源的工作频率较高，所以需要工作频率高的二极管。这里可以用常见的 1N5816、1N5817 等肖特基二极管代替。

　　同样因为频率高的原因，变压器也必须使用高频开关变压器，铁芯一般为高频铁氧体磁芯，具有高的电阻率，以减小涡流。

　　智能手机锂电池充电器的电路设计细节可参考本书第 7 章例 7-6。

例6-5　短距离无线传输系统设计

　　（1）短距离无线通信技术　目前几种主流的短距离无线通信技术如下：高速 WPAN 技术；UBW 高速无线通信技术，包括 MB-OFDM、DS-UWB；WirelessUSB 技术（WirelessUSB 是一个全新的无线传输标准，可提供简单、可靠的低成本无线解决方案，帮助用户实现无线功能）。此外，还有低速 WPAN 技术和 IEEE802.15.4/Zigbee。ZigBee 是一种低速短距离无线通信技术。它的出发点是希望发展一种拓展性强、易建的低成本无线网络，强调低耗电、双向传输和感应功能等特色。ZigBee 的物理层和 MAC 层由 IEEE802.15.4 标准定义。IEEE802.15.4a 是 IEEE802.15.4 的一个补充，其物理层的标准可能采用低速 UWB 技术。蓝牙底层（物理层和网络层）协议的标准版本为 IEEE802.15.1，大多数标准的制定工作还是由蓝牙小组（SIG）负责的。

　　RFID 是一种非接触的自动识别技术，其基本原理是利用射频信号和空间耦合（电感或电磁耦合）传输特性实现对被识别物体的自动识别。RFID 技术的发展得益于多项技术的综合发展，包括芯片技术、天线技术、无线技术、电磁传播技术、数据交换与编码技术等。一套典型的 RFID 系统由电子标签、读写器和信息处理系统组成。电子标签与读写器配合完成对被识别对象的信息采集，信息处理系统则根据需求承担相应的信息控制和处理工作。

　　高速 WPAN，目前主要应用于连接下一代便携式消费电器和通信设备。它支持各种高速率的多媒体应用、高质量声像配送、多兆字节音乐和图像文档传送等。

　　低速 WPAN，主要用于家庭、工厂与仓库的自动化控制，安全监视、保健监视、环境监视，军事行动、消防队员操作指挥，货单自动更新、库存实时跟踪，以及游戏和互动式玩具等方面的低速应用。

　　根据工作频率的不同，RFID 系统大体分为中低频段和高频段两类，典型的工作频率为 135kHz 以下、13.56MHz、433MHz、860 ～ 960MHz、2.45GHz 和 5.8GHz 等。不同工作频率的 RFID 系统的工作距离不同，应用的领域也有差异。低频段的 RFID 技术主要应用于动物识别、工厂数据自动采集等领域，13.56MHz 的 RFID 技术已相对成熟，并且大部分以

IC 卡的形式广泛应用于智能交通、门禁、防伪等多个领域，工作距离小于 1m。较高频段的 433MHz 的 RFID 技术则被美国国防部用于物流托盘追踪管理。在 RFID 技术中，当前研究和推广的重点是高频段的 860～960MHz 的远距离电子标签，有效工作距离达到 3～6m，适用于对物流、供应链的环节进行管理。2.45GHz 和 5.8GHz 的 RFID 技术以有源电子标签的形式应用在集装箱管理、公路收费等领域。

在实际应用中，还要处理好短距离无线通信系统与其他系统的关系，包括与现有固定无线接入系统、现有蜂窝移动通信系统以及数字家庭网络的关系。

（2）设计方案

① 设计要求　利用无线编码 / 解码模块 PT2262/PT2272 设计短距离无线数据传输系统，可实现在较短距离范围（15m 以内）无线数据传输，并具有传输数据的实时显示功能（数码管显示）。该设计可采用纯硬件或单片机控制两种模式。

② 设计思路

a. 发射部分：单片机 P2 口控制液晶屏，把要发射的数据送到一号单片机的 P0 口，用一号单片机 P1 口控制编码芯片 PT2262，用 PT2262 芯片组成无线发射装置发射数据，并用 LCD 把发送的数据显示出来。数据发射头采用 315MHz 无线发射头。

b. 接收部分：PT2272 模块为 315MHz 无线数据接收装置。用 PT2272 芯片的 4 位数据输出口连接二号单片机 P2 口作为单片机输入，单片机与 LCD 相连，把接收到的数据显示出来。

设计方框图如图 6-18 所示。

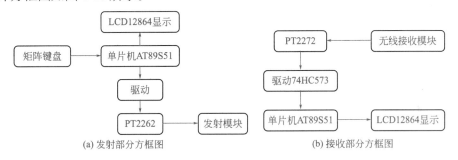

(a) 发射部分方框图　　　　(b) 接收部分方框图

图 6-18　设计方框图

③ 电源模块设计　在电子电路中，一般都需要稳定的直流电源供电，而平常生活中用到的都是频率为 50Hz、有效值为 220V 的单相交流电压，因此需要将它转换为幅值稳定、输出电流较小的直流电压。在一般情况下，所需直流电压的数值和电网电压的有效值相差较大，因此需要通过电源变压器降压后，再对交流电压进行处理。图 6-19 为单片机供电电源电路。

从电路结构、安装难易、成本计算等方面考虑，可采用固定输出集成电路稳压电源。在稳压部分采用 W7805，使得电路结构变得非常简单，不易出现混乱，并使得输出电压为 +5V，以供电路使用。

④ 单片机模块设计

a. 单片机特点及基本结构。单片机是一种集成电路芯片，是采用超大规模集成电路技术把具有数据处理能力的中央处理器（CPU）、随机存储器（RAM）、只读存储器（ROM）、多种 I/O 口和中断系统、定时器 / 计时器等（还可能包括显示驱动电路、脉宽调制电路、模拟多路转换器、A/D 转换器等）集成到一块硅片上构成的一个小而完善的微型计算机系统，在工业控制领域得到了广泛应用。从 20 世纪 80 年代，由当时的 4 位、8 位单片机，发展到现在的 32 位 300Mbps 的高速单片机。

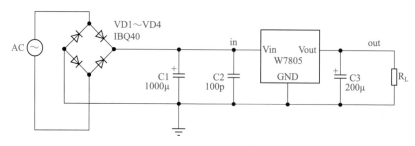

图 6-19　单片机供电电源电路

ⓐ 运算器。运算器由运算部件——算术逻辑单元（arithmetic and logical unit，ALU）、累加器和寄存器等几部分组成。ALU 的作用是把传来的数据进行算术或逻辑运算。输入为两个 8 位数据，分别来自累加器和数据寄存器。ALU 能完成对这两个数据进行的加、减、与、或、比较大小等操作，最后将结果存入累加器。ALU 主要有以下两个功能。

- 执行各种算术运算。
- 执行各种逻辑运算，并进行逻辑测试，如零值测试或两个值的比较。

ⓑ 控制器。控制器由程序计数器、指令寄存器、指令译码器、时序发生器和操作控制器等组成，是发布命令的"决策机构"，即协调和指挥整个微机系统的工作。控制器主要功能有以下几个。

- 从内存中取出一条指令，并指出下一条指令在内存中的位置。
- 对指令进行译码和测试，并产生相应的操作控制信号，以便于执行规定的动作。
- 指挥并控制 CPU、内存和输入/输出设备之间数据流动的方向。

ⓒ 主要寄存器。具体包括以下几个。

- 累加器 A。累加器 A 是微处理器中使用最频繁的寄存器。在算术和逻辑运算时它有双功能：运算前，用于保存一个操作数；运算后，用于保存所得的和、差或逻辑运算结果。
- 数据寄存器 DR。数据寄存器通过数据总线向存储器和输入/输出设备送（写）或取（读）数据的暂存单元。它可以保存一条正在译码的指令，也可以保存正在送往存储器中存储的一个数据字节等。
- 指令寄存器 IR 和指令译码器 ID。指令寄存器用来保存当前正在执行的一条指令。当执行一条指令时，先把它从内存中取到数据寄存器中，然后再传送到指令寄存器。当系统执行给定的指令时，必须对操作码进行译码，以确定所要求的操作，指令译码器就是负责这项工作的。指令寄存器中操作码字段的输出就是指令译码器的输入。
- 程序计数器 PC。程序计数器用于确定下一条指令的地址，以保证程序能够连续地执行下去，因此通常又被称为指令地址计数器。在程序开始执行前必须将程序的第一条指令的内存单元地址（即程序的首地址）送入程序计数器，使它总是指向下一条要执行指令的地址。
- 地址寄存器 AR。地址寄存器用于保存当前 CPU 所要访问的内存单元或输入/输出设备的地址。由于内存与 CPU 之间存在着速度上的差异，所以必须使用地址寄存器来保持地址信息，直到内存读/写操作完成为止。

b. AT89S51 单片机。AT89S51 具有以下标准功能：8KB Flash，256B RAM，32 位 I/O 口，看门狗定时器，两个数据指针，三个 16 位定时器/计数器，一个 6 向量 2 级中断结构，全双工串行口，片内晶振及时钟电路。另外，AT89S51 可降至 0Hz 静态逻辑操作，支持两种软件可选择节电模式。空闲模式下，CPU 停止工作，允许 RAM、定时器/计数器、串行口、中断继续工作。掉电保护方式下，RAM 内容被保存，振荡器被冻结，单片机停止一切工作，直到下一个中断或硬件复位为止。图 6-20 为 AT89S51 单片机结构框图。

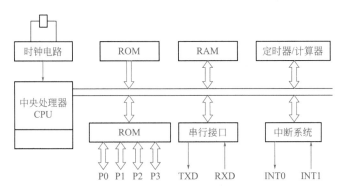

图 6-20 AT89S51 单片机结构框图

⑤ 编码 / 解码芯片接收模块和发射模块设计

a. 编码 / 解码芯片（PT2262/PT2272）原理简介。PT2262/PT2272 是中国台湾生产的一种用 CMOS 工艺制造的低功耗、低价位、通用编码 / 解码电路，其外形与引脚排列分别如图 6-21、图 6-22 所示。

PT2262/PT2272 最多可有 12 位（A0 ~ A11）三态地址端引脚（悬空，接高电平，接低电平），任意组合可提供 531441 地址码。PT2262 最多可有 6 位（D0 ~ D5）数据端引脚，设定的地址码和数据码从 17 脚串行输出，可用于无线遥控发射电路。

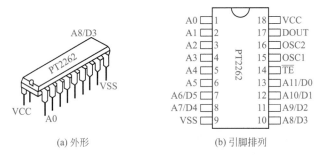

图 6-21 PT2262 的外形与引脚排列

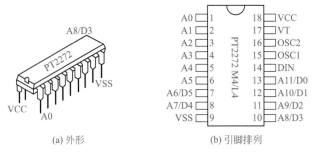

图 6-22 PT2272 的外形与引脚排列

编码芯片 PT2262 发出的编码信号由地址码、数据码、同步码组成一个完整的码字。解码芯片 PT2272 接收到信号后，其地址码经过两次比较核对后，VT 脚才输出高电平，与此同时相应的数据脚也输出高电平。如果发射端一直按住按键，编码芯片也会连续发射。当发射端没有按键按下时，PT2262 不接通电源，其 17 脚为低电平，所以 315MHz 的高频发射电路不工作；当有按键按下时，PT2262 得电工作，其 17 脚输出经调制的串行数据信号。在 17 脚为高电平期间，315MHz 的高频发射电路起振并发射等幅高频信号；在 17 脚为低平期间，315MHz 的高频发射电路停止振荡。所以，高频发射电路完全受控于 PT2262 的 17 脚输出的数字信号，从而对高频电路完成幅度键控（ASK 调制），相当于调制度为 100% 的调幅。

PT2262/PT2272 的特点：CMOS 工艺制造，低功耗，外部元器件少，RC 振荡电阻，工作电压范围宽（2.6 ～ 15V），数据最多可达 6 位，地址码最多可达 531441 种。应用范围包括车辆防盗系统、家庭防盗系统、遥控玩具、其他电器遥控。

b. PT2262 / PT2272 芯片的地址编码设定和修改。在通常使用中，一般采用 8 位地址码和 4 位数据码，这时 PT2262 和 PT2272 的 1 ～ 8 脚为地址设定脚，有三种状态可供选择：悬空、接正电源、接地。所以，地址编码不重复度为 3^8=6561 组。只有发射端 PT2262 和接收端 PT2272 的地址编码完全相同，才能配对使用。遥控模块的生产厂家为了便于生产管理，出厂时遥控模块的 PT2262 和 PT2272 的 8 位地址编码端全部悬空，这样用户可以很方便地选择各种编码状态。用户如果想改变地址编码，只要将 PT2262 和 PT2272 的 1 ～ 8 脚设置相同即可，例如将发射机的 PT2262 的 1 脚接地、5 脚接正电源、其他引脚悬空，那么只要接收机的 PT2272 的 1 脚接地、5 脚接正电源、其他引脚悬空就能实现配对接收。当两者地址编码完全一致时，接收机对应的 D1 ～ D4 端输出约 4V 互锁高电平控制信号，同时 VT 端也输出解码有效高电平信号。用户将这些信号加一级放大，便可驱动继电器、功率三极管等进行负载遥控开关操纵。

⑥ 74HC573 模块　74HC573 为三态输出的 8 位 D 锁存器。74HC573 的输出端 O0 ～ O7 可直接与总线相连。

当三态允许控制端 OE 为低电平时，O0 ～ O7 为正常逻辑状态，可用来驱动负载或总线。当 OE 为高电平时，O0 ～ O7 呈高阻态，既不驱动总线，也不为总线的负载，但锁存器内部的逻辑操作不受影响。

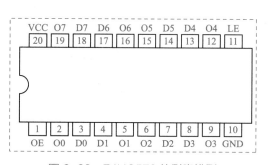

图 6-23　74HC573 的引脚排列

当锁存允许端 LE 为高电平时，O 随数据 D 而变。当 LE 为低电平时，O 被锁存在已建立的数据电平。

由于 LE 端施密特触发器的输入滞后作用，使交流和直流噪声抗扰度被改善 400mV。74HC573 的引脚排列如图 6-23 所示。

D0 ～ D7：数据输入端。
OE：三态允许控制端（低电平有效）。
LE：锁存允许端。
O0 ～ O7：输出端。

⑦ 无线发射与接收模块
a. 无线发射模块。无线发射模块的主要技术指标如下。

通信方式：调幅 AM。
工作频率：315MHz。
频率稳定度：±75kHz。
发射功率：≤ 500mW。
静态电流：≤ 0.1μA。
发射电流：3 ～ 50mA。
工作电压：DC3 ～ 12V。

无线发射模块的工作频率为 315MHz，采用声表谐振器 SAW 稳频，频率稳定度极高，当环境温度在 -25 ～ +85℃之间变化时，频率稳定度仅为 3×10^{-6}/（°）。无线发射模块未设编码集成电路，而增加了一个数据调制三极管 VT，这种结构使得它可以方便地和其他固定编码电路、滚动码电路及单片机配合，而不必考虑编码电路的工作电压和输出幅度信号值的大小。比如用 PT2262 等编码集成电路配接时，直接将它们的数据输出端第 17 脚接至无线发射模块的输入端即可。

无线发射模块具有较宽的工作电压范围（3 ～ 12V），当电压变化时发射频率基本不变，和发射模块配套的接收模块无须任何调整就能稳定地接收。当发射电压为 3V 时，空旷地传输距离为 20 ～ 50m，发射功率较小；当发射电压 5V 时为 100 ～ 200m；当发射电压 9V 时为 300 ～ 500m；当发射电压为 12V 时，为最佳工作电压，具有较好的发射效果。

无线发射模块采用 ASK 方式调制，以降低功耗。当数据信号停止时发射电流降为零，数据信号与无线发射模块输入端可以用电阻连接或者直接连接而不能用电容耦合，否则无线发射模块将不能正常工作。数据电平应接近无线发射模块的实际工作电压，以获得较高的调制效果。

b. 无线接收模块。无线接收模块的主要技术指标如下。

通信方式：调幅 AM。
工作频率：315MHz。
频率稳定度：±200kHz。
接收灵敏度：-106dBm。
静态电流：≤ 5mA。
工作电流：≤ 5mA。
工作电压：DC5V。
输出方式：TTL 电平。

无线接收模块的工作电压为 5V，静态电流为 5mA，接收灵敏度为 -106dBm，接收天线为 25 ～ 30cm 的导线，最好能竖立起来。接收模块本身不带解码集成电路，因此接收电路仅是一种组件，只有应用在具体电路中进行二次开发才能发挥应有的作用。这种设计有很多优点，它可以和各种解码电路或者单片机配合，设计电路灵活方便。

无线接收模块工作时一般输出的是高电平脉冲，不是直流电平，所以不能用万用表测试。调试时可用一个发光二极管串接一个 3kΩ 的电阻来监测无线接收模块的输出状态。

无线接收模块和 PT2262/PT2272 等专用编码 / 解码芯片配合使用时，直接连接即可，传输距离比较理想，一般能达到 600m 以上；如果和单片机或者微机配合使用时，会受到单片机或者微机的时钟干扰，造成传输距离明显下降，一般实用距离在 200m 以内。

（3）电路装调和分析

① 装调步骤与方法　电路中有软件和硬件。首先通过分析课题，确定设计方案，设计

电路，完成仿真。接着连接硬件电路、电源、单片机、液晶屏、PT2262、PT2272、驱动模块、复位电路、无线发射装置等。然后通过测量电压检测电路通断，完善硬件设施。最后通过修改软件程序，进一步实现课题要求。

装调好的电路如图 6-24 所示。

图 6-24　装调好的电路

② 故障处理

a. 在插上液晶屏时，没有显示。通过检查电路，发现有条地线接触不良。换之，正常显示。

b. 液晶屏显示不清晰。通过调节滑动变阻器，使之达到最佳效果。

c. 天线阻抗不匹配而致接收模块不能正常接收。调整天线阻抗使其达到最佳。

例6-6　智能循迹壁障小车设计

智能循迹避障小车虽然是一种玩具车，但具有机电一体化特点。

（1）功能

① 前方红外循迹模块可实现智能循迹功能（可走黑线或白线）。

② 前方左右两对红外反射探头实现智能机器人走迷宫实验、物体跟踪功能。

③ 将红外接收二极管改为光敏二极管为机器人增加了日夜识别功能，也可以作为寻光机器人使用（寻光和红外避障不同时使用）。

④ 板载在线程序下载接口，串口通信与计算机软件的结合，给予计算机控制机器人的方法。串口库的开放可实现自由编程控制，计算机也可以使用。

⑤ 按键中断与查询的加入也成为控制小车的又一方法，使人轻松地学习键盘控制。

⑥ 电动机驱动芯片为电动机控制提供了最优的方法，让软件编写变得简单。增加了PWM 调速功能，使机器人按照程序随时改变运行速度。

⑦ 实现 ISP（IAP）在线编程，无须编程器。

⑧ 支持 C 语言与汇编语言开发与在线调试。

注：由于源程序太大，限于篇幅，这里不再列写源程序，在购买套件时芯片中都已烧录

好程序，一般还配有配套软件及相关资料，可自行下载应用。

（2）机器人寻光过程　通过主板左右两个光敏传感器感应光照，当右边光敏传感器检测到光照而左边未检测到时，小车则向右转弯；当两个光敏传感器同时检测到光照时，小车则前进。光源移动时，当左边光敏传感器检测到光照而右边未检测到时，则小车向左转；当左右两个光敏传感器同时检测到光照时，小车则前进。如此周而复始。智能循迹避障机器人电路如图6-25所示。

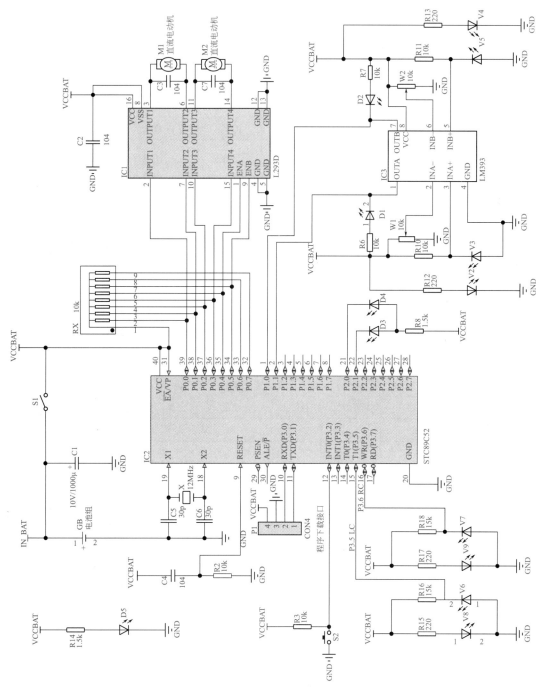

图 6-25　智能循迹避障机器人电路

（3）材料清单　表6-3为ZYJJB09-C智能循迹避障机器人材料清单。

表6-3　ZYJJB09-C智能循迹避障机器人材料清单

一、主控制板元器件清单					二、结构底板（传感器板子）元器件清单				
序号	名称	规格	位号	用量	序号	名称	规格	位号	用量
1	瓷片电容	104	C2、C3、C4、C7	4	1	电解电容	10V/1000μF	C1	1
2	瓷片电容	30pF	C5、C6	2	2	3mm LED	F3 绿色 LED	D1、D2	2
3	3mm LED	F3 绿色 LED	D3、D5	2	3	红外接收管	F3 红外接收管	V3、V5、V7、V6	4
4	3mm LED	F3 红色 LED	D4	1	4	红外发射管	F3 红外发射管	V2、V4、V9、V8	4
5	驱动芯片	L293D	IC1	1	5	IC	LM393	IC3	1
6	IC 座	16 脚 IC 座		1	6	IC 座	DIP8		1
7	单片机芯片	STC89C52	IC2	1	7	色环电阻	10kΩ	R6、R7、R10、R11	4
8	IC 座	40 脚 IC 座		1	8	色环电阻	220Ω	R12、R13、R15、R17	4
9	排针	4P 排针	P1、P2、P3	3	9	色环电阻	15kΩ	R16、R18	2
10	色环电阻	10kΩ	R2、R3		10	拨动开关		S1	1
11	色环电阻	1.5kΩ	R8、R14	2	11	可调电阻	10kΩ 可调电阻	W1、W2	2
12	插件排阻	10kΩ 排阻	RX	1	12	跳线	用剪脚的电阻铁丝短路	黑色底板上面有丝印接跳线	3
13	插件按键	6×6×5 按键	S2	1	13				
14	晶振	12MHz 晶振	X	1	14	排针	3P 排针	P4、P5	2

三、额外附件清单								
序号	名称	规格	备注	用量	序号	名称	规格	备注	用量
1	直流减速电动机			2	10	M3×8 螺钉			3
2	5 号 4 节电池盒			1	11	M3×25 螺钉			4
3	2P 单头线		7cm 长	2	12	热塑管 5cm 长			1
4	轮子防滑圈			2	13	电动机固定小板			4
5	M3 螺母			7	14	黑色底板（传感器板）			1
6	有孔轮子			2	15	主板			1
7	无孔轮子			2	16	电动机与轮子紧锁柱（黄色轮子就用 M2.5×8 自攻螺钉）			2
8	铁棒			1	17	说明书			1
9	紧锁插		固定后轮	2	18	垫圈			2

（4）安装步骤

① 按照提供的元器件清单清点元器件，然后按照从小到大的顺序依次将主板和底板传感器板焊接好（就是先焊接电阻，最后焊接40脚IC座），如图6-26所示。

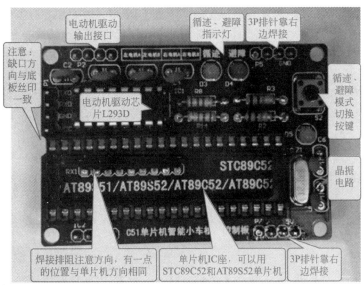

(a) 先小后大焊接效果图

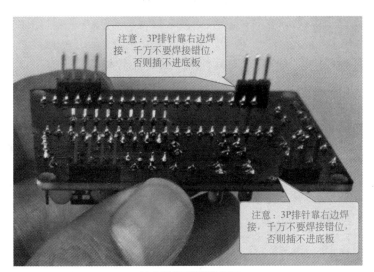

(b) 主板背面焊接效果图

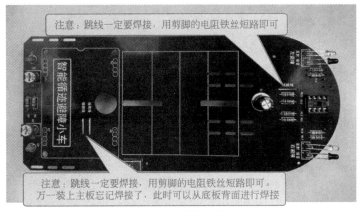

(c) 黑色底板焊接效果图

图 6-26　电子元器件的安装

② 按照图 6-27 所示把两个尾轮安装好，并且结构牢固，要上锡。

图 6-27　安装后轮轮子

注意： 在保证两个轮子很自由地滑动的前提下，铁棒外头的固定圈尽可能地往里面移，以保证两个轮子在转动时不歪，保持平稳动作。

③ 将两个尾轮装好以后，再将两条电动机电源线从底板的正面、反面各装一条，然后按照图示方式接在电动机上面，注意电动机的上端接红色线，下端接黑色线。

注意： 在焊接底板传感器板时注意红外避障传感器的极性，长脚是正极，短脚是负极；白色透明的是红外发射管，黑色的是红外接收管。焊接效果如图 6-28 所示。

电池盒子反面电源线安装，"+"接红线，"—"接黑线

图 6-28　安装电动机及焊接连接线

④ 按照图 6-29 先将两个紧锁柱分别插入电动机里面（注意：有螺纹的一头插入电动机的滚动轴里面），然后再将前轮装进去。

注意： 在装前轮之前，先将前轮的防滑套装好，如图 6-29 所示。

电动机轴

图 6-29　安装前轮

⑤ 安装循迹传感器，见图 6-30。

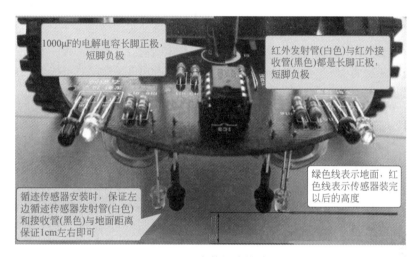

1000μF的电解电容长脚正极，短脚负极

红外发射管(白色)与红外接收管(黑色)都是长脚正极，短脚负极

绿色线表示地面，红色线表示传感器装完以后的高度

循迹传感器安装时，保证左边循迹传感器发射管(白色)和接管(黑色)与地面距离保证1cm左右即可

图 6-30　安装循迹传感器

装配循迹传感器时严格按照图 6-30 中要求组装，并且循迹传感器要安装热塑管。组装好的寻迹车如图 6-31 所示。

（5）调试　首先确保在没有打开手机的手电筒功能时，黑色底板左侧 LED D1 和右侧 LED D2 没有亮，如果亮了就用一字螺丝刀（旋具）对对应的电位器进行调节，直到 LED 熄灭。然后打开手机的手电筒功能，照一下左右两个光敏传感器看是否会亮，如果不亮说明之前电位器调节过头了，就要再细微调节电位器，直到 LED 亮为止。这样系统测试完毕，就可以正常寻光了。

（6）故障检修

① 不能循迹，小车在地面上不走　通常情况下不能循迹，并且在地面上不走，主要是两路循迹探头没有检测到地面，所以检测

图 6-31　组装好的循迹车

循迹探头的发射和接收二极管有没有焊接好，高度是不是离地面 1cm 左右，然后调节使发射二极管和接受二极管尽量靠近。如果还是不行，就要检查红外发射二极管有没有红外光发出，打开手机拍照功能对着红外发射二极管，看是否有红外光发出。如果有红外光发出，就说明发射没有问题，然后再检查红外接收二极管有没有焊接反。

② 在地面转圈　在地面转圈的主要原因是其中一路循迹探头没有检测到地面，即地面没有反射信号给单片机，此时检查没有检测到地面的循迹探头的红外发射二极管是否有红外光发出，如果有红外光发出，再检查红外发射二极管和红外接收二极管是不是靠在一起，如果未靠在一起，就要把发射二极管和接收二极管靠近一下。循迹的原理是：地面有反射能力，把红外发射二极管发射的光线反射到红外接收二极管上。黑色没有反射能力，不能将红外光线反射到红外接收头上面。转圈类似于另外一个循迹探头检测到黑色一样，但是实际没有黑色。

③ 小车在地面上可以直走，循迹时跑出轨道　这种情况主要是因为循迹探头灵敏度太高了，此时观察是从哪边跑出轨道，然后把对应的那个循迹探头的发射二极管和接收二极管稍微隔开即可。

④ 小车不能避障　检查避障探头的发射二极管和接收二极管是不是靠近在一起，然后再检查红外发射二极管有没有红外光发出，用手机拍照功能对着发射二极管看有没有光。只要焊接没有问题，基本是一次性搞好。

例6-7　单片机制作密码控制器设计

随着人们生活水平的提高，如何实现家庭或公司的防盗问题变得尤为突出。传统的机械锁由于构造简单，被撬事件屡见不鲜，另外，普通密码锁的密码容易被多次试探而破译。所以，考虑到单片机的优越性，一种基于单片机的电子密码锁应运而生。电子密码锁由于保密性高、使用灵活性好、安全系数高，受到了广大用户的青睐。

电子密码锁一般由电路和机械两部分组成，图 6-32 所示的电子密码锁可以完成密码的修改、设定，及非法入侵报警、外围电路驱动等功能。LED 显示器的显示亮度均匀，显示管各段不随显示数据的变化而变化，且价格低廉，用于显示键盘输入的相应信息。无须再加外部 EPROM 存储器，且外围扩展器件较少的 AT89C52 单片机是整个电路的核心部分。振荡电路为 CPU 产生赖以工作的时序。显示灯是通过 CPU 输出的一个高电平，经三极管放大，驱动继电器吸合，使外加电压与发光二极管导通，从而使发光二极管发光，电动机工作。

下面进行修改密码操作。修改密码实质就是用新密码取代旧密码。密码存储 1 位，地址加 1，密码位数减 1；当 8 个地址均存入 1 位密码（即密码位数减为零）时，密码输入完毕，此时按下确认键，新密码产生，跳出子程序。

为防止非管理员任意地修改密码，必须输入正确密码后按修改密码键，才能重新设置密码。密码输入值的比较主要有两部分，密码位数与内容任何一个条件不满足，都将会产生出错信息。当连续三次输入密码错误时，就会出现报警信息，LED 显示出错信息，蜂鸣器鸣叫，提醒人们注意。

在电路中，P1 口连接 8 个密码按键 AN0 ～ AN7，开锁脉冲由 P3.5 输出，报警和提示音由 P3.7 输出。BL 是用于报警与声音提示的蜂鸣器，发光二极管 LED 用于报警和提示，L 是电磁锁的电磁线圈。

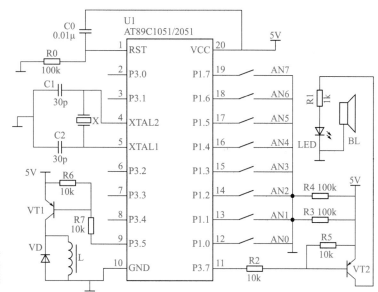

图 6-32 电子密码锁硬件电路

程序如下。

```
ORG   0000H                        L9: ACALL DELAY
AJMP  START                        CJNE A,#0FFH,AA3
ORG   0030H                        AJMP AA2
START : ACALL BP                   AA3 ACALL BP
MOV : R0,#31H                      CLR C
MOV : R2,#8                        SUBB A,@R0
SET : MOV : P1,#0FFH               INC R0
MOV : A,P1                         CJNE A,#00H,AA4
CJNE : A,#0FFH,L8                  AJMP AA5
AJMP SET                           AA4: SETB 00H
L8: ACALL DELAY                    AA5: DJNZ R2,AA2
CJNE A,#0FFH,SAVE                  JB 00H,AA6
AJMP SET                           CLR P3.5
SAVE : ACALL BP                    L3: MOV R5,#8
MOV @R0,A                          ACALL BP
INC R0                             DJNZ R4,L3
DJNZ R2,SET                        MOV R3,#3
MOV R5,#16                         SETB P3.5
D2S : ACALL BP                     AJMP AA1
DJNZ R5,D2S                        AA6: DJNZ R3,AA7
MOV R0,#31H                        MOV R5,#24
MOV R3,#3                          L5: MOV R4,#200
AA1: MOV R2,#8                     L4: ACALL BP
AA2: MOV P1,#0FFH                  DJNZ R4,L4
MOV A,P1                           DJNZ R5,L5
CJNE A,#0FFH,L9                    MOV R3,#3
AJMP AA2                           AA7: MOV R5,#40
```

```
ACALL BP                              SETB
DJNZ R5,AA7                           RET
AA8:CLR 00H                           DELAY MOV R7,#20
AJMP AA1                              L7:MOV R6,#125
BP:CLR P3.7 MOV R7,#250               L6:DJNZ R6,L6
L2:MOV R6,#124                        DJNZ R7,L7
L1:DJNZ R6,L1                         RET
CPL P3.7                              END
DJNZ R7,L2
```

例6-8 利用RS-232C实现上位机（PC）与下位机（单片机）的通信设计

RS-232C 标准是美国 EIA（电子工业联合会）与 Bell 等公司共同开发的、1969 年公布的通信协议。它适合用于数据传输速率在 0 ～ 20000bps 范围内的通信。RS-232C 标准（协议）的全称是 EIA-RS-232C 标准，其中 EIA（Electronic Industry Association）代表美国电子工业协会，RS（ecommeded standard）代表推荐标准，232 是标识号，C 代表 RS232 在 1969 年的一次修改（在这之前，有 RS-232A、RS-232B，之后 1987 年 1 月修改标准称为 RS-232D，不过两者差别不大）。目前在个人计算机上的 COM1、COM2 接口，大都是 RS-232C 接口。

RS-232C 接口插座类型与外形如图 6-33 所示。一般采用标准的 25 芯 D 型插座，也可采用 9 芯 D 型插座。

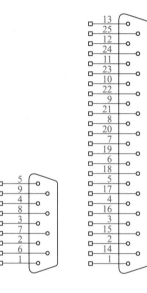

(a) 9芯D型插座　　(b) 25芯D型插座　　(c) 外形

图 6-33　RS-232C 接口插座类型与外形

9 芯 D 型插座的引脚功能如下。

2 脚：RXD，串行数据接收引脚，输入。

3 脚：TXD，串行数据发送引脚，输出。

5 脚：GND。

25 芯 D 型插座的引脚功能如下。

1 脚：保护地。

2 脚：TXD，串行数据发送引脚，输出。

3 脚：RXD，串行数据接收引脚，输入。

7 脚：信号地。

RS-232C 对逻辑电平的规定是很特别的，在 TXD 和 RXD 上：逻辑 1（MARK）=-3 ～ -15V，逻辑 0（SPACE）=+3 ～ +15V。本次设计制作采用没有联络信号的通信，所以读者只了解 TXD 和 RXD 即可。

由上可知，RS-232C 用正负电压来表示逻辑状态。单片机串行口采用正逻辑 TTL 电平，这样单片机和计算机的 COM1 或者 COM2 不能直接连接。为了能够同计算机接口或终端的 TTL 器件连接，必须在 RS-232C 与 TTL 电路之间进行电平和逻辑关系的变换。实现这种变换的方法可用分立元件，也可用集成电路芯片。目前较为广泛地使用集成电路转换器件，如 MC1488、SN75150 芯片可完成 TTL 电平到 EIA 电平的转换，MC1489、SN75154 芯片可实现 EIA 电平到 TTL 电平的转换。而 MAX232 芯片可完成 TTL↔EIA 双向电平转换，MAX232 芯片集成度高，采用 +5V 电源（内置电压倍增电路及负电源电路），只需外接 5 个容量为 0.1 ～ 1μF 的小电容即可完成两路 RS-232C 与 TTL 电平之间转换，所以一般应用比较多。MAX232 的外形与引脚排列如图 6-34 所示。

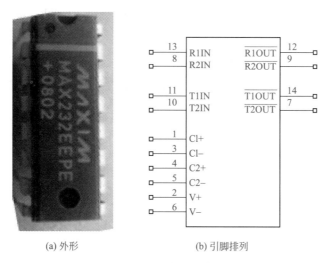

(a) 外形　　　　　(b) 引脚排列

图 6-34　MAX232 的外形与引脚排列

把 MAX232 和单片机连接起来，进行上位机与下位机的通信。下位机（单片机）串口使用查询法接收和发送资料。上位机（计算机）发出指定字符，下位机收到后返回给上位机原字符。

首先完成电路连接，单片机 AT89S2051 串行口经 MAX232 电平转换后，与计算机串行口相连，如图 6-35 所示。

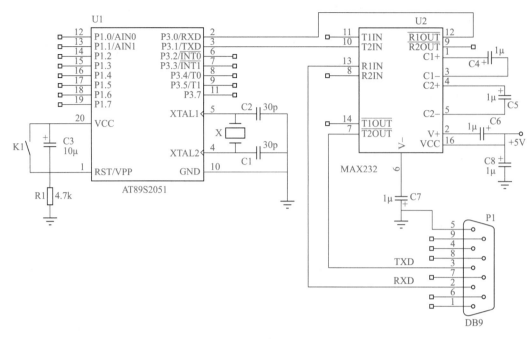

图 6-35　单片机与 RS - 232C 的连接电路图

　　上位机使用串口调试助手 V2.2.exe（可由网上下载），实现上位机与下位机的通信。打开串口调试助手 V2.2.exe 应用程序进行设置：波特率为 4800，数据位为 8，校验位为 NONE，停止位为 1（因为采用没有联络信号的通信，下位机也需相同协议设置）。

　　在"发送的字符 / 数据"区输入字符 / 数据，按手动发送，接收区接收到相同的字符 / 数据，或者按自动发送，接收区将接收到发送的字符 / 数据，如图 6-36 所示。提示：自动发送的时间可以在串口调试助手中进行改动。

图 6-36　"发送的字符 / 数据"区输入字符 / 数据界面

　　下位机预先编制的程序清单如下。

```
ORG    0000H
JMP    START
ORG    0020H
START : MOV   SP,#60H
       MOV   SCON,#01010000B       ; 设定串行方式:8 位异步，允许接收
       MOV   TMOD,#20H             ; 设定计数器 1 为模式 2
       ORL   PCON,#10000000B       ; 波特率加倍
       MOV   TH1,#0F3H
       MOV   TL1,#0F3H             ; 设定波特率为 4800
       SETB  TR1                   ; 计数器 1 开始计时
AGAIN : JNB   RI,AGAIN             ; 等待接收
       CLR   RI                   ; 清接收标志
       MOV   A,SBUF               ; 接收数据缓冲
       MOV   SBUF,A               ; 送发送数据
LP :   JNB   TI,LP                ; 等待发送完成
       CLR   TI                   ; 清发送标志
       SJMP  AGAIN
       END
```

例6-9　单片机控制I²C总线设计

I²C（Inter-Integrated Circuit）总线是一种由 Philips 公司开发的两线式串行总线，产生于 20 世纪 80 年代。目前 I²C 总线大量应用在视频、音像系统中，Philips 公司推出了近 200 种 I²C 总线接口器件，主要是视频、音像类器件。除 Philips 公司外，I²C 总线已被众多的厂家使用在高档电视机、电话机、音响、摄录像系统中，但在测控领域单片机应用系统中尚未普及推广，有着广阔的应用前景。

I²C 总线是由数据线 SDA 和时钟线 SCL 构成的串行总线，可发送和接收数据。在 CPU 与被控 IC 之间、IC 与 IC 之间进行双向传送，最高传送速率为 100kbps。各种被控制电路均并联在这条总线上，每个电路和模块都有唯一的地址。下面以 AT24C02 作为被控 IC 进行实践。

（1）串行 EEPROM（AT24C02）

① 串行 EEPROM（AT24C02）引脚及原理　在串行 EEPROM 中，较为典型的有 Atmel 公司的 AT24C×× 系列，这里以 AT24C02 为例进行介绍。

AT24C02 有地址线 A0 ～ A2、串行数据 I/O 引脚 SDA、串行时钟输入引脚 SCL、写保护引脚 WP 等。很明显，其引脚较少，对组成的应用系统可以减少布线，提高可靠性。

AT24C02 各引脚的功能和意义如下。

VCC 引脚：电源 +5V。

GND 引脚：地线。

SCL 引脚：串行时钟输入端。在时钟的正跳沿（即上升沿）时把数据写入 EEPROM，在时钟的负跳沿（即下降沿）时把数据从 EEPROM 中读出来。

SDA 引脚：串行数据 I/O 端，用于输入和输出串行数据。这个引脚是漏极开路的端口，故可以组成"线或"结构。

A0 ～ A2 引脚：芯片地址引脚。在型号不同时意义有些不同，但都要接固定电平。

WP 引脚：写保护端。此端提供了硬件数据保护。当把 WP 接地时，允许芯片执行一般读 / 写操作；当把 WP 接 V_{CC} 时，则对芯片实施写保护。

② 内存的组织及运行方式

a. 内存的组织：对于不同的型号，内存的组织不同，其关键原因在于内存容量存在差异。对于 AT24C×× 系列的 EEPROM，其典型型号的内存组织如下。

AT24C01A：内部含有 128 个字节，故需要 7 位地址对其内部字节进行寻址。

AT24C02：内部含有 256 个字节，故需要 8 位地址对其内部字节进行读 / 写。

b. 运行方式。

● 起始状态：当 SCL 为高电平时，SDA 由高电平变到低电平则处于起始状态。起始状态应处于任何其他命令之前。

● 停止状态：当 SCL 为低电平时，SDA 从低电平变到高电平则处于停止状态。在执行完读序列信号之后，停止命令将把 EEPROM 置于低功耗的备用方式。

● 应答信号：应答信号是由接收数据的器件发出的。当 EEPROM 接收完一个写入数据之后，会在 SDA 上发一个"0"应答信号。反之，当单片机接收完来自 EEPROM 的数据后，单片机应向 SDA 发 ACK 信号。ACK 信号在第 9 个时钟周期时出现。

● 备用方式（Standby Mode）：AT24C01A/02/04/08/16 都具有备用方式，以保证在没有读 / 写操作时芯片处于低功耗状态。在下面两种情况中，EEPROM 都会进入备用方式：一是芯片通电时；二是在接到停止位和完成了任何内部操作之后。

③ 器件寻址、读 / 写操作　AT24C01A 等 5 种典型的 EEPROM 在进入起始状态之后，需要一个 8 位的"器件地址字"去启动内存进行读或写操作。在写操作中，有"字节写""页面写"两种不同的写入方法。在读操作中，有"现行地址读""随机读"和"顺序读"三种各具特点的读出方法。下面分别介绍器件寻址、写操作和读操作。

a. 器件寻址。所谓器件寻址（Device Addressing）就是用一个 8 位的器件地址字（Device Address Word）去选择内存芯片。在逻辑电路中 AT24C×× 系列的 5 种芯片（即 AT24C01A/02/04/08/16）中，如果和器件地址字相比较结果一致，则读芯片被选中。下面对器件寻址的过程和意义加以说明。

芯片的操作地址如表 6-4 所示。

表6-4　芯片的操作地址

D7	D6	D5	D4	D3	D2	D1	D0
1	0	1	0	A2	A1	A0	R/W

用于内存 EEPROM 芯片寻址的器件地址字有 4 种方式，分别对应于 1K/2K、4K、8K 和 16K 位的 EEPROM 芯片。

器件地址字含有以下 3 个部分。

● 第一部分：器件标识，器件地址字的最高 4 位。这 4 位的内容恒为"1010"，用于标识 EEPROM 器件 AT24C01A/02/04/08/16。

● 第二部分：硬布线地址，是与器件地址字的最高 4 位相接的低 3 位。硬布线地址的 3

位有两种符号：A*i*（*i*=0～2），P*j*（*j*=0～2），其中 A*i* 表示外部硬布线地址位。

对于 AT24C01A/02 这两种 1K/2K 位的 EEPROM 芯片，硬布线地址为"A2、A1、A0"。在应用时，"A2、A1、A0"的内容必须和 EEPROM 芯片的 A2、A1、A0 的硬布线情况（即逻辑连接情况）相比较。如果相同，则芯片被选中，否则不选中。AT24C01A/02：真正地址 = 字地址。

● 第三部分：读 / 写选择位，器件地址字的最低位，用 R/W 表示。当 R/W=1 时，执行读操作；当 R/W=0 时，执行写操作。

当 EEPROM 芯片被选中时，则输出"0"；如果 EEPROM 芯片未被选中，则回到备用方式。被选中的芯片以后的输入、输出情况视写入和读出的内容而定。

b. 写操作：AT24C01A/02/04/08/16 这 5 种 EEPROM 芯片的写操作有两种：一种是字节写，另一种是页面写。

● 字节写。这种写方式只执行 1 个字节的写入。其写入过程分为外部写和内部写两部分，分别说明如下。

在起始状态中，首先写入 8 位的器件地址，则 EEPROM 芯片会产生一个"0"信号 ACK 作为应答；接着写入 8 位的字地址，在接收字地址之后，EEPROM 芯片又产生一个"0"应答信号 ACK；随后，写入 8 位数据，在接收数据之后，芯片又产生一个"0"信号 ACK 作为应答。到此为止，完成了 1 个字节写过程，应在 SDA 端产生一个停止状态，这是外部写过程。

在外部写过程中，控制 EEPROM 的单片机应在 EEPROM 的 SCL、SDA 端送入恰当的信号。当然在 1 个字节写过程结束时，单片机应以停止状态结束写过程。在这时，EEPROM 进入内部定时的写周期，以便把接收的数据写入存储单元中。在 EEPROM 的内部写周期中，其所有输入被屏蔽，同时不响应外部信号直到写周期完成，这是内部写过程。内部写过程大约需要 10ms 时间。内部写过程处于停止状态与下一次起始状态之间。

● 页面写。这种写入方式执行含若干字节的 1 个页面的写入。对于 AT24C01A/02，它们的 1 个页面含 8 个字节；页面写的开头部分和字节写一样。在起始状态，首先写入 8 位器件地址；待 EEPROM 应答了"0"信号 ACK 之后，写入 8 位字地址；又待芯片应答了"0"信号 ACK 之后，写入 8 位数据。

随后页面写的过程则和字节写有区别。当芯片接收第一个 8 位数据并产生应答信号 ACK 之后，单片机可以连续向 EEPROM 芯片发送共为 1 页的数据。对于 AT24C01A/02，可发送共 1 个页面的 8 个字节（连第一个 8 位数据在内）。对于 AT24C04/08/16，则可发送 1 个页面共 16 个字节（连第一个 8 位数据在内）。当然，每发 1 个字节都要等待芯片的应答信号 ACK。

之所以可以连续向芯片发送 1 个页面数据，是因为字地址的低 3～4 位在 EEPROM 芯片内部可实现加 1，字地址的高位不变，用于保持页面的行地址。页面写和字节写一样，可分为外部写和内部写。

应答查询是单片机对 EEPROM 各种状态的一种检测。单片机查询到 EEPROM 有应答"0"信号 ACK 输出，则说明其内部定时写的周期结束，可以写入新的内容。单片机是通过发送起始状态及器件地址进行应答查询的。由于器件地址可以选择芯片，则检测芯片送到 SDA 的状态就可以知道其是否有应答了。

c. 读操作：读操作的启动是和写操作类同的，它同样需要器件地址字。和写操作不同的就是信号为执行读操作。读操作有 3 种方式，即现行地址读、随机读和顺序读。下面分别说明它们的工作过程。

● 现行地址读。在上次读或写操作完成之后，芯片内部字地址计数器会加 1，产生现行地址。只要没有再执行读或写操作，这个现行地址就会在 EEPROM 芯片保持接电的期间一直保存。一旦器件地址选中 EEPROM 芯片，并且有 R/W=1，则在芯片的应答信号 ACK 之后把读出的现行地址的数据送出。现行地址的数据输出时，就由单片机一位一位接收，接收后单片机不用向 EEPROM 发应答信号 ACK "0" 电平，但应保证发出停止状态的信号以结束现行地址读操作。现行地址读会产生地址循环覆盖现象，但和写操作的循环覆盖不同。在写操作中，地址的循环覆盖是现行页面的最后一个字节写入之后，再写入则覆盖同一页面的第一个字节。而在现行地址读操作中，地址的循环覆盖是在最后页面的最后一个字节读出之后，再读出才覆盖第一个页面的第一个字节。

● 随机读。随机读和现行地址读的最大区别在于随机读会执行一个伪写入过程把字地址装入 EEPROM 芯片中，然后执行读出。显然，随机读有以下两个步骤。

第一，执行伪写入——把字地址送入 EEPROM，以选择需读的字节。

第二，执行读出——根据字地址读出对应内容。

当 EEPROM 芯片接收了器件地址及字地址时，在芯片产生应答信号 ACK 之后，单片机必须再产生一个起始状态，执行现行地址读。这时单片机再发出器件地址并且令 R/W=1，则 EEPROM 应答器件地址并行输出被读数据。在数据读出时由单片机执行一位一位接收，接收完毕后，单片机不用发 "0" 应答信号 ACK，但必须产生停止状态以结束随机读过程。

注意：在随机读的第二个步骤是执行现行地址读的，由于在第一个步骤中芯片接收了字地址，故现行地址就是所送入的字地址。

● 顺序读。顺序读可以用现行地址读或随机读进行启动。它和现行地址读、随机读的最大区别在于顺序读在读出一批数据之后才由单片机产生停止状态以结束读操作；而现行地址读和随机读在读出一个数据之后就由单片机产生停止状态以结束读操作。

执行顺序读时，首先执行现行地址读或随机读的有关过程，在读出第一个数据之后，单片机输出 "0" 应答信号 ACK。在芯片接收应答信号 ACK 后，就会对字地址进行计数加 1，随后串行输出对应的字节。当字地址计数达到内存地址的极限时，则字地址会产生覆盖，顺序读将继续进行。只有在单片机不再产生 "0" 应答信号 ACK，而在接收数据之后立即产生停止状态，才会结束顺序读操作。

在对 AT24C×× 系列执行读 / 写的两线串行总线工作中，其有关信号是由单片机的程序和 EEPROM 产生的。有两点特别要记住：串行时钟必须由单片机程序产生，而应答信号 ACK 则由接收数据的器件产生，也就是写地址或数据时由 EEPROM 产生 ACK，而读数据时由单片机产生。

④ AT24C×× 系列应用注意事项　AT24C×× 系列 EEPROM 有 13 种型号。它们的容量不同，执行读 / 写时的读 / 写定义不同，进行读 / 写时的地址位数也不同，器件地址不同。有关主要指针在应用中要加以区别和注意。

（2）对 AT24C02 进行读写效验程控，充分了解 I²C 总线的应用方法

① 单片机最小应用系统的 P1.0、P1.1 接 I²C 总线接口的 SDA、SCL（图 6-37）。

② 利用 Keil μVision2 软件编写程序（程序清单参见下文）。

③ 编译无误后，按程序的提示在主程序中设置断点，在 Keil μVision2 软件的 "VIEW" 菜单中打开 "MEMORY WINDOW" 数据窗口（DATA），在窗口中输入 D：30H 后按回车键，按程序提示运行程序，当运行到断点处时观察 30H 的数据变化。

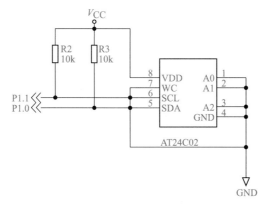

图 6-37　AT24C02 与单片机的连接图

程序清单如下。

```
;P1.0、P1.1 接 I²C 总线接口的 SDA、SCL, 观察 30H 的数据变化
            CUNCL       EQU     30H
            A24C_SDA    EQU     P1.0
            A24C_SCL    EQU     P1.1
            ORG         0000H
            LJMP        MAIN
            ORG         0100H       ; 主程序开始
MAIN :
            MOV    R2,#16           ;16 个数据
            MOV    R1,#30H          ; 要利用的是间址
            MOV    A,#0
INPUT1:     MOV    @R1,A
            INC    A
            INC    R1
            DJNZ   R2,INPUT1
            nop                     ; 此处设置断点观察写入 30H 开始的值为 00 ~ 0FH
            LCALL   SAVE_2402       ; 调写入存储器
            MOV    R2,#16
            MOV    R1,#30H
            MOV    A,#088H
INPUT2:     MOV    @R1,A
            INC    R1
            DJNZ   R2,INPUT2
            NOP                     ; 此处设置断点观察 30H 的值为 88H
            LCALL   READ_2402       ; 调读存储器
            NOP                     ; 此处设置断点观察 30H 的值为读出的值 00 ~ 0FH
            SJMP    $
名称:STR_24C021
描述:启动 I²C 总线子程序——发送 I²C 起始条件
STR_24C021:
        SETB A24C_SDA               ; 发送起始条件数据信号
```

```
        DB 0,0,0,0,0
        DB 0,0,0,0,0
        SETB A24C_SCL          ; 发送起始条件的时钟信号
        DB 0,0,0,0,0
        DB 0,0,0,0,0           ; 起始条件锁定时间大于 4.7μs
        CLR A24C_SDA           ; 发送起始信号
        DB 0,0,0,0,0           ; 起始条件锁定时间大于 4.7μs
        DB 0,0,0,0,0
        CLR A24C_SCL       ; 钳住 I²C 总线，准备发送或接收数据
        DB 0,0,0,0,0
        RET
=================================================================
名称: STOP_24C021
描述: 停止 I²C 总线子程序——发送 I²C 总线停止条件
STOP_24C021:
        CLR A24C_SDA    ; 发送停止条件的数据信号
        DB 0,0,0,0,0
        DB 0,0,0,0,0
        SETB A24C_SCL   ; 发送停止条件的时钟信号
        DB 0,0,0,0,0            ; 起始条件建立时间大于 4.7μs
        DB 0,0,0,0,0
        SETB A24C_SDA   ; 发送 I²C 总线停止信号
        DB 0,0,0,0,0
        DB 0,0,0,0,0
        RET
=================================================================
RD24C021:
        MOV R3,#1
        ACALL STR_24C021 ; I²C 总线开始信号
        MOV A,#0A0H                ; 被控器 AT24C02 I²C 总线地址（写模式）
        ACALL WBYTE_24C021         ; 发送被控器地址
        JC READFAIL
        MOV A,R0        ; 取单元地址
        ACALL WBYTE_24C021         ; 发送单元地址
        JC READFAIL
        ACALL STR_24C021 ; I²C 总线开始信号
        MOV A,#0A1H                ; 被控器 AT24C02 I²C 总线地址（读模式）
        ACALL WBYTE_24C021         ; 发送被控器地址
        JC READFAIL
        CLR F0
        MOV A,R0
        LCALL   RDBYTE_24C021
        MOV   @R0,A

    ACALL STOP_24C021    ; I²C 总线停止信号
    RET
    MOV DPL,A
    MOV DPH,#01H
```

```
    DJNZ R3,RD24C021_NEXT        ; 重复操作
  SJMP RD24C021_LAST
RD24C021_NEXT :
    ACALL RDBYTE_24C021          ; 接收数据
    MOVX @DPTR,A
    INC DPTR
    DJNZ R3,RD24C021_NEXT        ; 重复操作
======================================================================
RD24C021_LAST :
    SETB F0                      ; 不发送应答位
    ACALL RDBYTE_24C021
    MOVX @DPTR,A
    ACALL STOP_24C021            ; I²C 总线停止信号
    RET
READFAIL :
    ACALL STOP_24C021
    RET
======================================================================
WR24C021:
    MOV R3,#1;#2

    ACALL STR_24C021 ; I²C 总线开始信号
    MOV A,#0A0H                  ; 被控器 AT24C02 I²C 总线地址（写模式）
    ACALL WBYTE_24C021           ; 发送被控器地址
    JC WRITEFAIL
    MOV A,R0          ; 取单元地址
    ACALL WBYTE_24C021           ; 发送单元地址
    JC WRITEFAIL
    MOV   A,@R0                  ; 取数据
    LCALL  WBYTE_24C021
    ACALL   STOP_24C021
    RET

======================================================================
  MOV A,R0
  MOV DPL,A;
  MOV DPH,#01H
WR24C021_NEXT :
    MOVX A,@DPTR      ; 取所发送数据的地址
    ACALL WBYTE_24C021           ; 发送数据
    JC WRITEFAIL
    INC DPTR                     ; 取下一个数据
    DJNZ R3,WR24C021_NEXT; 重复操作
    ACALL STOP_24C021            ; I²C 总线停止信号
    RET
WRITEFAIL :
    ACALL STOP_24C021
    RET
======================================================================
```

```
DELAY_10MS :                    ; 延时 10ms
     MOV R7,#60H
DELAY2:    MOV R6,#34H
     DJNZ R6,$
     LCALL RST_WDOG
     DJNZ R7,DELAY2
     RET
=======================================================================
WBYTE_24C021:                       ; 写操作
     MOV R7,#08H
WBY0:
     RLC A
     JC WBY_ONE
     CLR A24C_SDA
     SJMP WBY_ZERO
WBY_ONE :                       ; 发送数据位 "1"
     SETB A24C_SDA
     DB 0,0
WBY_ZERO :                      ; 发送数据位 "0"
     DB 0,0
     SETB A24C_SCL
     DB 0,0,0,0
     DB 0,0,0,0
     CLR A24C_SCL
     DJNZ R7,WBY0
     MOV R6,#5          ; 等待应答信号
WAITLOOP :
     SETB A24C_SDA
     DB 0,0,0,0
     SETB A24C_SCL
     DB 0,0,0,0,0,0
     JB A24C_SDA,NOACK
     CLR C                      ;HAVE ACK
     CLR A24C_SCL
     RET
NOACK :     DJNZ R6,WAITLOOP
     SETB C                     ;NO ACK
     CLR A24C_SCL
     RET
=======================================================================
RDBYTE_24C021:          ; 读操作
     SETB A24C_SDA
     MOV R7,#08H        ; 字节为 8 位
RD24C021_CY1:                       ; 读数据位
     DB 0,0
     CLR A24C_SCL               ; 准备读
     DB 0,0,0,0
     DB 0,0,0,0
```

```
        SETB A24C_SCL                ;读数据
        DB 0,0,0,0
        CLR C
        JNB A24C_SDA,RD24C021_ZERO   ;读数据位"0"
        SETB C                       ;读数据位"1"
========================================================================
RD24C021_ZERO:
        RLC A
        DB 0,0,0,0
        DJNZ R7,RD24C021_CY1    ;重复操作
        CLR A24C_SCL
        DB 0,0,0,0,0,0
        CLR A24C_SDA
        JNB F0,RD_ACK
        SETB A24C_SDA                ;无应答
RD_ACK:              ;发送应答信号
        DB 0,0,0,0
        SETB A24C_SCL
        DB 0,0,0,0,0,0
        CLR A24C_SCL
        DB 0,0,0,0
        CLR F0
        CLR A24C_SDA
        RET
========================================================================
;复位看门狗
RST_WDOG:       CLR     A24C_SDA
          DB 0,0,0,0
          SETB    A24C_SDA
          RET
========================================================================
SAVE_2402:  MOV     R0,#CUNCL
            MOV     R1,#10H
SAVE_NEXT:  LCALL   WR24C021
            LCALL   DELAY_10MS
            INC     R0
            DJNZ    R1,SAVE_NEXT
            RET
READ_2402:  MOV     R0,#CUNCL
            MOV     R1,#10H
READ_NEXT:  LCALL   RD24C021
            INC     R0
            LCALL   DELAY_10MS
            DJNZ    R1,READ_NEXT
            RET
========================================================================
        END
```

例6-10 单片机多路彩灯控制器设计

　　一般彩灯控制器只有全亮和全闪两种花样。用 AT89C2051 单片机制作 15 路彩灯控制器，可以实现单路右循环、单路左循环、中间开幕式 / 关幕式、双路右循环、双路左循环、从左向右渐亮循环、从右向左渐亮循环、渐亮关幕渐暗开幕、渐暗关幕渐亮开幕、全亮全暗等 13 个花样，更能增添欢乐和喜庆的气氛。电路原理图如图 6-38 所示。

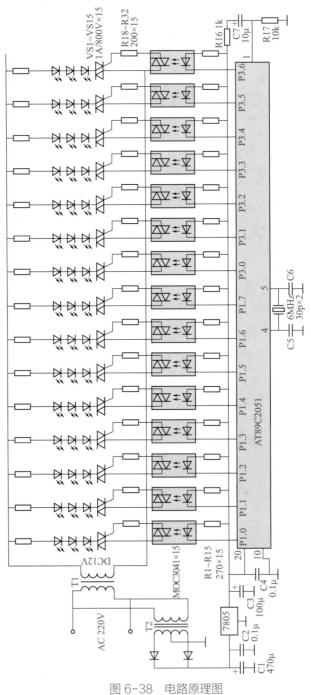

图 6-38　电路原理图

并联的 15 组发光管灯带由变压器降压后供电，单片机 AT89C2051 控制花样。其 P1 和 P3 的 15 个 I/O 口作为输出口，通过芯片内部固化的软件产生控制信号，分别控制与 15 个 I/O 口相连接的 15 个光电耦合器 MOC3041，进而控制双向晶闸管的导通、截止。晶闸管的功率大小决定了扫描器功率，实现控制 15 只灯泡的目的。

R1 ～ R15 作为上拉电阻和限流电阻，光电耦合器起到隔离防干扰的作用，T1 变压器作降压用。若觉得亮度不够，可以适当调高变压器的输出电压。

例6-11　MSC-51单片机控制交通信号灯电路设计

用 MSC-51 单片机控制交通信号灯电路所需电子器件：8051 单片机一片，8255 并行通用接口芯片一片，74LS07 两片，MAX692"看门狗"一片，共阴极的七段数码管两个，双向晶闸管若干，7805 三端稳压电源一个，红、黄、绿交通灯各两个，开关键盘、连线若干，驱动译码器7446A 两片。具体设计过程可以扫描二维码学习。

MSC-51单片机控制
交通信号灯电路设计

例6-12　数字温度计制作——C语言编程

数字温度计制作的电路由 AT89CS51 构成，无须再加外部 EPROM 存储器，且外围扩展器件较少的 AT89C51 单片机是整个电路的核心部分；振荡电路为 CPU 产生赖以工作的时序；AT89C51 CPU 直接输出，驱动数码管显示。具体设计过程可以扫描二维码详细学习。

数字温度计制作

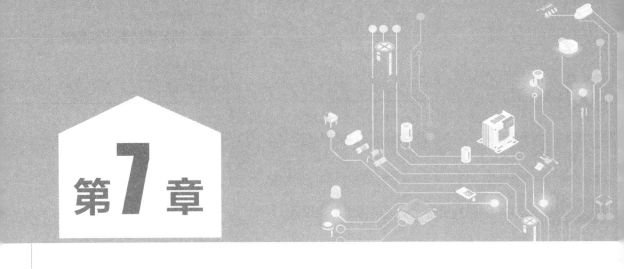

第7章

综合电路设计

例7-1 锁相环及其应用电路设计

通信机等所使用的振荡电路，要求频率范围要广，且频率的稳定度要高。无论多好的 LC 振荡电路，其频率的稳定度都无法与晶体振荡电路相比。但是，晶体振荡器除了可以使用数字电路分频以外，其频率几乎无法改变。如果采用 PLL（Phase Locked Loop，锁相环）技术，除了可以得到较广的振荡频率范围以外，其频率的稳定度也很高。PLL 技术常使用于收音机、电视机的调谐电路中，以及 CD 唱盘的电路中。

（1）PLL 电路的基本构成　图 7-1 所示为 PLL 电路的基本框图。其中，所使用的基准信号为稳定度很高的晶体振荡电路信号。此电路的中心为相位比较器（鉴相器，PD）。相位比较器可以将基准信号的相位与 VCO（Voltage Controlled Oscillator，电压控制振荡器）的相位进行比较。如果两个信号之间有相位差存在，便会产生相位误差信号输出。利用此误差信号，可以控制 VCO 的振荡频率，使 VCO 的相位与基准信号的相位（也即是频率）一致。

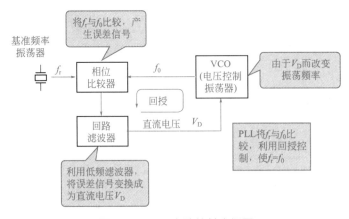

图 7-1　PLL 电路的基本框图

将 VCO 的振荡频率与基准频率比较，利用反馈电路的控制，使两者的频率一致。

PLL 可以使高频率振荡器的频率与基准频率的整数倍相一致。由于基准频率振荡器大多使用晶体振荡器，因此高频率振荡器的频率稳定度可以与晶体振荡器相媲美。

只要是基准频率的整数倍，便可以得到各种频率的输出。从图 7-1 所示的 PLL 电路基本构成中可知其是由 VCO、相位比较器、基准频率振荡器、回路滤波器构成的。在此，假设基准频率振荡器的频率为 f_r，VCO 的频率为 f_0。

在此电路中，假设 $f_r > f_0$（即 VCO 的振荡频率 f_0 比 f_r 低）时，相位比较器的输出会如图 7-2 所示，产生正脉波信号，使 VCO 的振荡器频率提高。相反地，如果 $f_r < f_0$，会产生负脉波信号。

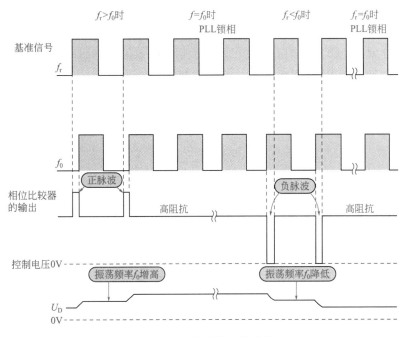

图 7-2　相位比较器的动作

利用脉波的边缘进行两个信号的比较，如果有相位差存在，便会产生正或负的脉波信号输出。PD 脉波信号经回路滤波器（Loop Filter，LF）的积分，便可以得到直流电压 V_D，从而控制 VCO 电路。

由于控制电压 V_D 的变化，VCO 振荡频率会提高，结果使得 $f_r = f_0$。在 f_r 与 f_0 的相位一致时，PD 端会成为高阻抗状态，使 PLL 锁相。

（2）PLL 在调频和解调电路中的应用　调频波的特点是频率随调制信号幅度的变化而变化。由于压控振荡器的振荡频率取决于输入电压的幅度，当载波信号的频率与 PLL 的固有振荡频率 ω_0 相等时，压控振荡器输出信号的频率将保持 ω_0 不变。若压控振荡器的输入信号除了有 PLL 低通滤波器输出的信号 v_c 外，还有调制信号 v_i，则压控振荡器输出信号的频率就是以 ω_0 为中心，随调制信号幅度的变化而变化的调频波信号。由此可得调频电路可利用 PLL 来组成。由 PLL 组成的调频电路框图如图 7-3（a）所示。

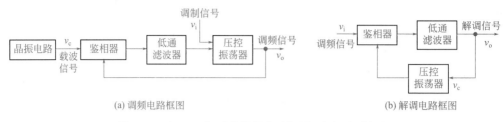

(a) 调频电路框图　　　　　　　　　　　　(b) 解调电路框图

图 7-3　由 PLL 组成的调频电路框图和解调电路框图

根据 PLL 的工作原理和调频波的特点可得解调电路框图，如图 7-3（b）所示。

（3）PLL 在频率合成电路中的应用　在现代电子技术中，为了得到高精度的振荡频率，通常采用石英晶体振荡器。但石英晶体振荡器的频率不容易改变，利用锁相环、倍频、分频等频率合成技术，可以获得多频率、高稳定度的振荡信号输出。

输出信号频率比晶振信号频率大的称为锁相倍频器电路，输出信号频率比晶振信号频率小的称为锁相分频器电路。锁相倍频器电路和锁相分频器电路的组成框图如图 7-4 所示。图中的 $N > 1$ 时，为分频电路；$N < 1$ 时，为倍频电路。

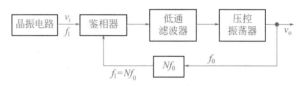

图 7-4　锁相倍频器电路和锁相分频器电路的组成框图

（4）锁相环电路　目前微处理器或 DSP 集成的片上锁相环，主要作用是通过软件实时地配置片上外设时钟，提高系统的灵活性和可靠性。此外，由于采用软件可编程锁相环，所设计的系统处理器外部允许较低的工作频率，而片内则经过锁相环微处理器提供频率较高的系统时钟。这种设计可以有效地降低系统对外部时钟的依赖和电磁干扰，提高系统启动和运行的可靠性，降低系统对硬件的设计要求。

TMS320F2812 处理器的片上晶振模块和锁相环模块为内核及外设提供时钟信号，并且控制器件为低功耗工作模式。片上晶振模块允许使用两种方式为器件提供时钟，即采用内部振荡器或外部时钟源。如果使用内部振荡器，必须在 X1/XCLKIN 和 X2 这两个引脚之间连接一个石英晶体，一般选用 30MHz。如果采用外部时钟源，可以将输入的时钟信号直接接到 X1/XCLKIN 引脚上，而 X2 悬空，不使用内部振荡器。晶体振荡器及锁相环模块结构如图 7-5 所示。

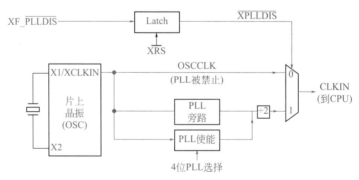

图 7-5　晶体振荡器及锁相模块结构

外部 $\overline{\text{XPLLDIS}}$ 引脚可以选择系统的时钟源。当 $\overline{\text{XPLLDIS}}$ 为低电平时，系统直接采用外部时钟或外部晶振作为系统时钟；当 $\overline{\text{XPLLDIS}}$ 为高电平时，外部时钟经过 PLL 倍频后为系统提供时钟。系统可以通过锁相环控制寄存器来选择锁相环的工作模式和倍频的系数。表 7-1 列出了锁相环配置模式。

表7-1 锁相环配置模式

PLL 模式	功能描述	系统时钟输出
PLL 被禁止	复位时如果 $\overline{\text{XPLLDIS}}$ 引脚是低电平，则 PLL 完全禁止，处理器直接使用 X1/XCLKIN 引脚输入的时钟信号	XCLKIN
PLL 旁路	上电时的默认配置，如果 PLL 没有禁止，则 PLL 将变成旁路，在 X1/XCLKIN 引脚输入的时钟经过 2 分频后提供给 CPU	XCLKIN/2
PLL 使能	使能 PLL，在 PLLCR 寄存器中写入一个非零值 n	（XCLKIN×n）/2

锁相环模块除了为 C28× 内核提供时钟外，还通过系统时钟输出提供快速和慢速两种外设时钟，如图 7-6 所示。而系统时钟主要通过外部引脚 $\overline{\text{XPLLDIS}}$ 及锁相环控制寄存器进行控制。因此，在系统采用外部时钟并使能 PLL（$\overline{\text{XPLLDIS}}$=1）的情况下，可以通过软件设置 C28× 内核的时钟输入。

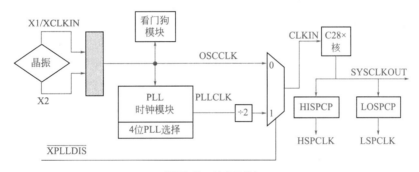

图 7-6 外部时钟

如果 $\overline{\text{XPLLDIS}}$ 为高电平，使能芯片内部锁相环电路，则可以通过控制寄存器 PLLCR 软件设置系统的工作频率。但要注意，在通过软件改变系统的工作频率时，必须等待系统时钟稳定后才可以继续完成其他操作。此外，还可以通过外设时钟控制寄存器使能外设时钟。在具体的应用中，为降低系统功耗，不使用的外设最好将其时钟禁止。外设时钟包括快速外设和慢速外设两种，分别通过 HISPCP 和 LOSPCP 寄存器进行设置。

（5）**锁相环电路设计** 压控振荡器输出的频率稳定度并不能满足工程要求，输出频率受芯片特性、控制电压、温度以及其他外界电磁干扰等因素的影响，因此必须加入锁相环来稳定发射频率。其原理是发射频率通过反馈回路与分频电路后产生一个低频的参考频率，晶振也经过分频后产生同一个参考频率，鉴相器对两个频率比较，将两者的差值 Δf 变化为电压 $V_{\text{m}}\cos（2\pi\Delta f+\phi）$，通过 ϕ_{R} 与 ϕ_{V} 输出差分信号，再通过低通滤波器得到其直流成分，反馈到压控振荡器中，使得发射频率始终向基准信号逼近，最终被锁定在基准频率上，达到与参考晶振同样的稳定度。锁相环电路 MC145152-2 是大规模集成锁相环，集鉴相器、可编程分频器、参考分频器于一体，分频器的分频系数可由并行输入的数据控制，其内部框图如图 7-7 所示。

① 参考分频器　参考晶振从 OSC_{in}、OSC_{out} 接入，芯片内部的参考分频器提供了 8 种不同的分频系数，对参考信号进行分频。R 值由 RA0、RA1、RA2 设定，如表 7-2 所示。本设计中，参考晶振为 10.24MHz，若取比较频率为 10kHz，则对其 1024 分频。查表 7-2 可知设置 RA2RA1RA0=101 即可。

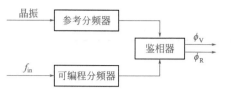

图 7-7　MC145152-2 的内部框图

表7-2　MC145152-2参考分频器分频系数选择表

RA2	0	0	0	0	1	1	1	1
RA1	0	0	1	1	0	0	1	1
RA0	0	1	0	1	0	1	0	1
R	8	64	128	256	512	1024	1160	2048

② 可编程分频器　MC145152-2 的 N9 ～ N0 和 A5 ～ A0 引脚分别是 N 分频器与 A 分频器的编程接口，两者同时计数，N 分频器的最大分频数为 $2^{10}-1=1023$，A 分频器的最大分频为 $2^6-1=63$。显然要得到 10kHz 的参考频率，对于 37.5MHz 的发射频率，MC145152-2 的电路无法通过直接分频实现，必须先用 ECL 电路的高速分频器进行预分频，然后由 MC145152-2 继续分频得到 10kHz 的参考频率，并进行鉴相。为使分频系数连续可调，可编程分频电路采用吞咽脉冲计数法，它由 ECL（非饱和型逻辑）电路的高速分频器 MC12022 及 MC145152-2 内部的 ÷A 减法计数器、÷N 减法计数器构成，如图 7-8 所示。其中 M 为锁相器 MC12022 的引脚，给 ÷A 减法计数器和 ÷N 减法计数器装初值后，M 输出低电平。当 ÷A 减法计数器计数完毕后输出高电平，并一直保持到 ÷N 减法计数器计数完毕后变为低电平，重复进行。

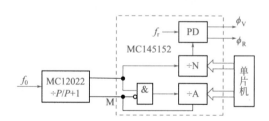

图 7-8　吞咽脉冲计数器原理图

表7-3　MC12022的分频系数表

SW	MC	DIVIDE RATIO
H	H	64
H	L	65
L	H	128
L	H	129

如表 7-3 所示，MC12022 有 64、65、128 和 129 四种分频系数，由引脚 SW 与 M 控制。在本设计中，只需用 64 和 65 分频就可满足设计要求，因而 SW 直接接高电平。当 M 为低电平时，MC12022 以 $P+1=65$ 为分频系数；当 M 为高电平时，则以 $P=64$ 为分频系数。

吞咽脉冲计数器开始计数时，M 的初值为 0，MC12022 以 $P+1$ 计数。$\div A$ 和 $\div N$ 两个计数器被置入预置数并同时计数。当计到 $A(P+1)$ 个输入脉冲（f_0）时，$\div A$ 计数器计完 A 个预置数，M 变为 1，MC12022 开始以 P 计数。此时 $\div A$ 计数器被控制信号关闭，停止计数；$\div N$ 计数器中还有 $N-A$ 个数，它继续计（$N-A$）P 个输入脉冲后，输出一个脉冲到鉴相器 PD。此时一个工作周期结束，A 和 N 值被重新写入两个减法计数器，M 又变为 0，接着重复以上过程。在整个过程中，输入的脉冲数共有 $Q=A(P+1)+(N-A)P=PN+A$，即该吞咽脉冲计数器的总分频系数为 $PN+A$。

可见，采用吞咽脉冲计数方式时，只要适当选取 N 值与 A 值，就能得到任意的分频系数。为实现锁相，必须有 $f_0/(PN+A)=f_r$，即 $f_0=f_r(PN+A)$，改变 N 和 A 的值，也能改变 f_0，这就是输出频率数字化控制的原理。

$$f_0=(PN+A)f_r=(64N+A)\times10\text{kHz}$$

本设计中，要使发射频率为 37.5MHz。先令 $A=0$，则有

$$N=(f_0/f_r-A)/P=[37.5\times10^6/(10\times10^3)]/64=58.6$$

取 $N=55=0000110111\text{B}$，进而有

$$A=(f_0/f_r)-PN=[37.5\times10^6/(10\times10^3)]-64\times55=20=010100\text{B}$$

由此可得给 MC145152-2 的 N9～N0 和 A5～A0 口预置相应的数值，即可实现对发射频率的控制。

③ 鉴相模拟　鉴相器对输入其中的两个信号进行相位比较，一个是由稳定度很高的标准晶振经过分频得到的，另一个是由压控振荡器输出频率经分频反馈回来的，这两个信号通过鉴相后输出一个相位误差信号，即

$$V=V_m[\sin\Delta\phi+\sin(2\omega t+\Delta\phi)+\cdots]$$

再经过一个低通滤波器，滤去其高频成分，取出其中的误差信号得到

$$V_o=A_d\sin\Delta\phi$$

当 $|\Delta\phi|<\dfrac{\pi}{12}$ 时，$V_o=A_d\Delta\phi$。

控制电压与相位差成线性关系，达到锁定状态时输出直流电压使压控振荡器的输出频率保持稳定的目的。

本设计采用的鉴相器集成在 MC145152-2 中，它是一种新型数字式鉴频/鉴相集成电路，具有鉴频和鉴相功能，不需要辅助捕捉电路就能实现宽带捕捉和保持。

例7-2　2FSK调制解调器设计

在通信系统中，基带数字信号在远距离传输，特别是在有限带宽的高频信道（如无线或光纤信道）上传输时，必须对数字信号进行载波调制，这在日常生活和工业控制中被广泛采用。数字信号对载波频率调制称为频移键控，即 FSK。FSK 用不同频率的载波来传送数字信号，用数字基带信号控制载波信号的频率，是信息传输中使用较早的一种调制方式。它的主要特点是：抗干扰能力较强，不受信道参数变化的影响，传输距离远，误码率低等，在中低速数据传输中（特别是在衰落信道中）有着广泛的应用。但传统的 FSK 调制解调器采用"集成电路＋连线"的硬件实现方式进行设计，集成块多、连线复杂且体积较大，特别是相关解调需要提取载波，设备相对比较复杂，成本高。本设计基于 FPGA 芯片，采用 VHDL 语言，

利用层次化、模块化设计方法，提出了一种 2FSK 调制解调器的实现方法。

调制信号是二进制数字基带信号时，这种调制称为二进制数字调制。在二进制数字调制中，载波的幅度、频率和相位只有两种变化状态，相应的调制方式有二进制振幅键控（2ASK）、二进制频移键控（2FSK）和二进制相移键控（2PSK）。2FSK 是用两种不同频率的载波来传送数字信号。它特别适合应用于衰落信道，其占用频带较宽，频带利用率低，实现较容易，抗噪声与抗衰减的性能较好，在中低速数据传输中得到了广泛的应用。

（1）调制解调的基本原理　FSK 就是利用载波信号的频率变化来传递数字信息。在 2FSK 中，载波的频率随二进制基带信号在 f_1 和 f_2 两个频率点之间变化，故其表达式为

$$e_{2FSK}(t)=\begin{cases} A\cos(\omega_1 t+\phi_n) & \text{发送 “1” 时}\\ A\cos(\omega_2 t+\theta_n) & \text{发送 “0” 时}\end{cases} \qquad (1)$$

也就是说，一个 2FSK 信号可以看成是两个不同载频的 2ASK 信号的叠加。因此，2FSK 信号的时域表达式又可以写成

$$e_{2FSK}(t)=\Big[\sum_n a_n g(t-nT_s)\Big]\cos(\omega_1 t+\phi_n)+\Big[\sum_n \bar{a}_n g(t-nT_s)\Big]\cos(\omega_2 t+\theta_n) \qquad (2)$$

在移频键控中，ϕ_n 和 θ_n 不携带信息，通常可以令 ϕ_n 和 θ_n 为零。因此，2FSK 信号的表达式可简化为

$$e_{2FSK}(t)=S_1(t)\cos(\omega_1 t)+S_2(t)\cos(\omega_2 t) \qquad (3)$$

其中

$$S_1(t)=\sum_n a_n g(t-nT_s) \qquad (4)$$

$$S_2(t)=\sum_n \bar{a}_n g(t-nT_s) \qquad (5)$$

2FSK 信号的产生方法主要有两种：一种可以采用模拟调频电路来实现；另一种可以采用键控法来实现，即在二进制基带矩形脉冲序列的控制下通过开关电路对两个不同的独立频率源进行选通，使其在每个码元 T_s 期间输出 f_1 或 f_2 两个载波之一。这两种产生 2FSK 信号方法的差异在于：由调频法产生的 2FSK 信号在相邻码元之间的相位是连续变化的；而键控法产生的 2FSK 信号，是由电子开关在两个独立的频率源之间转换形成的，故相邻码元之间的相位不一定连续。

针对 FSK 信号的特点，可以提出基于 FPGA 的 FSK 调制器的一种实现方法——分频法。这种方法是利用数字信号去控制可变分频器的分频比来改变输出载波频率，产生一种相位连续的 FSK 信号，而且电路结构简单，容易实现。在 2FSK 信号中，载波频率随着二元数字基带信号（调制信号）的 “1” 或 “0” 而变化，“1” 对应于频率为 f_1 的载波，“0” 对应于频率为 f_2 的载波。2FSK 的已调信号的时域表达式为

$$S_{2FSK}(t)=\Big[\sum_n a_n g(t-nT_s)\Big]\cos(\omega_1 t)+\Big[\sum_n \bar{a}_n g(t-nT_s)\Big]\cos(\omega_2 t) \qquad (6)$$

式中，$\omega_1=2nf_1$，$\omega_2=2nf_2$。$\bar{a}_n$ 是 a_n 的反码，$\bar{a}_n$ 和 a_n 可表示为

$$a_n=\begin{cases} 0 & \text{概率为}P\\ 1 & \text{概率为}1-P\end{cases}$$

$$\bar{a}_n=\begin{cases} 1 & \text{概率为}P\\ 0 & \text{概率为}1-P\end{cases}$$

在最简单、最常用的情况下，$g(t)$ 为单个矩形脉冲。

2FSK 信号的常用解调方法是采用非相干解调和相干解调。其解调原理是将 2FSK 信号

分解为上下两路 2ASK 信号分别进行解调，然后进行判决。这里的抽样判决是直接比较两路信号抽样值的大小，可以不专门设置门限。判决规则应与调制规则相呼应，调制时若规定"1"符号对应载波频率 f_1，则接收时上支路的抽样值较大，应判为"1"，反之则判为"0"。

（2）2FSK 调制器设计

① 利用分频法实现 2FSK 调制器　键控法常常利用数字基带信号去控制可变分频器的分频比来改变输出载波频率，从而实现 FSK 的调制。实现 2FSK 调制的原理框图如图 7-9 所示。

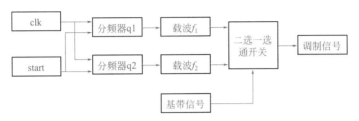

图 7-9　实现 2FSK 调制的原理框图

其中 2FSK 调制的核心部分包括分频器、二选一选通开关等。图中的两个分频器分别产生两路数字载波信号；二选一选通开关的作用是以基带信号作为控制信号，当基带信号为"0"时，选通载波 f_1，当基带信号为"1"时，选通载波 f_2。从选通开关输出的信号就是数字FSK 信号。这里的调制信号为数字信号。

② 仿真结果　整个设计使用 VHDL 语言编写，以 EPM7032LC44-15 为下载的目标芯片，在 Max+plus Ⅱ 软件平台上布局布线后进行波形仿真。其中 clk 为输入主时钟信号；start 为起始信号，当 start 为"1"时，开始解调；q1 为载波信号 f_1 的分频器，q2 为载波信号 f_2 的分频器；f_1、f_2 为载波信号；x 为基带信号；y 为经过 FSK 调制器后的调制信号。当输入的基带信号 x=0 时输出的调制信号 y 为 f_1，当输入的基带信号 x=1 时输出的调制信号 y 为 f_2。2FSK 调制器仿真结果如图 7-10 所示。

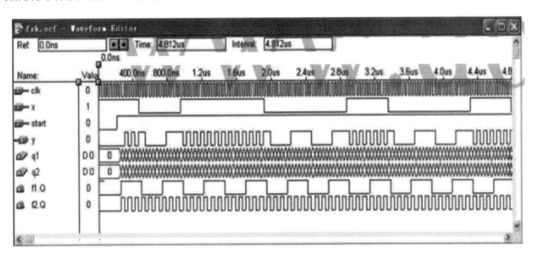

图 7-10　2FSK 调制器仿真结果

（3）2FSK 解调器设计

① 利用分频法实现 2FSK 解调器　过零检测法与其他方法比较，最明显的优点就是结构简单、易于实现，而且对增益起伏不敏感，特别适用于数字化实现。它是一种经济、实用的

最佳数字解调方法。FSK 过零检测法框图如图 7-11 所示。

图 7-11　FSK 过零检测法框图

　　它利用信号波形在单位时间内与零电平轴交叉的次数来测定信号频率。输入的已调信号经限幅放大后成为矩形脉冲波，再经微分电路得到双向尖脉冲，然后经整流电路得到单向尖脉冲，每个尖脉冲代表信号的一个过零点，尖脉冲重复的频率是信号频率的 2 倍。将尖脉冲去触发一单稳态电路，产生一定宽度的矩形脉冲序列，该序列的平均分量与脉冲重复频率（即输入频率信号）成正比。所以经过低通滤波器的输出平均分量的变化反映了输入信号的变化，这样就完成了频率-幅度的变换，把码元"1"与"0"在幅度上区分开来，恢复出数字基带信号。实现 2FSK 解调器的原理框图如图 7-12 所示。

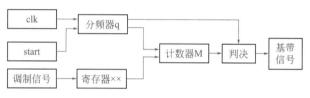

图 7-12　实现 2FSK 解调器的原理框图

　　② 仿真结果　在 Max+plus Ⅱ 软件平台上布局布线后进行波形仿真，其中 clk 为输入主时钟信号；start 为起始信号，当 start 为"1"时，开始解调；x 为输入信号，本设计中为在调制阶段的被调制信号，即调制信号中的输出信号；y 为输出信号，在正常情况下 y 就是在调制信号中的输入信号。在 q=11 时，计数器 M 清零；在 q=10 时，根据计数器 M 的大小，对输出基带信号 y 的电平进行判断；在 q 为其他值时，计数器 M 计下寄存 ××× 信号的脉冲数。输出信号 y 滞后输入信号 ×10 个 clk。2FSK 解调器仿真结果如图 7-13 所示。

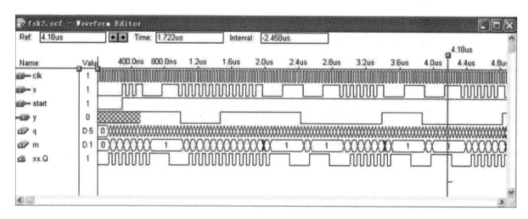

图 7-13　2FSK 解调器仿真结果

　　（4）2FSK 调制解调器整体设计　在整体设计过程中，整体电路如图 7-14 所示。其中 x 为基带信号，y 为经过调制解调后的解调信号。

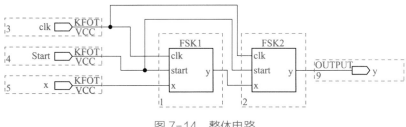

图 7-14 整体电路

2FSK 调制解调器整体仿真结果如图 7-15 所示。比较输入信号 x 与输出信号 y,两者完全一样,只是系统仿真结果有一定的延时。仿真结果表明系统设计正确。

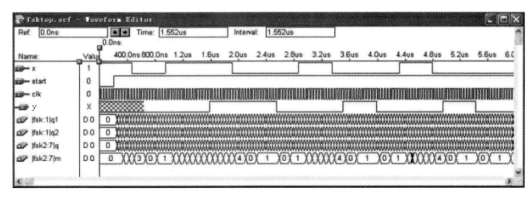

图 7-15 2FSK 调制解调器整体仿真结果

基于 2FSK 的基本原理,进行二进制调制解调器的设计。运用 VHDL 语言对器件进行功能描述,在 Max+plus Ⅱ 软件平台上对所描述器件进行时序仿真,最后下载至目标芯片 EPM7032LC44-15,分配合理引脚,进行仿真。设计过程中调制阶段的基带信号,经调制仿真得到解调所需的输入信号。解调阶段对由调制阶段得到的信号进行解调,所得解调信号即为原来调制基带信号,起到了调制解调的作用。整个设计过程采用 VHDL 语言实现,设计灵活、修改方便,具有良好的可移植性及产品升级的系统性。

例7-3 红外遥控台灯调光器设计

本设计工作原理为:基于 AT89C52 单片机和 PWM 调光的 LED 台灯,以 AT89C52 作为主控芯片,设置了按键控制。在按键控制时,分为六挡,输出不同的 PWM 占空比对 LED 的电流进行控制。PWM_T/100 中 100 是周期,每个按键都会给 PWM_T 一个定值,这样就改变了输出波形,从而实现了对 LED 亮度的手动调节。

(1)**各单元模块功能介绍及电路设计** 硬件总体框图如图 7-16 所示。

① 主控电路 主控电路采用 AT89C52 作为主 MCU。AT89C52 是一款低电压、高性能 COMS 8 位单片机,采用含 8KB 的可反复擦写的 Flash 只读程序存储器和 256B 的随机存取数据存储器(RAM),兼容标准 MCS-51 指令系统,片内内置通用 8 位中央处理器和 Flash 存储单元。AT89C52 单片机在电子行业中有着广泛的应用。利用 AT89C52 可构成台灯的最小系统而不需要其他电路,由其本身内部性能就可达到要求。AT89C52 的引脚排列如图 7-17 所示。

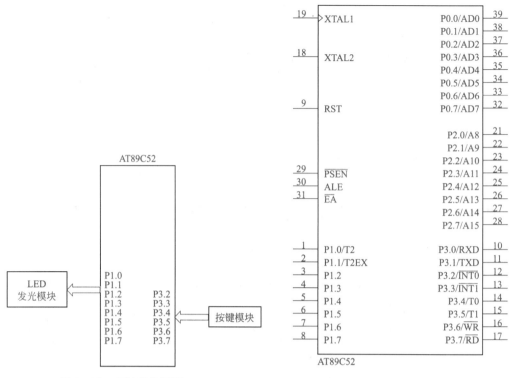

图 7-16   硬件总体框图

图 7-17   AT89C52 的引脚排列

② LED 发光模块   LED 台灯的亮度受电流控制，通过控制电流大小调节 LED 台灯的亮暗。由公式 $I_L = \dfrac{t_{ON}}{T} I$ 可知，利用调整 PWM 不同的占空比 $\dfrac{t_{ON}}{T}$ 就可以控制电流的大小。PWM 由 P1.0 ～ P1.7 输出（图 7-18），低电平有效。

③ 按键模块   手动控制时可以分为六挡，对应于 B2 ～ B7 六个按键（图 7-19），设置固定占空比分别为 100、80、60、40、20、0（%），占空比越大则 LED 台灯越亮。

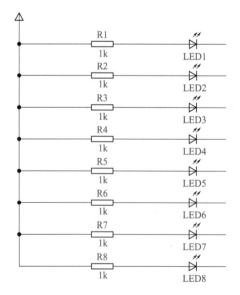

图 7-18   LED 发光模块

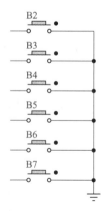

图 7-19   按键模块

（2）元器件的选择及电路参数的计算

① 主控电路选择 AT89C52 单片机，通过其内部性能和程序的组合来实现控制。

② 发光模块选择 LED 和 1kΩ 电阻，电阻可起到对 LED 的保护作用。

③ 手动控制模块选择开关按钮，对 LED 台灯的亮度进行调节。

④ 检测部分选择示波器，由于 LED 台灯亮度显示不明显，通过示波器来判断 LED 台灯亮度的改变。

电路参数的计算主要是占空比 $\dfrac{t_{ON}}{T}$。

（3）**系统电路图**　系统电路图如图 7-20 所示。

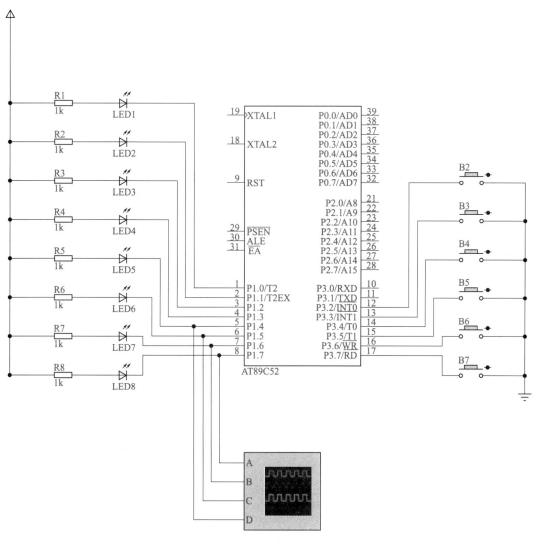

图 7-20　系统电路图

（4）台灯电子调光器系统仿真和调试

① 仿真软件介绍　Proteus 软件是由 ISIS 和 ARES 两个软件构成的。其中 ISIS 是一款智能电路原理图输入软件，可作为电子系统仿真平台（该软件编辑环境有良好的交互式人机界

面，设计功能强大、使用方便）; ARES 是一款高级布线编辑软件，用于制作印制电路板。

Keil μVision2 是 Keil Software 公司推出的 51 系列单片机开发工具，集编辑、编译、仿真于一体，支持汇编语言和 C 语言的程序设计。

本设计是将这两个软件结合使用的，它们通过 Vdmagdi.exe 联调工具实现联系，由 Keil μVision2 中的程序来对 AT89C52 进行控制的。

② 程序设计

a. 程序流程图如图 7-21 所示。

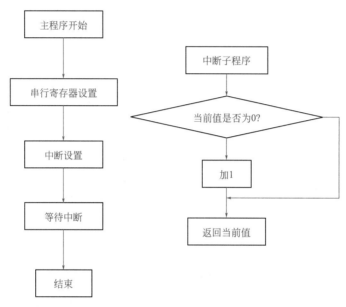

图 7-21 程序流程图

b. C 语言源程序。

```c
#include<reg51.h>
#define uInt unsigned int
#define uchar unsigned char
uchar PWM_T=0;    // 占空比控制变量
sbit B7=P3^7;     //6 个按键，决定输出 PWM_T 值
sbit B6=P3^6;
sbit B5=P3^5;
sbit B4=P3^4;
sbit B3=P3^3;
sbit B2=P3^2;
/*****************************************************************
                        主程序
*****************************************************************/
void main(void)
{
uInt n;
TMOD=0x02;        // 定时器 0，工作模式 2,8 位定时模式
TH0=210;          // 写入预置初值（取值 1 ～ 255，数越大则 PWM 频率越高）
```

```
TL0=210:             // 写入预置值（取值 1 ~ 255, 数越大则 PWM 频率越高）
TR0=1;               // 启动定时器
ET0=1;               // 允许定时器 0 中断
EA=1;                // 允许总中断
P1=0xff;             // 初始化 P1, 输出端口
P0=0xff;             // 初始化 P0
while(1)             //PWM 周期 100, 高电平 100-PWM_T, 低电平 PWM_T, 低电平工作
{
for(n=0;n < 200;n++);                // 延时（取值 0 ~ 65535, 数字越大则变化越慢）
if（!B7||!B6||!B5||!B4||!B3||!B2）    // 通过按键改变占空比
{
if(!B7)       PWM_T=0;                                // 这是设好的固定值
else if(!B6)  PWM_T=20;
else if(!B5)  PWM_T=40;
else if(!B4)  PWM_T=60;
else if(!B3)  PWM_T=80;
else if(!B2)  PWM_T=100;
  }
  }
}
/*******************************************************************
                    / 定时器 0 中断模拟 PWM
********************************************************************/
timer0() interrupt 1 using 2
{
static uchar t;          //PWM 计数
t++;                 // 每次定时器溢出加 1
if（t==100）         //PWM 周期 100 个单位
{
t=0;                 // 使 t=0, 开始新的 PWM 周期
P1=0x00;             // 使 LED 灯亮, 输出端口
P0=0x00;
}
if(PWM_T=t)          // 按照当前占空比切换输出为高电平
{ PI=0xff;           // 使 LED 灯灭
  po=0xff
  }
}
```

③ 调试与仿真　安装 VDM Server, 使 Keil 和 Proteus 能联合调试程序。在 Keil 中执行菜单命令 "Project → Options for Target 'Target1'", 在 "Debug" 选项卡选中 "Use → Proteus VSM Simulator", 然后单击, 进入 Keil 调试环境。

仿真运行后, 单击 "Debug → Digital Oscilloscope" 就能看到波形了, 如图 7-22 ~图 7-24 所示。图 7-22 为刚打开台灯时台灯的最小亮度以及低电平所占比例（即占空比为 0、B7 按下时）。

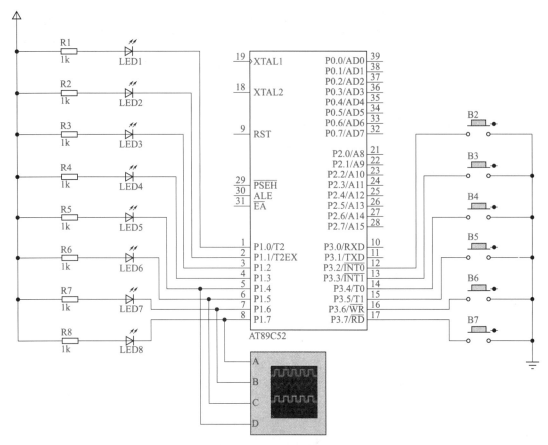

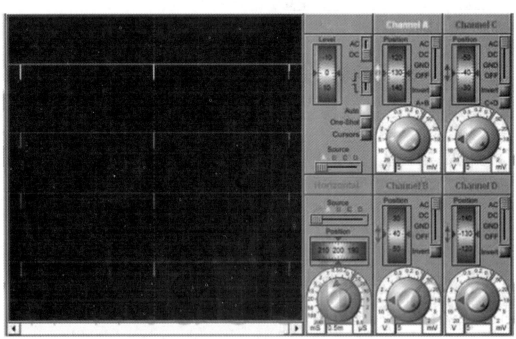

图 7-22　占空比为 0、B7 按下时波形

观察占空比为 40%（这里 PWM_T=40，40/100=40%）、B5 按下时的波形，如图 7-24 所示。

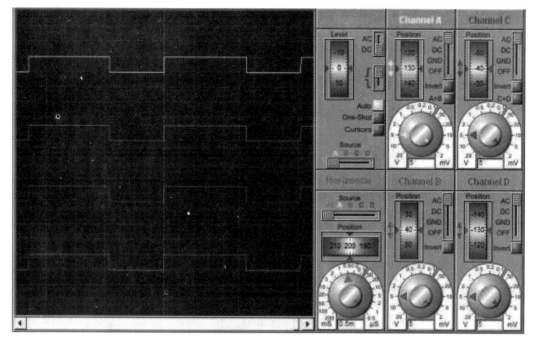

图 7-23　占空比为 40%、B5 按下时的波形

观察占空比为 80%（这里 PWM_T=80，80/100=80%）、B3 按下时的波形，如图 7-25 所示。

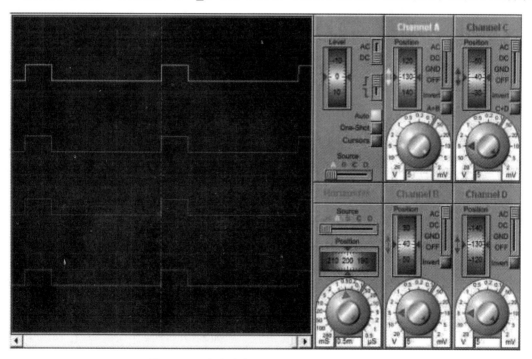

图 7-24　占空比为 80%、B3 按下时的波形

通过上述各图对比可知，占空比越大，LED 台灯就越亮。

④ 数据分析　由所设计系统的功能及参数可以看出其与设计要求是相符的，通过调整 PWM 不同的占空比可以控制电流的大小，从而达到对 LED 台灯亮度的调节。

例7-4 电动机变频调速电路设计

（1）交流电动机的调速及变频调速器结构　交流电动机调速可分为电压调速、变极对数调速及变频调速。各种电路调速原理限于篇幅，读者可参见相关电工书籍。

（2）变频器的控制类型及选定

① 变频器的控制类型　变频器最早的形式是用旋转发电机组作为可变频率电源，供给交流电动机。随着电力半导体器件的发展，静止式变频电源成为变频器的主要形式。静止式变频器从变换环节分为两大类：交 - 直 - 交型变频器和交 - 交型变频器。

a. 交 - 交型变频器：它的功能是把一种频率的交流电直接变换成另一种频率、电压可调的交流电（转换前后的相数相同），又称直接式变频器。由于中间不经过直流环节，不需换流，故效率很高，因而多用于低速大功率系统中，如回转窑、轧钢机等。但这种控制方式决定了最高输出频率只能达到电源频率的 $1/3 \sim 1/2$，所以不能高速运行。

b. 交 - 直 - 交型变频器：交 - 直 - 交型变频器是先把工频交流电通过整流器变成直流电，然后再将直流电变换成频率、电压可调的交流电，又称间接变频器。交 - 直 - 交型变频器是目前广泛应用的通用变频器。它根据直流部分电流、电压的不同形式，又可分为电压型和电流型两种。

● 电流型变频器。电流型变频器的特点是中间直流环节采用大电感器作为储能环节来缓冲无功功率（即扼制电流的变化），使电压波形接近正弦波。由于该直流环节内阻较大，相当于电流源，故称电流型变频器。

● 电压型变频器。电压型变频器的特点是中间直流环节采用大电容器作为储能环节来缓冲无功功率，直流环节电压比较平稳。由于该直流环节内阻较小，相当于电压源，故称电压型变频器。

由于电压型变频器是作为电压源向交流电动机提供交流电功率，所以其主要优点是运行几乎不受负载的功率因数或换流的影响，主要适用于中小容量的交流传动系统。

与电压型变频器相比，电流型变频器施加于负载上的电流稳定不变，其特性类似于电流源，主要应用在大容量的电动机传动系统以及大容量风机、泵类节能调速中。

② 变频器的选定　由于交 - 直 - 交型变频器是目前广泛应用的通用变频器，所以本次设计中选用该变频器。在交 - 直 - 交型变频器的设计中，虽然电流型变频器可以弥补电压型变频器在再生制动时必须加入附加电阻的缺点，并有着无须附加任何设备即可以实现负载的四象限运行的优点，但是考虑到电压型变频器的通用性及其优点，在本次设计中采用电压型变频器。

（3）系统原理框图及各部分简介　本次设计的交 - 直 - 交变频器由以下几部分组成，如图 7-25 所示。

● 供电电源：电源部分因变频器输出功率的大小不同而异，小功率变频器多用单相 220V 电源，中大功率变频器采用三相 380V 电源。因为本设计中采用中等容量的电动机，所以采用三相 380V 电源。

● 整流电路：整流部分将交流电变为脉动的直流电，必须加以滤波。在本设计中采用两相不可控整流，可以使功率因数接近 1。

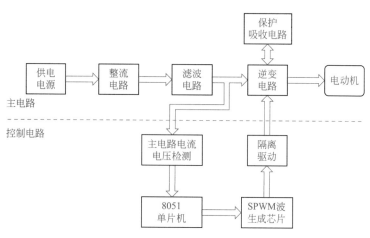

图 7-25　系统原理框图

● 滤波电路：因为在本设计中采用电压型变频器，所以采用电容滤波。中间的电容除了起滤波作用外，还在整流电路与逆变电路之间起到去耦作用，以消除干扰。

● 逆变电路：逆变部分将直流电逆变成所需要的交流电。在设计中采用三相桥逆变，开关器件选用全控型开关管 IGBT。

● 主电路电流电压检测：一般在中间直流端采集信号，作为过电压、欠电压、过电流保护信号。

● 控制电路：采用 8051 单片机和 SPWM 波生成芯片 SA4828。控制电路的主要功能是接收各种设定信息和指令，根据这些指令和信息形成驱动逆变器工作的信号。这些信号经过光电隔离后驱动开关管的关断。

（4）主电路设计

① 主电路的工作原理　变频调速实际上是向交流异步电动机提供一个频率可控的电源。能实现这个功能的装置称为变频器。变频器由两部分组成：主电路和控制电路。其中主电路通常采用交 - 直 - 交方式，即先将交流电转变为直流电（经整流、滤波），再将直流电转变为频率可调的交流电（经逆变）。

在本设计中采用图 7-26 所示的主电路，这是变频器常用的形式。

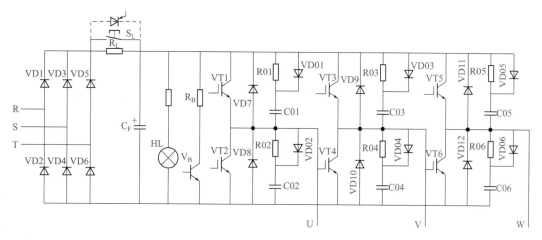

图 7-26　电压型交 - 直 - 交变频调速主电路

② 主电路各部分的设计

a. 交 - 直电路设计。选用整流管 VD1 ～ VD6 组成三相整流桥，对三相交流电进行全波整流。整流后的电压为 $V_D=1.35V_L=1.35 \times 380V=513V$。

滤波电容 C_F 滤除整流后的电压纹波，并在负载变化时保持电压平稳。

当变频器通电时，滤波电容 C_F 的充电电流很大，过大的冲击电流可能会损坏三相整流桥中的二极管。为了保护二极管，在电路中串入限流电阻 R_L，从而使电容 C_F 的充电电流限制在允许的范围内。当 C_F 充电到一定程度时，使 S_L 闭合，将限流电阻短路。在许多新型变频器中，S_L 已由晶闸管替代。

电源指示灯 HL 除了指示电源通电外，还作为滤波电容放电通路和指示。由于滤波电容 C_F 的容量较大，放电时间比较长（数分钟），几百伏的电压会威胁人员安全，因此维修要等指示灯熄灭后进行。

R_B 为制动电阻。在变频器的交流调速中，电动机的减速是通过降低变频器的输出频率来实现的。在电动机减速过程中，当变频器的输出频率下降过快时，电动机将处于发电制动状态，拖动系统的动能要回馈到直流电路中，使直流电路电压（称为泵升电压）不断上升，导致变频器本身过电压保护动作，切断变频器的输出。为了避免出现这一现象，必须将再生到直流电路的能量消耗掉，R_B 和 V_B 的作用就是消耗掉这部分能量。如图 7-26 所示，当直流中间电路上电压上升到一定值时，制动三极管 V_B 导通，将回馈到直流电路的能量消耗在制动电阻上。

b. 直 - 交电路设计。选用逆变开关管 VT1 ～ VT6 组成三相逆变桥，将直流电逆变成频率可调的交流电。逆变开关管在这里选用 IGBT。

续流二极管 VD7 ～ VD12 的作用是：当逆变开关管由导通变为截止时，虽然电压突然变为零，但是由于电动机线圈的电感作用，储存在线圈中的电能开始释放，续流二极管提供通道，维持电流在线圈中流动。另外，当电动机制动时，续流二极管为再生电流提供通道，使其回流到直流电源。

电阻 R01 ～ R06、电容 C01 ～ C06、二极管 VD01 ～ VD06 组成缓冲电路，来保护逆变开关管。由于逆变开关管在导通和关断时，要受集电极电流 I_C 和集电极与发射极之间的电压 V_{CE} 的冲击，因此要通过缓冲电路进行缓解。当逆变开关管关断时，V_{CE} 迅速上升，I_C 迅速降低，过高增长的电压对逆变开关管造成危害，所以通过在逆变开关管两端并联电容（C01 ～ C06）来减小电压增长率。当逆变开关管导通时，V_{CE} 迅速下降，I_C 迅速升高，并联在逆变开关管两端的电容由于电压降低，将通过逆变开关管放电，这将加大电流 I_C 的增长率，造成逆变开关管的损坏。所以增加电阻 R01 ～ R06，限制电容的放电电流。可是当逆变开关管关断时，该电阻又会阻止电容的充电。为了解决这个矛盾，在电阻两端并联二极管（VD01 ～ VD06），使电容充电时避开电阻，通过二极管充电，放电时通过电阻放电，实现缓冲功能。这种缓冲电路的缺点是增加了损耗，所以适用于中小功率变频器。因本次设计所选用的电动机为中容量型，在此选用缓冲电路。

③ 变频器主电路设计的基本工作原理

a. 整流电路的基本工作原理。整流电路是把交流电变换为直流电的电路。本设计中采用了三相桥式不可控整流电路，主要优点是电路简单，功率因数接近于 1。由于整流电路原理比较简单，这里不再作详细的介绍。

b. 逆变电路的基本工作原理。将直流电变换为交流电的过程称为逆变。完成逆变功能的装置称为逆变器，它是变频器的主要组成部分。电压型逆变器的工作原理如下。

ⓐ 单相逆变电路。在图 7-27（a）中，当 S1、S4 同时闭合时，v_{ab} 电压为正；S2、S3 同时闭合时，v_{ab} 电压为负。由于开关 S1 ~ S4 的轮番通断，从而将直流电压 V_D 逆变成交流电压 v_{ab}。在交流电变化的一个周期中，一个臂中的两个开关如 S1、S2 交替导通，每个开关导通 π 电角度。因此交流电的周期（频率）可以通过改变开关通断的速度来调节，交流电压的幅值为直流电压幅值 V_D。

ⓑ 三相逆变电路。在图 7-28（a）中，S1 ~ S6 组成了桥式逆变电路。通过 6 个开关交替地接通、关断，在输出端得到一个相位互相差 $2\pi/3$ 的三相交流电压。

当 S1、S4 闭合时，$v_{U\text{-}V}$ 为正；S3、S2 闭合时，$v_{U\text{-}V}$ 为负。

采用同样的方法，当 S3、S6 同时闭合和 S5、S4 同时闭合时，得到 $v_{V\text{-}W}$，当 S5、S2 同时闭合和 S1、S6 同时闭合时，得到 $v_{W\text{-}U}$。

为了使三相交流电 $v_{U\text{-}V}$、$v_{V\text{-}W}$、$v_{W\text{-}U}$ 在相位上依次相差 $2\pi/3$，各开关的接通、关断需符合一定的规律，其规律在图 7-28(b) 中已标明。根据该规律可得出 $v_{U\text{-}V}$、$v_{V\text{-}W}$、$v_{W\text{-}U}$ 的波形图，如图 7-28（c）所示。

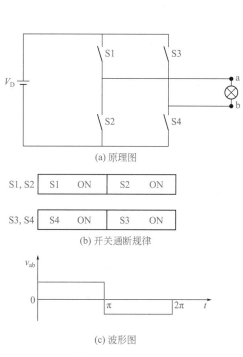

图 7-27 单相逆变器的原理图、开关
通断规律、波形图

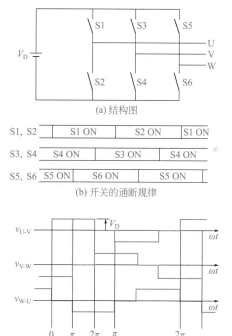

图 7-28 三相逆变器的原理图、开关
通断规律、波形图

观察 6 个开关的位置及波形图可以发现以下两点。

● 桥臂上的开关始终处于交替接通、关断的状态，如 S1、S2。

● 各相的开关顺序以各相的"首端"为准，互差 $2\pi/3$ 电角度。如 S3 比 S1 滞后 $2\pi/3$，S5 比 S3 滞后 $2\pi/3$。

上述分析说明，通过 6 个开关的交替工作可以得到一个三相交流电，只要调节开关的通断速度就可调节交流电频率。当然，交流电的幅值可通过 V_D 的大小来调节。

④ 主电路参数计算　主电路各部分的计算如下。

a. 整流二极管的参数计算。

$$I_m(峰值电流)=\sqrt{2}\,I_N=\sqrt{2}\times15.6A=22.06A$$

$$I_d(有效值)=I_m/\sqrt{2}=15.6\,A$$

$$二极管额定电流值\,I_N=(1.5\sim2)\,I_d/1.57=14.90\sim19.87A$$

$$额定电压值\,V_N=(2\sim3)\,V_m=(2\sim3)\times\sqrt{2}\times380V=1074.64\sim1611.96V$$

b. 滤波电容计算。系统采用三相不控整流，经滤波后 $V_D=1.1\times\sqrt{2}\times380V=591.05V$。

c. 制动部分计算。

制动电阻粗略计算为 $R_B=V_D/I_N\sim2V_DI_N$

V_b 击穿电压：当线电压为 380V 时，根据经验值选择 1000V。

V_B 集电极最大电流 I_{CM}：按照正常电压流经 R_B 电流的两倍来计算：$I_{CM}\geqslant2V_D/R_B=2\times591.05/18.94=62.41A$。

d. IGBT 的选用。

峰值电压 $=(2\sim2.5)\times1.1\times\sqrt{2}\times380V=1182.1\sim1477.63V$

集电极电流 $I_C=(1.2\sim2)\,I_m$

集电极-发射极额定电压 $\geqslant1.2$ 倍最高峰值电压 $=1.2\times1477.63V=1773.16V$

⑤ IGBT 及驱动要求　绝缘栅双极型晶体管（IGBT）是 20 世纪 80 年代初通过功率半导体器件技术与 MOS 工艺技术相结合研制出的一种复合型器件。一个理想的 IGBT 驱动电路应具有以下基本性能。

a. 通常 IGBT 的栅极电压最大额定值为 ±20V，若超过此值，栅极就会被击穿，导致器件损坏。为防止栅极过电压，可采用稳压管作为保护。

b. IGBT 存在 2.5～6V（$T=25℃$）的栅极开启电压，驱动信号低于栅极开启电压时，器件是不导通的。要使器件导通，驱动信号必须大于栅极开启电压。当要求 IGBT 工作于开关状态时，驱动信号必须保证使器件工作于饱和状态，否则会造成器件损坏。正向栅极驱动电压幅值的选取应同时考虑在额定运行条件下和一定过载情况下器件不退出饱和的前提，正向栅极电压越高，则通态压降越小，通态损耗也就越小。对无短路保护的驱动电路而言，驱动电压略高有好处，可使器件在各种过电流场合仍工作于饱和状态（此时，正向栅极电压取 15V）。在有短路保护的场合，不希望器件工作于过饱和状态，因为驱动电压略小，可减小短路电流，对短路保护有好处（此时，栅极电压可取为 13V）。

另外，为减小导通损耗，要求栅极驱动信号的前沿要陡。IGBT 的栅极等效为一电容负载，所以驱动信号源的内阻要小。

c. 当栅极信号低于栅极开启电压时，IGBT 关断。为了缩短器件的关断时间，关断过程中应尽快放掉栅极输入电容上的电荷。器件关断时，驱动电路应提供低阻抗的放电通路。一般栅极反向电压取为 -5～0V。当 IGBT 关断后在栅极加上一定幅值的反向电压可提高抗干扰能力。

d. IGBT 栅极与发射极之间是绝缘的，不需要稳态输入电流。但由于存在栅极输入电容，所以驱动电路需要提供动态驱动电流。IGBT 的电流、电压额定值越大，其输入电容就越大。当 IGBT 高频运行时，栅极驱动电流和驱动功率较大，因此驱动电路必须能提供足够的驱动电流和功率。

e. IGBT 是高速开关器件，在大电流的运行场合，关断时间不宜过短，否则会产生过高的集电极尖峰电压。栅极电阻 R_G 对 IGBT 的开关时间有直接的影响。栅极电阻过小，关断时间过短，关断时产生的集电极尖峰电压过高，会对器件造成损坏，所以栅极电阻的下限受到器件的关断安全区的限制。栅极电阻过大，器件的开关速度降低，开关损耗增大，也会降低其工作效率和对其安全运行造成威胁，所以栅极电阻的上限受到开关损耗的限制。对600V 的 IGBT 器件，栅极电阻可根据下式确定

$$R_G = (1 \sim 10) \times 600V / I_G$$

式中，I_G 为 IGBT 的额定电流值；栅极电阻的下限取系数为 1，上限取系数为 10；600V是 IGBT 的耐压值。对于 1200V 的 IGBT 器件，栅极电阻值可取相同电流额定值的 600V 器件阻值的一半。

f. 驱动电路和控制电路之间应隔离。在许多设备中，IGBT 与工频电网有直接电联系，而控制电路一般不希望如此。驱动电路具有电隔离能力，可以保证设备的正常工作，同时也有利于维修调试人员的人身安全。驱动电路和 IGBT 栅极之间的引线应尽可能短，并用双绞线使栅极电路的闭合电路面积最小，以防止感应噪声的影响。采用光电耦合器隔离时，应选用高的共模噪声抑制器件，能耐高电压变化率。

g. 输入 / 输出信号传输尽量无延时。这一方面能减少系统响应滞后，另一方面能提高保护的快速性。

h. 电路简单，成本低。

i. 当 IGBT 处于负载短路或过电流状态时，能在 IGBT 允许时间内通过逐渐降低栅极电压自动抑制故障电流，实现 IGBT 软关断。其目的是避免快速关断故障电流造成过高的 di/dt。在杂散电感的作用下，过高的 di/dt 会产生过高的电压尖峰，使 IGBT 承受不住而损坏。同样的，驱动电路的软关断过程不应随输入信号的消失而受到影响，即应具有定时逻辑栅压控制的功能。当出现过电流时，无论此时有无输入信号，都应无条件地实现软关断。在各种设备中，二极管的反向恢复、电磁性负载的分布电容及关断吸收电路等都会在 IGBT 导通时造成尖峰电流，驱动电路应具备抑制这一瞬时过电流的能力，在尖峰电流过后，应能恢复正常栅压，保证电路的正常工作。

j. 在出现短路、过电流的情况时，能迅速发出过电流保护信号，供控制电路处理。

⑥ EXB840 的内部结构　基于以上的驱动要求，在设计中采用 EXB840。它是一种高速驱动集成电路，最高使用频率为 40kHz，驱动 150A/600V 或者 75A/1200V 的 IGBT，驱动电路信号延迟小于 1.5μs，采用单电源 20V 供电。

它主要由输入隔离电路、驱动放大电路、过电流保护电路以及电源电路组成。其中输入隔离电路由高速光电耦合器组成，可隔离 AC2500V 的信号。过电流保护电路根据 IGBT 栅极驱动电平和集电极电压之间的关系，检测是否有过电流现象存在。如果有过电流，保护电路将迅速关断 IGBT。防止过快地关断时引起因电路中电感产生的感应电动势升高，使 IGBT集电极电压过高而损坏。电源电路将 20V 外部供电电源变成 +15V 的开栅电压和 −5V 的关栅电压。

EXB840 引脚定义如下（图 7-29）：引脚 1 用于连接反向偏置电源的滤波电容；引脚 2和 9 分别连接电源和地；引脚 3 为驱动输出；引脚 4 用于连接外部电容，防止过电流保护误动作（一般场合不需要这个电容）；引脚 5 为过电流保护信号输出；引脚 6 为集电极电压监视端；引脚 14 和 15 为驱动信号输入端；其余引脚不用。

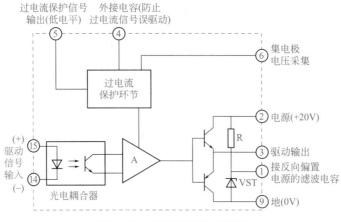

图 7-29　EXB840 的引脚图

⑦ 采用 EXB840 的 IGBT 驱动电路　采用 EXB840 组成的 IGBT 驱动电路如图 7-30 所示。其中 ERA34-10 是快速恢复二极管。IGBT 的栅极驱动连线应采用双绞线，长度小于 1m，以防止干扰。如果 IGBT 的集电极产生大的电压脉冲，可增加 IGBT 的栅极电阻 R_G。

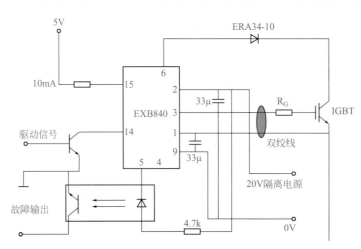

图 7-30　采用 EXB840 组成的 IGBT 驱动电路

（5）控制电路设计　控制电路是为变频器的主电路提供通断信号的电路，其主要任务是完成对逆变器开关元件的开关控制。控制方式有模拟控制和数字控制两种，本设计中采用的是以微处理器为核心的全数字控制，优点是它采用简单的硬件电路，主要依靠软件来完成各种控制功能，以充分发挥微处理器计算能力强和软件控制灵活性高的特点来完成许多模拟量难以实现的功能。设计控制电路如下。

① 驱动电路设计　驱动电路的作用是为逆变器中的换流器件提供驱动信号。主电路逆变电路设计中采用的电力电子器件是 IGBT，故称为门极驱动电路。以下将介绍 SPWM 技术工作原理和 SA4828（能产生 SPWM 波）的特点及引脚功能。

a. SPWM 技术简介。脉宽调制（PWM）技术是利用全控型电力电子器件的导通和关断把直流电压变成一定形状的电压脉冲序列，实现变压变频控制并消除谐波的技术。PWM 技术在逆变器中的应用，对现代电力电子技术、现代调速系统的发展起到了极大的促进作用。

根据电机学原理，交流异步电动机变频调速时，如果按照频率与定子端电压之比为定值的方式进行控制，则机械特性的硬度变化较小，所以在变频的同时，也要相应改变定子的端电压。若采用等脉宽 PWM 技术实现变频与变压，由于输出矩形波中含有较严重的高次谐波，会危害电动机的正常运行。为减小输出信号中的谐波分量，一个有效的途径是将等脉宽的矩形波变成信号宽度按正弦规律变化的正弦波脉宽调制波，即 SPWM 波。

脉宽调制指的是通过对一系列脉冲的宽度进行调制，来等效地获得所需的波形（含形状和幅值）。在进行脉宽调制时，使脉冲系列的占空比按照正弦规律变化。当正弦值为最大值时，脉冲的宽度也最大，而脉冲间的间隔最小，当正弦值较小时，脉冲的宽度也小，而脉冲间的间隔则较大，那么这样的电压脉冲序列就可以使负载电流中的高次谐波成分大为减少，这种调制方式称为正弦波脉宽调制。

产生 SPWM 信号的方法是用一组等腰三角波（称为载波）与一个正弦波（称为调制波）进行比较（图 7-31），两波形的交点作为逆变开关管的导通时间与关断时间。当调制波的幅值大于载波的幅值时，开关器件导通；当调制波的幅值小于载波的幅值时，开关器件关断。

虽然 SPWM 波与等脉宽 PWM 信号相比，谐波成分大大减少，但它毕竟不是正弦波。提高载波（三角波）的频率，是减少 SPWM 波中谐波分量的有效方法。而载波频率的提高，受到逆变开关管最高工作频率的限制。第三代 IGBT 的工作频率可达 30kHz，用 IGBT 作为逆变开关管，载波频率可以大幅度提高，从而使 SPWM 波更接近正弦波。可由模拟电路分别产生等腰三角波与正弦波，并送入电压比较器，输出即为 SPWM 波。

采用模拟电路的优点是完成三角波与正弦波的比较并确定输出脉冲宽度的时间很短，几乎瞬间完成。其缺点是电路所用硬件较多，改变参数和调试比较困难。若用单片机直接产生 SPWM 信号，由于需要通过计算确定 SPWM 波的宽度，使 SPWM 信号的频率及系统的动态响应都较慢。对于调速精度、调速方式要求较高的交流异步电动机，可以采用各项性能指标都非常完善但价格比较昂贵的通用变频器；对于一般交流电动机的变频调速，可以直接采用三相 SPWM 信号专用芯片构成调速系统。在本设计中选用 SA4828。SA4828 是 Mitel 公司推出的一种专用于三相 SPWM 信号发生和控制的集成芯片，可以和单片机连接，完成对交流电动机的变频调速。

b. SA4828 的特点和引脚功能。

● SA4828 的特点。全数字控制，兼容 Intel 等多系列单片机，输入调制波频率范围为 0 ～ 4kHz，16 位调速分辨率，载波频率最高可达 24kHz，内部 ROM 固化 3 种可选波形，最小脉冲宽度和延迟时间可调，可单独调整各相输出以适应不平衡负载，具备看门狗定时器功能等。

● SA4828 的引脚功能。SA4828 采用 28 脚封装。图 7-32 给出了 SA4828 的引脚排列。

② 保护电路设计　保护电路的主要功能是对检测电路得到的各种信号进行运算处理，以判断变频器本身或系统是否出现异常。当检测到异常时，进行各种必要的处理。

a. 过电压、欠电压保护电路设计。过电压、欠电压保护是针对电源异常、主电路电压超过或低于一定数值时考虑的。通用变频器输入电源电压允许波动范围一般是额定输入电压的 ±10%。通常情况下，主电路直流环节的电压与输入电源电压保持固定关系。当输入电源电压过高时，将使直流侧电压过高。过高的直流侧电压对 IGBT 的安全构成威胁，很可能超过 IGBT 的最大耐压值而将其击穿，造成永久性损坏。当输入电源电压过低时，虽不会对主电路元器件构成直接威胁，但太低的输入电源电压很可能使控制电路工作不正常，从而使系统紊乱，导致 SA4828 输出错误的触发脉冲，造成主电路直通短路而烧坏 IGBT，而且较低的输入电源电压也使系统的抗干扰能力下降，因此有必要对系统的电压进行保护。

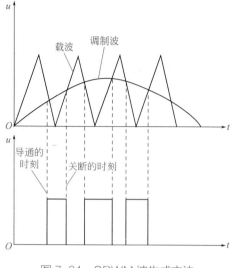

图 7-31　SPWM 波生成方法　　　　图 7-32　SA4828 的引脚排列

图 7-33 所示为变频器过电压保护电路，直接对直流侧电压进行检测。其中电压信号的取样是通过电阻 R1 和 R2 分压得到的；电容 C1 起滤波抗干扰作用，防止电路误动作。过电压设定值从电位器 W1 上取出。运算放大器 U1A 接成比较器的形式。当取样电压高于设定值（异常情况下）时，比较器输出高电平，光电耦合器导通，输出低电平保护信号。其中电阻 R5 是正反馈电阻，它的接入使正反馈有一定回差，防止取样信号在给定点附近波动时比较器抖动。这里将过电压保护的动作值整定为额定输入电压的 110%。

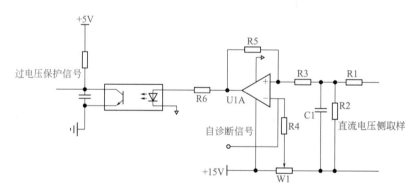

图 7-33　过电压保护电路

欠电压产生的原因有两个：一个是输入的交流电压长时间低于标准规定的数值，另一个是瞬时停电或瞬时电压降低。欠电压导致逆变器开关器件驱动功率不足而烧坏开关器件。一般欠电压信号从直流端取样，这样既能在欠电压、过电压时检测出信号进行保护，又不会因为短时间在欠电压、过电压并未构成危险时而保护误动作。

欠电压保护电路的原理与过电压保护电路类似（图 7-34）。其电压取样与过电压取样相同，欠电压设定值由 W2 上取出。运算放大器 U1B 接成比较器的形式。当取样电压高于设定值（正常情况下）时，比较器输出高电平，光电耦合器不导通，输出高电平。当取样电压低于设定值（欠电压情况下）时，比较器输出低电平，光电耦合器导通，输出低电平保护信号。这里将欠电压保护的动作值整定为额定输入电压的 85%。

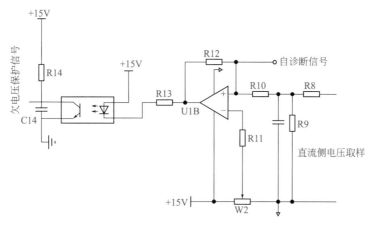

图 7-34 欠电压保护电路

b. 故障自诊断电路设计。本系统的故障自诊断是指在系统运行前，变频器本身可以对过载、过电压、欠电压保护电路进行诊断，检测其保护电路是否正常。因此故障自诊断功能就是由单片机控制发出各种等效故障信号，检测对应的保护电路是否动作，若动作则说明保护电路正常，反之说明保护电路本身有故障，应停机对保护电路进行检查，直到显示器显示正常为止。

故障自诊断电路工作过程：单片机控制 HSO.2 口输出一高电平，经非门整形后输出低电平，光电耦合器导通，有电流流过三极管的基极，三极管导通输出低电平，输出的低电平自诊断信号分别送至过电压、欠电压保护电路。因 SA4828 的 SETTRIP 端为高电平有效，所以应加上一个反相器，使低电平反相后输出高电平，过电流保护也是如此。故障自诊断电路如图 7-35 所示。

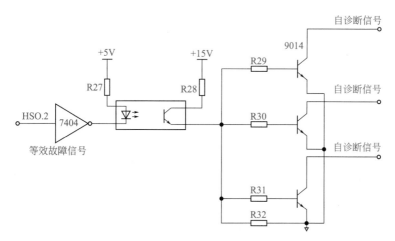

图 7-35 故障自诊断电路

c. 过电流保护设计。变频器在诸如直流短路、桥臂短路、输出短路、对地短路等情况下，电流变化非常迅速，元件将承受极大的电压和电流，而 IGBT 的内部结构决定了它在足够大的电流下会出现锁定现象，造成 IGBT 失控而无法关断，以至于烧坏，所以过电流之前必须使 IGBT 关断以切断电流。虽然在 IGBT 的驱动模块 EXB840 中已经有过电流保护，但考虑到 di/dt 过大时 IGBT 还未来得及关断就已经发生锁定现象的可能性，必须采取辅助断流措施。这里采用瑞士 LEM 公司生产的霍尔效应磁场补偿式电流传感器来进行电流的检测。在此传感器的

输出端串接电阻 R，则 R 上的压降反映了被测电流。过电流发生时，R 上的压降大于过电流保护动作整定值，比较器 LEM324 输出低电平去封锁 IGBT 的驱动电路的输入信号，使桥臂上的所有 IGBT 处于截止状态而实现过电流保护的功能。过电流保护电路如图 7-36 所示。

③ 控制系统的实现　单片机在整个控制系统中起着核心作用，从电流、电压的检测到参数的计算、存储和传送，再到人机接口的实现，都是单片机在控制、协调各部分的工作。单片机的性能的好坏及工作的正常与否对整个控制系统有着重要的影响。在本设计中选用 Intel 公司的 8051 单片机。8051 是高性能的单片机，因受到引脚数目的限制，它属于地址与数据复用的单片机，可以与 SA4828 直接连接。其内部有 4KB 的 ROM。图 7-37 为 8051 的引脚图。

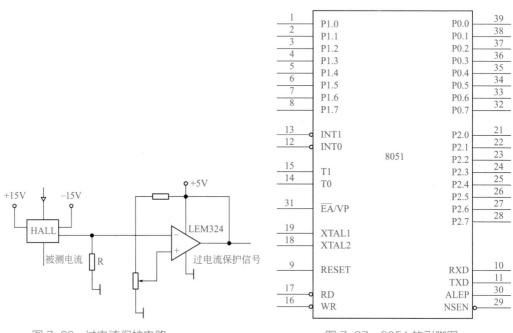

图 7-36　过电流保护电路

图 7-37　8051 的引脚图

因为 8051 比较常见，这里不再详细介绍。图 7-38 是单片机系统图。

模拟量的频率通过 ADC0809 读入 8051，转化为 SA4828 的控制字，以控制触发信号的波形。ADC0809 是一种 8 路模拟输入的 8 位逐次逼近型 A/D 转换器件，电位器的输出接其输入 IN0（当 8051 单片机没有外扩 RAM 和 I/O 口时，ADC0809 就可以在概念上作为一个特殊的、唯一的外扩 RAM 单元。因为它是唯一的，就没有地址编号，也就不需要任何地址线或者地址译码线。只要单片机往外部 RAM 写入数据，就是写到 ADC0809 的地址寄存器中。只要单片机从外部 RAM 读取数据，就是读取 ADC0809 的转换结果），EOC 转换结束信号经一非门接 8051 外部中断 1（P3.3）。

8051 通过地址线 P2.0 和读写信号来控制 ADC0809 模拟量输入通道的地址锁存，启动允许输出。

因为 8051 的复用总线结构，SA4828 的 MUX 引脚应接高电平或悬空不接。8051 的 P1 口与 SA4828 的 AD 口连接，提供 8 位数据和低 8 位地址。SA4828 中的地址锁存器可以锁存来自 8051 的低 8 位地址，从而将 AD 口输入的地址和数据分开。SA4828 的地址锁存器由 8051 的 ALE 引脚控制，同时连接的控制信号还有读 / 写信号 $\overline{RD}/\overline{WR}$。SA4828 的片选信号 $\overline{CS}$ 用 8051 的 P2.7 引脚来控制，这样 SA4828 的 8 个寄存器的地址为：寄存器 R0 ～ R5 的地址——0000H ～ 0005H，虚拟寄存器 R14、R15 的地址—— 000EH、000FH。

　　SA4828 的 SETTRIP 引脚接 8051 的 P10，使单片机能在异常情况下封锁 SA4828 的输出；其 ZPPR 引脚接 8051 的 P3.2（$\overline{INT0}$），测量调制波的频率，用于显示。因为 8051 的复位端为高电平有效，而 SA4828 为低电平有效，所以在两者中间需要加上反相器。

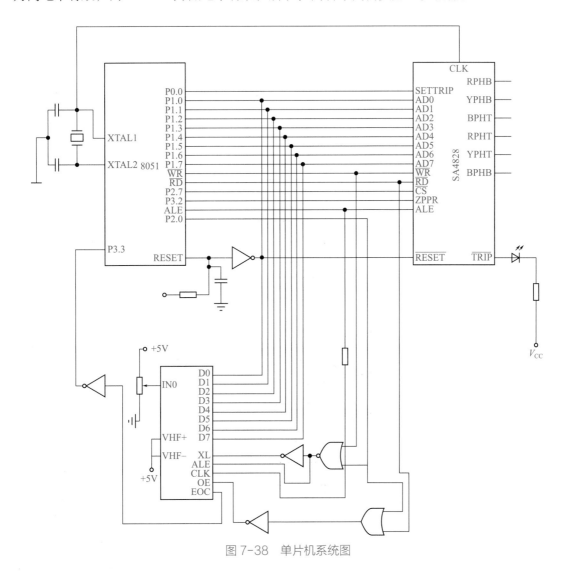

图 7-38　单片机系统图

　　SA4828 的 $\overline{TRIP}$ 引脚接一个发光二极管，当 SA4828 的输出被封锁时，发光二极管亮，用于指示封锁状态。SA4828 的六个输出引脚分别通过各自的驱动电路来驱动逆变器的六个开关管。

　　（6）变频器软件设计

　　① 流程图　软件设计的流程图如图 7-39 所示。

　　② SA4828 的编程

　　a. 初始化寄存器编程。

　　初始化用来设定与电动机有关的参数，包括载波频率设定、调制波频率范围设定、脉冲延迟时间设定、最小删除脉宽设定、调制波形选择、幅值控制、看门狗时间常数设定等。表

7-4 为初始化编程时 R0 ～ R5 各寄存器的内容。

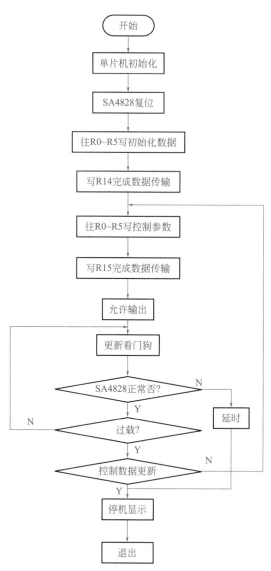

图 7-39　软件设计的流程图

表7-4　初始化编程时R0～R5各寄存器的内容

编号	7	6	5	4	3	2	1	0
R0	FRS2	FRS1	FRS0	×	×	CFS2	CFS1	CFS0
R1	×	PDT6	PDT5	PDT4	PDT3	PDT2	PDT1	PDT0
R2	×	×	PDY5	PDY4	PDY3	PDY2	PDY1	PDY0
R3	×	×	AC	0	0	×	WS1	WS0
R4	WD15	WD14	WD13	WD12	WD11	WD10	WD9	WD8
R5	WD7	WD6	WD5	WD4	WD3	WD2	WD1	WD0

● 载波频率设定。载波频率（三角波频率）设定字由 CFS2 ～ CFS0 这 3 位组成。理论上，载波频率越高越好，但频率越高则损耗越大。另外，载波频率还受开关管最高频率的限制，因此要合理设定载波频率。载波频率 f_{CARR} 的计算式为

$$f_{CARR} = \frac{f_{CLK}}{512 \times 2^{n-1}} \tag{1}$$

式中，f_{CLK} 为时钟频率；n 值的二进制数即为载波频率设定字。

● 调制波频率范围设定。调制波频率范围设定字是由 FRS2 ～ FRS0 这 3 位组成。调制波频率决定了电动机的转速，因此应先根据电动机的调速范围，计算调制波频率范围。调制波频率范围为

$$f_{RANGE} = \frac{f_{CARR} \times 2^m}{384} \tag{2}$$

式中，m 值的二进制数即为调制波频率范围设定字。

● 脉冲延迟时间设定。该设定字由 PDY5 ～ PDY0 这 6 位组成。脉冲延迟时间为

$$t_{PDY} = \frac{63 - n_{PDY}}{f_{CARR} \times 512} \tag{3}$$

式中，n_{PDY} 值的二进制数即是脉冲延迟时间设定字。

● 最小删除脉宽设定。该设定字由 PDT6 ～ PDT0 这 7 位组成。最小删除脉宽为

$$t_{PDT} = \frac{127 - n_{PDT}}{f_{CARR} \times 512} \tag{4}$$

图 7-40　延迟前后的脉宽关系

式中，n_{PDT} 值的二进制数即是最小删除脉宽设定字。

考虑到延迟（死区）的因素，延迟时通常的做法是在保持原频率不变的基础上，使开关管延迟导通，如图 7-40 所示。

实际输出的脉宽 = 延迟前的脉宽 - 延迟时间。SA4828 的工作顺序是先删除最窄脉冲，然后再延迟。t_{PDT} 应是延迟前的最小删除脉宽，它等于实际输出的最小脉宽加上延迟时间，即 t_{PDT} = 实际输出的最小脉宽 + t_{PDY}。

● 调制波形选择。调制波形选择是通过波形选择字 WS1、WS2 这 2 位来完成的。根据 WS1、WS0 可选择纯正弦波、增强波、高效波三种调制波形，其波形的选择如表 7-5 所示。

表7-5　调制波形选择

WS1	WS2	波形
0	0	纯正弦波
0	1	增强波
1	0	高效波

● 幅值控制。幅值控制是通过对 AC 位的设定来选择控制寄存器中的幅值，以适应平衡负载或不平衡负载。

● 看门狗时间常数设定。时间常数由 WD15 ～ WD0 这 16 位组成，根据下式：

$$t = \frac{n_{\text{TIM}} \times 1024}{F_{\text{CLK}}}$$

计算出 n_{TIM} 值，它的二进制数即为时间常数。当每次向控制寄存器写入数据时，自动用看门狗时间常数重置看门狗，即叫醒一次。如果单片机失去了控制，在指定时间内没有叫醒看门狗，则看门狗会立即封锁输出。

b. 控制寄存器编程。控制寄存器的作用主要是对调制波频率（调速）选择、调制波幅值选择（调压）、正反转选择、输出禁止位控制等进行控制。其方法是对 R0 ~ R5 寄存器输入并暂存，当向 R15 虚拟寄存器进行写操作时，才将这些数据送入控制寄存器。控制寄存器编程时 R0 ~ R5 各寄存器内容如表 7-6 所示。

表7-6　控制寄存器编程时R0~R5各寄存器内容

编号	7	6	5	4	3	2	1	0
R0	PFS7	PFS6	PFS5	PFS4	PFS3	PFS2	PFS1	PFS0
R1	PFS15	PFS14	PFS13	PFS12	PFS11	PFS10	PFS9	PFS8
R2	RST	×	×	×	WTE	$\overline{\text{CR}}$	$\overline{\text{INT0}}$	$\overline{\text{F/R}}$
R3	Ramp7	Ramp6	Ramp5	Ramp4	Ramp3	Ramp2	Ramp1	Ramp0
R4	Bamp7	Bamp6	Bamp5	Bamp4	Bamp3	Bamp2	Bamp1	Bamp0
R5	Yamp7	Yamp6	Yamp5	Yamp4	Yamp3	Yamp2	Yamp1	Yamp0

● 调制波频率选择。调制波频率选择由 PFS15 ~ PFS0 这 16 位组成，通过下式求得

$$f_{\text{POWER}} = \frac{f_{\text{RANGE}}}{65536} \times n_{\text{PFS}}$$

式中，n_{PFS} 值的二进制数即为调制波频率选择字。

● 调制波幅值选择。通过改变调制波幅值来改变输出电压，以达到变频同时变压的目的。调制波幅值是借助于 8 位幅值选择字（Ramp、Yamp、Bamp）来实现的，其每一相都可以通过下式来计算：

$$A_{\text{POWER}} = \frac{n_{\text{A}} \times 100}{255}$$

式中，n_{A} 值的二进制数即为调制波幅值选择字。

● 正反转选择。正反转选择位 $\overline{\text{F/R}}$ 控制三相 PWM 输出的相序。$\overline{\text{F/R}}=0$ 时正转，相序是 R → Y → B；$\overline{\text{F/R}}=1$ 时反转，相序是 B → Y → R。正反转期间输出波形连续。

● 输出禁止位控制。输出禁止位为 $\overline{\text{INT0}}$。当 $\overline{\text{INT0}}=0$ 时，关断所有的 SPWM 信号输出。

● 计数器复位控制。计数器复位为 $\overline{\text{CR}}$。当 $\overline{\text{CR}}=0$ 时，使内部的相计数器置为 0°（R 相）。

● 看门狗选择。看门狗选择位为 WTE。当 WTE=1 时，使用看门狗功能。

● 软复位控制。软复位 RST 与硬复位 RESET 有相同的功能，高电平有效。

③ 程序设计　由 $\frac{60f(1-s)}{p}$ 可算出调制波频率范围为 0 ~ 50Hz，时钟频率为 12MHz，设计载波频率为 5kHz，实际脉冲删除时间为 12μs，死区延迟时间为 6μs，系统采用高效波形，不使用看门狗功能。这里采用 Intel 公司的 8051 单片机对 SA4828 进行设置，进而实现对三相交流电动机进行调速控制。根据上面介绍的公式，计算出 SA4828 各个初始化参

数字。

a. 载波频率设定字。由式（1）可得

$$2^{n-1} = \frac{f_{\text{CLK}}}{f_{\text{CARR}} \times 512} = \frac{12 \times 10^6 \,\text{Hz}}{5 \times 10^3 \,\text{Hz} \times 512} = 4.69$$

取 $2^{n-1} = 4$，所以 $n = 3$。载波频率设定字为 011。

b. 反算载波频率为

$$f_{\text{CARR}} = \frac{f_{\text{CLK}}}{512 \times 2^{n-1}} = \frac{12 \times 10^6 \,\text{Hz}}{512 \times 2^2} = 5.86 \,\text{kHz}$$

c. 调制波频率范围设定字。由式（2）可得

$$2^m = \frac{384 \times f_{\text{RANGE}}}{f_{\text{CARR}}} = \frac{384 \times 50 \,\text{Hz}}{5860 \,\text{Hz}} = 3.28$$

取 $2^m = 4$，所以 $m = 2$。调制波频率范围设定字为 010。

反算调制波频率范围为

$$f_{\text{RANGE}} = \frac{f_{\text{CARR}} \times 2^m}{384} = \frac{5860 \,\text{Hz} \times 2^2}{384} = 61 \,\text{Hz}$$

所以寄存器 R0 的值应为 $010 \times \times 011\text{B}$，即 43H。

d. 最小删除脉宽设定字。最小删除脉宽等于实际最小删除脉宽加上延迟时间，所以有

$$t_{\text{PDT}} = 12\mu\text{s} + 6\mu\text{s} = 18\mu\text{s}$$

由式（4）得

$$n_{\text{PDT}} = 127 - 512 t_{\text{PDT}} f_{\text{CARR}} = 127 - 512 \times 18 \times 10^{-6}\text{s} \times 5860 \,\text{Hz} = 73 = 49\text{H}$$

所以最小删除脉冲设定字为 49H，R1 寄存器的值为 49H。

e. 脉冲延迟时间的设定字。由式（3）得

$$n_{\text{PDY}} = 63 - 512 t_{\text{PDY}} f_{\text{CARR}} = 63 - 512 \times 6 \times 10^{-6}\text{s} \times 5860 \,\text{Hz} = 45 = 2\text{DH}$$

所以，脉冲延迟时间设定字为 2DH，即寄存器 R2 中的值是 2DH。

f. 波形选择字和 AC 设定。选用高效波形，选择字是 10；幅值控制，AC=0。所以，寄存器 R3 中的值为 $000 \times 10\text{B}$，即 02H。

g. 看门狗设定。不用看门狗，所以寄存器 R4、R5 的值均为 00H。

SA4828 初始化子程序如下。

```
MOV   A,#43H              ;R0=43H
MOV   DPTR,#0000H         ;指向 R0 的地址
MOVX  @DPTR, A            ;43H 装入 R0
INC   DPTR                ;指向 R1 的地址
MOV   A,#49H
MOVX  @DPTR, A            ;49H 装入 R1
INC   DPTR                ;指向 R2 的地址
MOV   A, #2DH
MOVX  @DPTR, A            ;2DH 装入 R2
INC   DPTR                ;指向 R2 的地址
MOV   A, #02H
MOVX  @DPTR, A            ;02H 装入 R3
```

```
INC   DPTR                          ;指向 R4 的地址
MOV   A, #00H
MOVX  @DPTR, A                      ;00H 装入 R4
INC   DPTR                          ;指向 R5 的地址
MOVX  @DPTR, A                      ;00H 装入 R5
MOV   DPTR, #000EH                  ;指向 R14 的地址
MOVX  @DPTR, A                      ;将六个寄存器的值写入 SA4828 初始化寄存器
```

（7）本设计特点　以8051、SA4828 为核心器件，在分别讨论了它们的原理和特点后，设计了一种电压型交-直-交变频器，本设计有以下特点。

① 选用 V/F 变频调速控制方式，从而实现了恒磁通变频调速（即恒转矩调速）。

② 选用芯片生成 SPWM 波的方法，此法不仅思想先进、实现方法简便易行，而且减轻了单片机的负担、直流电压利用率高、输出电流谐波成分少。

③ 主电路采用交-直-交电压型结构，非常适用于中小容量的交流调速系统。

④ 选用 6 个 IGBT 构成三相桥式逆变器。IGBT 开关速度快、耐压高、承受电流大、驱动简单。

⑤ 采用 SA4828 作为 IGBT 的驱动芯片。它不仅可以产生可靠的驱动信号，而且可以在发生故障时对被驱动的 IGBT 进行快速有效的保护。

⑥ 变频器可以控制电动机启动和正反转并显示其运行状态。

⑦ 变频器具有过电流保护、泵升电压保护和过电压保护三种保护功能。

例7-5 室内温度、湿度控制电路设计

（1）系统设计方案　以STC89C52 单片机为系统核心来对温湿度进行实时控制和巡检。各检测单元能独立完成各自的功能，并根据主控机的指令对温湿度进行实时采集。主控机负责控制指令的发送，并控制各个检测单元进行温湿度采集，收集测量数据，同时对测量结果进行整理和显示。其中包括单片机、复位电路、温度检测、湿度检测、键盘及显示、报警电路、系统软件等部分的设计。

本设计由信号采集、信号分析和信号处理三个部分组成，如图 7-41 所示。

① 信号采集，由温度传感器模块和湿度传感器模块组成。

② 信号分析，由单片机 STC89C52 组成。

③ 信号处理，由液晶显示模块、继电器模块和蜂鸣器模块组成。

（2）信号采集

① 温度传感器　Dallas 半导体公司的数字化温度传感器 DS1820 是世界上第一片支持"一线总线"接口的温度传感器。新一代的 DS18B20 的体积更小、更经济，使用更灵活。DS18B20 的引脚排列如图 7-42 所示。

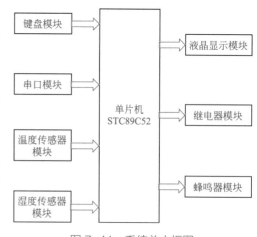

图 7-41　系统总方框图

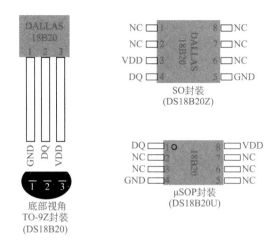

GND —电源地；

DQ　—数据I/O；

VDD —可选VDD(在寄生电源接线方式时接地)；

NC　—空脚

图 7-42　DS18B20 的引脚排列

如图 7-43 所示，DS18B20 内部结构主要由四部分组成：64 位光刻 ROM、温度传感器、非挥发的温度报警触发器 TH 和 TL、寄存器。

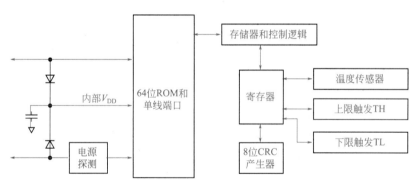

图 7-43　DS18B20 方框图

DS18B20 依靠一个单线端口通信。在单线端口条件下，必须先建立 ROM 操作协议才能进行存储和控制操作。因此，控制操作必须首先提供 5 个 ROM 操作指令之一：读 ROM、匹配 ROM、搜索 ROM、跳过 ROM 和报警搜索。

a. DS18B20 主要特性。DS18B20 支持"一线总线"接口，测量温度范围为 -55 ～ +125℃，在 -10 ～ +85℃ 范围内精度为 ±0.5℃。现场温度直接以"一线总线"的数字方式传输，大大提高了系统的抗干扰性。DS18B20 适用于恶劣环境的现场温度测量，如环境控制、设备或过程控制、测温类电子产品等，支持 3 ～ 5.5V 的电压范围，系统设计更灵活、方便，而且新一代产品更便宜，体积更小。DS18B20 可以设定 9 ～ 12 位的分辨率，精度为 ±0.5℃；可选更小的封装方式、更宽的电压适用范围；分辨率设定、用户设定的报警温度存储在 EEPROM 中，掉电后依然保存。DS18B20 的性能是新一代产品中最好的，性能价格比高。

b. DS18B20 工作原理。DS18B20 的测温原理图如图 7-44 所示，图中低温度系数晶振的振荡频率受温度影响很小，用于产生固定频率的脉冲信号送给计数器 1。高温度系数晶振的振荡频率随温度变化有明显改变，所产生的信号作为计数器 2 的输入脉冲。

计数器 1 和温度寄存器被预置在 -55℃所对应的一个基数值。计数器 1 对低温度系数晶振产生的脉冲信号进行减法计数。当计数器 1 的预置值减到 0 时，温度寄存器的值将加 1，计数器 1 的预置将重新被装入，计数器 1 重新开始对低温度系数晶振产生的脉冲信号进行计数，如此循环直到计数器 2 计数到 0 时，停止温度寄存器值的累加，此时温度寄存器中的数值即为所测温度。斜率累加器用于补偿和修正测温过程中的非线性，其输出用于修正计数器 1 的预置值。

c. DS18B20 基本应用电路。DS18B20 测温系统具有结构简单、测温精度高、连接方便、占用 I/O 线少等优点。下面介绍 DS18B20 在不同应用方式下的测温电路图。

● DS18B20 寄生电源供电方式电路图。如图 7-45 所示，在寄生电源供电方式下，DS18B20 从单线信号线上汲取能量：在信号线 DQ（I/O）处于高电平期间把能量储存在内部电容中，在信号线处于低电平期间消耗电容上的电能工作，直到高电平到来再给寄生电源（电容）充电。

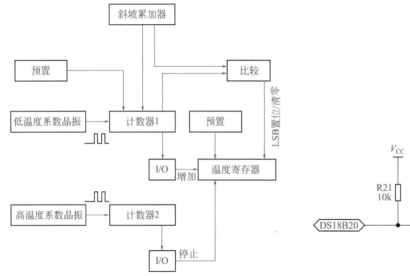

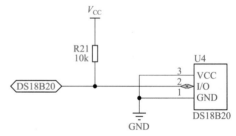

图 7-44　DS18B20 的测温原理图　　　　图 7-45　DS18B20 寄生电源供电方式电路图

独特的寄生电源方式有三个好处：一是进行远距离测温时，无须本地电源；二是可以在没有常规电源的条件下读取 ROM；三是电路更加简洁，仅用一条 I/O 线实现测温。要想使 DS18B20 进行精确的温度转换，I/O 线必须保证在温度转换期间提供足够的能量。由于每个 DS18B20 在温度转换期间工作电流达到 1mA，当几个温度传感器接在同一条 I/O 线上进行多点测温时，只靠 $4.7k\Omega$ 上拉电阻无法提供足够的能量，会造成无法转换温度或温度误差极大。

因此，此电路只适合在单一温度传感器测温情况下使用，不适合用于电池供电系统中，并且电源电压 V_{CC} 必须保证在 5V，当电源电压下降时，寄生电源能够汲取的能量也降低，会使温度误差变大。

改进的寄生电源供电方式如图 7-46 所示。为了使 DS18B20 在动态转换周期中获得足够的电流供应，当进行温度转换或复制到 EEPROM 操作时，用 MOSFET 把 I/O 线直接拉到 V_{CC} 即可提供足够的电流，在发出任何涉及复制到 EEPROM 或启动温度转换的指令后，必须在最多 10μs 内把 I/O 线转换到强上拉状态。在强上拉状态下可以解决电流供应不足的问题，因此也适合多点测温应用，缺点是要多占用一条 I/O 线进行强上拉切换。

● DS18B20 的外部电源供电方式电路图。如图 7-47 所示，在外部电源供电方式下，DS18B20 工作电源由 VCC 引脚接入，此时 I/O 线不需要强上拉，不存在电源电流不足的问题，可以保证转换精度，同时在总线上可以挂接任意多个 DS18B20 传感器，组成多点测温系统。注意：在外部供电的方式下，DS18B20 的 GND 引脚不能悬空，否则不能转换温度，读取的温度总是 85℃。

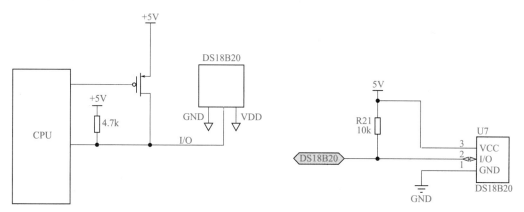

图 7-46　DS18B20 寄生电源强上拉供电方式电路图　图 7-47　DS18B20 的外部电源供电方式电路图

外部电源供电方式是 DS18B20 最佳的工作方式，工作稳定可靠，抗干扰能力强，而且电路比较简单，可以开发出稳定可靠的多点温度监控系统。因此本设计采用外部电源供电方式。因为本设计只用于测量环境温度，所以只显示 0 ～ +85℃。

② 湿度传感器　测量空气湿度的方式很多，其原理是根据某种物质从其周围的空气吸收水分后引起的物理或化学性质的变化，间接地获得该物质的吸水量及周围空气的湿度。电容式、电阻式和湿涨式湿敏元件分别是根据其高分子材料吸湿后的介电常数、电阻率和体积发生的变化进行湿度测量的。

（3）软件设计

① 主程序流程图 （图 7-48） 系统监控程序是系统的主程序，它是系统程序的框架，控制着单片机系统按预定操作方式运转。监控程序的主要作用是能及时地响应来自系统内部的各种服务请求，有效地管理系统自身软硬件及人机对话设备与系统中其他设备交换信息，并在系统出现故障时，及时做出相应处理。该系统控制核心是单片机 8051，工作过程是：系统通电后，单片机 8051 进入监控状态，同时完成对各扩展端口的初始化工作。在没有外部控制信息输入的情况下，系统自动采集温湿度传感器数据，最后产生的数据在 LCD 上显示和通过蜂鸣器报警。

② 测温度子程序流程图（图 7-49） 准备测温时首先要将 DS18B20 的 DQ 设置为高电平，接着初始化 DS18B20。初始化成功后，DS18B20 接收单片机的命令，然后再次初始化 DS18B20。在初始化成功后启动测温，然后将温度保存起来并返回。在测得温度后，DS18B20 会将温度数据转换为十进制数表示，然后再通过查表（在 C 语言中是一个数组）调用 1602 液晶屏显示。数据处理类似于由二进制转换为十进制，再由十进制转换为 ASCII 码。

③ 测量湿度子程序流程图（图 7-50） 在湿度检测电路中，以 5V 交流电压作为湿敏电

阻的工作电压。多谐振荡器只有两个暂稳态。

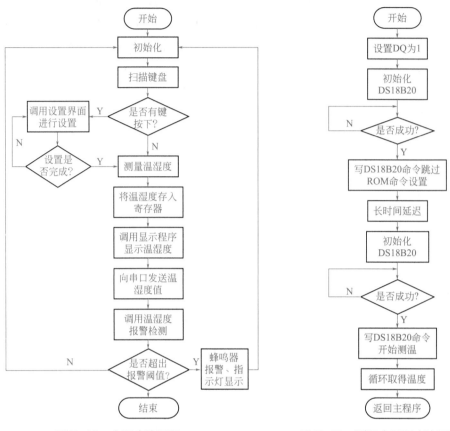

图 7-48　主程序流程图　　　　图 7-49　测温度子程序流程图

多谐振荡器的振荡周期为两个暂稳态的持续时间，即 $T = T_1 + T_2$。求得电容 C 的充电时间 T_1 和放电时间 T_2 各为

$$T_1 = (R_1 + R_2) C \ln \frac{V_{CC} - V_{T-}}{V_{CC} - V_{T+}} = (R_1 + R_2) C \ln 2 \tag{5}$$

$$T_2 = R_2 C \ln \frac{0 - V_{T+}}{0 - V_{T-}} = R_2 C \ln 2 \tag{6}$$

因此，振荡周期为

$$T = T_1 + T_2 = \ln 2 (R_1 + 2R_2) C \tag{7}$$

通过周期求出频率，根据频率的变化得到湿敏电阻的变化，对照电阻值和湿度值对换表，由湿敏电阻的电阻值得到湿度值。

④ 液晶显示程序流程图（图 7-51）　液晶显示模块在进行写命令、写数据以及读状态等操作时，都要遵照一定的时序。只有严格地按照特定时序发送控制信号、使能信号和数据等才能正确地完成显示。

使用过程中首先对液晶显示模块进行初始化，设置其显示方式等；然后给出要写入数据的寄存器地址（即要显示的首地址），指定字符显示位置；最后发送要显示的数据到相应的数据寄存器即可。调用读、写操作的子程序，进入相应函数之后，首先判别忙标志，如果

BF=1，控制器正忙于内部操作，则等待，直到控制器处于空闲状态时，再设置控制位，进行相应的读（状态）、写（命令 / 数据）操作。

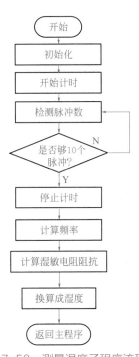

图 7-50　测量湿度子程序流程图

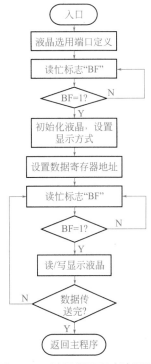

图 7-51　液晶显示程序流程图

例7-6　智能手机锂电池充电器电路设计

（1）电路原理图及其说明　硬件电路由单片机电路、电压转换及光耦隔离电路、充电控制电路三部分组成。单片机部分的电路原理图如图 7-52 所示。

① 单片机电路　图 7-52 中，U1 为单片机 AT89C51，工作在 11.0592MHz 时钟；U2 为蜂鸣器，蜂鸣器由单片机的 P1.2 脚控制发出报警声提示；单片机的 P2.0 脚输出控制光耦器件，在需要时可以及时关断充电电源；单片机的外部中断 0 由充电芯片 MAX1898 的充电状态输出信号 $\overline{CHG}$ 经过反相后触发。

② 电压转换及光耦隔离部分电路。图 7-53 所示为电压转换及光耦隔离部分的电路原理图。

图 7-53 中，U3 为输出 +5V 的电压转换芯片 LM7805，它将 12V 的输入电压转换为固定的 5V 输出电压。U4 为光耦隔离芯片 6N137，其输入为 LM7805 产生的 5V 电压，输出为经过隔离的 5V 电压。U4 的②脚和单片机的 P2.0 脚相连，由单片机控制适时地关闭充电电源。

③ 充电控制电路。图 7-54 所示为充电控制部分的电路原理图，其核心器件为充电芯片 MAX1898，其充电状态输出引脚 $\overline{CHG}$ 经过 74LS04 反相后与单片机 INT0 相连，触发外部中断。LED1 为红色发光二极管，红灯表示电源接通；LED2 为绿色发光二极管，绿灯表示处于充电状态。VT1 为 P 沟道场效应管，由 MAX1898 提供驱动。R4 为设置充电电流的电阻，阻值为 2.8kΩ，设置最大充电电流为 500mA；C11 为设置充电时间的电容，容值为 100nF，设置最大充电时间为 3h。

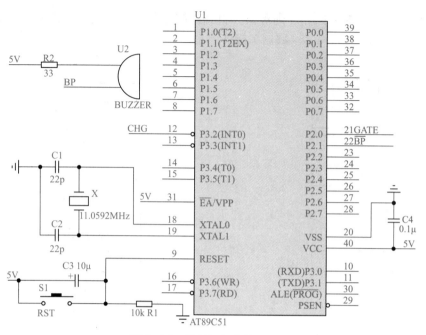

图 7-52　单片机部分的原理图

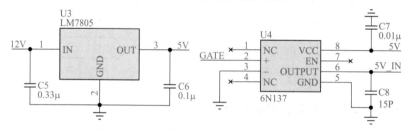

图 7-53　电压转换及光耦隔离部分的原理图

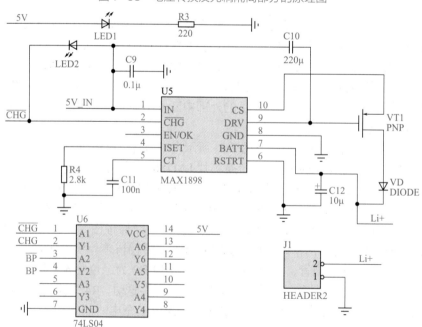

图 7-54　充电控制部分的原理图

（2）充电过程分析　在 MAX1898 和外部单片机的共同作用下，实现了如下的充电过程。

① 预充。在安装好电池之后，接通输入直流电源。当充电器检测到电池时简化定时器复位，从而进入预充过程。在预充期间充电器以快充电流的 10% 给电池充电，使电池电压、温度恢复到正常状态。预充时间由外接电容 C11 控制（100nF 时为 45min）。如果在预充时间内电池电压达到 2.5V，且电池温度正常，则充电进入快充过程；如果超过预充时间后，电池电压仍低于 2.5V，则认为电池不可充电，充电器显示电池故障，LED 指示灯闪烁。

② 快充。快充过程也称为恒流充电，此时充电器以恒定电流对电池充电。恒流充电时，电池电压缓慢上升，一旦电池电压达到所设定的终止电压，恒流充电终止，充电电流快速减缓，充电进入满充过程。

③ 满充。在满充过程中，充电电流逐渐衰减，直到充电速率降到设置值以下，或满充时间超时，转入顶端截止充电。顶端截止充电时，充电器以极小的充电电流为电池补充能量。由于充电器在检测电池电压是否到达终止电压时有充电电流通过电池电阻，尽管在满充和顶端截止充电过程中充电电流逐渐下降，减小了电池内阻和其他串联电阻对电池电压的影响，但串联在充电回路中的电阻形成的压降仍然对电池终止电压的检测有影响。一般情况下，满充和顶端截止充电可以延长电池 5% ～ 10% 的使用时间。

④ 断电。当电池充满后，MAX1898 芯片的 $\overline{CHG}$ 引脚发送的脉冲电平会由低到高，这将被单片机检测到，引起单片机的中断。单片机中断后，如果判断出充电完毕，则单片机将通过 P2.0 脚控制光耦隔离芯片 6N137，切断 LM7805 向 MAX1898 供电，从而保证芯片和电池的安全，同时也减小损耗。

⑤ 报警。当电池充满后，MAX1898 芯片本身会熄灭外接的绿灯 LED2。但是，为了安全起见，单片机在检测到充满状态的脉冲后，不仅会自动切断 MAX1898 芯片的供电，而且会通过蜂鸣器报警，提醒用户及时取出电池。当充电出错时，MAX1898 芯片本身会控制绿灯 LED2 以 1.5Hz 左右的频率闪烁，此时不要切断芯片的供电，要让用户一直看到此提示。

（3）手机锂电池智能充电器软件设计

① 实现功能。充电器的充电过程主要由 MAX1898 控制，而单片机主要对电池起保护作用。MAX1898 的主要功能是：当 MAX1898 完成充电时，其 $\overline{CHG}$ 引脚会产生由高到低的跳变，该跳变引起单片机的 INT0 中断。$\overline{CHG}$ 输出为高电压存在 3 种情况：一是电池不在位或无充电输入，二是充电完毕，三是充电出错（此时，实际上 $\overline{CHG}$ 会以 1.5Hz 频率反复跳变）。显然对于前两种情况，单片机都可以直接控制 6N137 切断充电电源，所以程序中只要区别对待第三种充电出错的情况即可。因此，在此中断中，如果判断出不是充电出错，则控制 P2.0 脚切断电源，控制 P2.1 脚启动蜂鸣器报警。

② 程序流程图。程序是用 C 语言编写的，通过编译之后自动生成机器语言。单片机控制智能充电器工作的程序流程分为平行执行的三部分，分别如图 7-55 ～图 7-57。

a. 流程图一。图 7-55 所示流程图的子程序的作用是：先初始化，然后通过 While（1）语句达到无限循环的目的。

b. 流程图二。图 7-56 所示流程图的子程序的作用是：当 int0_count 为 0 时则启动定时器 T0，同时将计数器清零，int0_count 自加；否则 int0_count 直接自加。

c. 流程图三。图 7-57 所示流程图的子程序的作用是：先关闭 T0 计数，重设计数初值，t_count 自加。如果 t_count 大于 600（即第一次外部中断 0 产生后 3s），当 int0_count 为 1 时，充电完毕，蜂鸣器报警，切断充电电源，关闭 T0 中断和外部中断 0；当 int0_count 不为 1 时，充电出错，直接关闭 T0 中断和外部中断 0；否则，启动 T0 计数。

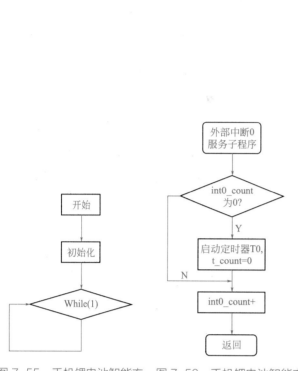

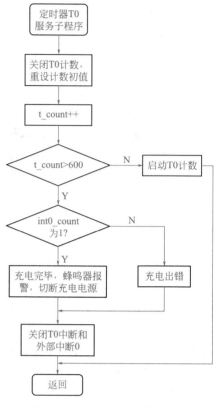

图 7-55 手机锂电池智能充
电器程序流程图一

图 7-56 手机锂电池智能充
电器程序流程图二

图 7-57 手机锂电池智能充电
器程序流程图三

③ 程序说明。主要程序代码及说明如下。

```
# idefine uchar unsigned char
# defined uint unsigned int
sbit   GATE = P2^0;
sbit   BP = P2^1;
/*定时器 T0 中断服务子程序*/
void timer0() interrupt 1 using 1
{
  TR0 = 0;                // 停止计数
  TH0=-5000/256;          // 重设计数初值
  TL0 = -5000%256;
  L_count++;
  if (t_count>600)     // 第一次外部中断 0 产生后 3s
  {
      if(int0 count == 1)       // 还没有出现第二次外部中断 0，则认为充电完毕
      {
          GATE = 0;     // 关闭充电电源
          BP = 0;       // 打开蜂鸣器报警
      }
      else                  // 否则即是充电出错
```

```
            {
                    GATE=1;
                    BP=1;
            }
ET0 = 0;                          // 关闭 T0 中断
EX0 = 0;                          // 关闭外部中断 0
        int0_count = 0;
        t_count = 0;
    }
    else
        TR0 = 1;                  // 启动 T0 计数
}
/* 外部中断 0 服务子程序 */
void int0 ( ) interrupt 0 using 1
{
    if ( int0_count == 0 )
    {
            TH0 = -5000/256;      //5ms 定时
            TL0 = -5000%256;
            TR0 = 1;              // 启动定时 / 计数器 T0 计数
            t_count = 0;          // 产生定时器 T0 中断的计数器清零
    }
    int0_count++;
    /* 初始化 */
    void init ( )
    {
            EA = 1;               // 打开 CPU 中断
            PT0=1;                //T0 中断设为高优先级
            TMOD = 0x01;          // 模式 1，T0 为 16 位定时 / 计数器
            ET0 = 1;              // 打开 T0 中断
            IT0 = 1;              // 外部中断 0 设为边沿触发
            EX0 = 1;              // 打开外部中断 0
            GATE = 1;             // 光耦正常输出电压
            BP = 1;               // 关闭蜂鸣器
            int0_count = 0;       // 产生外部中断 0 的计数器清零
    }
void main ( )
{
    /* 调用初始化函数 */
    init ( );
    /* 无限循环 */
    while ( 1 );
}
```

（4）系统调试

① 硬件调试。硬件的调试部分主要针对单片机电路和充电控制电路。单片机电路相对较简单，所用到的 I/O 口只有 P2.0 和 P2.1。其中 P2.0 口用来输出信号控制光耦期间，在需

要时可以及时关断充电电源，而 P2.1 口则用于打开蜂鸣器报警。还有用到的就是 P3.2 口，即 INT0 外部中断 0。

充电控制电路的核心器件是 MAX1898，其充电状态输出引脚 $\overline{CHG}$ 经过 74LS04 反相后与单片机 INT0 相连，触发外部中断；同时 MAX1898 还控制绿灯 LED2 的亮灭，当处于充电状态时绿灯亮，充满时绿灯灭。而红灯 LED1 则在电源接通时一直保持亮着的状态。而 PNP 场效应管则由 MAX1898 的 CS 和 DRV 脚分别连接 VT1 发射极和基极，输出电流对锂电池充电。对照功能分别检测即可知硬件电路是否正确。

② 软件调试。软件主要是控制充电过程的实现。首先在装好电池后，接同支流电源，当充电器检测到电池时将定时器复位，打开计数器开始计数。当超过预充时间后，电池电压仍低于 2.5V，则控制 LED 指示灯闪烁表明电池故障。当电池充满后，单片机接收到 MAX1898 芯片 $\overline{CHG}$ 脚发送的脉冲电平会由低变高，引起单片机的中断。在单片机中断中，如果判断出充电完毕，则 P2.0 脚输出 0 切断 LM7805 向 MAX1898 供电，同时 P2.1 脚也输出 0 打开蜂鸣器报警。

如果上述功能都能实现则表明程序没有错误，否则根据错误修改程序。

本设计以充电芯片 MAX1898 的使用为例，介绍了如何利用单片机实现智能化手机充电。目前，充电电池的种类繁多，因此在充电器的方案设计时需要针对不同的电池选择不同的充电芯片。本设计实现的是单节锂离子电池充电器，因此选用 MAX1898 作为充电芯片。

在本设计中，需要重点把握以下几点。

a. 预充、快充、满充等充电方式的工作原理。

b. MAX1898 的充电状态指示输出信号 $\overline{CHG}$ 在本设计中的应用。

c. MAX1898 外围电路的设计，其中包括设置充电电流的电阻和充电时间的电容的选取。

d. 如何在单片机程序中判断出充电完成还是充电出错，并做出相应的处理。

本系统从提供的功能和硬件结构上看，只是一个模拟系统，基本达到了设计任务的要求，但离实际的应用系统还有一定的差距，有很多地方需要进一步改进和完善。

例7-7　汽车防撞安全装置设计

（1）超声波测距的原理　超声波发生器 T 在某一时刻发出一个超声波信号，当这个超声波信号遇到被测物体后反射回来，被超声波接收器 R 接收到。这样只要计算出从发出超声波信号到接收到返回信号所用的时间，就可算出超声波发生器与反射物体之间的距离。其距离的计算式为

$$d = s/2 = ct/2$$

式中，d 为被测物体与测距仪的距离；s 为超声波的来回路程；c 为声速；t 为超声波来回所用的时间。

在启动发射电路的同时启动单片机内部的定时器 T0，利用定时器的计数功能记录超声波发射的时间和接收到反射波的时间。当收到超声波反射波时，接收电路输出端产生一个负跳变，在 INT0 或 INT1 端产生一个中断请求信号，单片机响应外部中断请求，执行外部中断服务子程序，读取时间差，计算距离。

（2）程序流程图　程序分为三部分，主程序和显示报警子程序、中断服务程序，如图

7-58 ～图 7-60 所示。主程序完成初始化工作、各路超声波发射和接收顺序的控制。定时中断服务子程序完成三方向超声波的轮流发射,外部中断服务子程序主要完成时间值的读取、距离计算、结果的输出等工作。

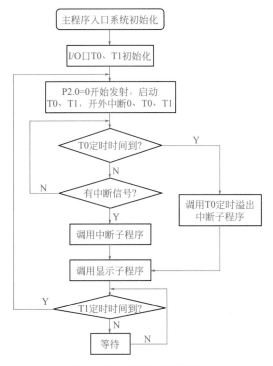

图 7-58　主程序流程图

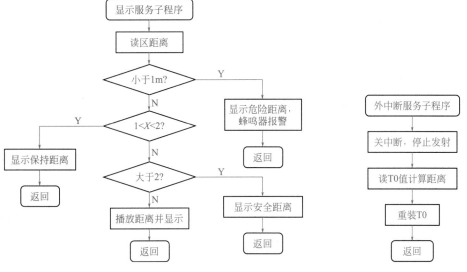

图 7-59　显示报警子程序流程图　　　　　图 7-60　中断服务子程序流程图

（3）超声波测距时软件工作过程

① 由单片机 8051 发出脉冲控制 NE555 产生 40kHz 脉冲信号。

② 脉冲信号通过超声波发生器发出超声波。

③ 单片机在发送脉冲时刻开始计时。

④ 超声波遇到障碍物后回波被超声波接收器接收。

⑤ 读取 T0 计数值。

⑥ 数据计算。

⑦ 显示报警。

主程序首先对系统环境初始化，设置定时器 T0 工作模式为 16 位定时器/计数器模式。置位总中断允许位 EA 并给显示端口 P0 和 P1 清零。然后调用超声波发生子程序送出一个超声波脉冲，为了避免超声波从发射器直接传送到接收器引起的直射波触发，需要延时约 0.1 ms（这就是超声波测距仪会有一个最小可测距离的原因）后，才打开外中断 0 接收返回的超声波信号。由于采用的是 12MHz 的晶振，计数器每计一个数就是 1μs。当主程序检测到接收成功的标志位后，将计数器 T0 中的数（即超声波来回所用的时间）计算，即可得被测物体与测距仪之间的距离。设计时取 20℃时的声速为 344m/s，则有

$$d = ct/2 = 172T_0/10000$$

式中，T_0 为计数器 T0 的计算值。

测距结果将以十进制 BCD 码方式送往 LCD 显示约 0.5s，然后再发超声波脉冲重复测量过程。为了有利于程序结构化和容易计算出距离，主程序采用 C 语言编写。

（4）超声波发生子程序和超声波接收中断程序 超声波发生子程序的作用是通过 P1.0 端口发送脉冲信号控制 NE555 芯片超声波的发射（频率约 40kHz 的方波），占空比不一定为 50%，脉冲宽度为 12μs 左右，同时把计数器 T0 打开进行计时。超声波发生子程序较简单，但要求程序运行准确，所以采用汇编语言编程。

① 使用外部中断 INT0 来检测回波，使其工作于下降沿触发方式（INT0=1）。当检测到回波信号时，触发并进入中断，同时停止发射超声波和停止计时器 T0，在中断服务程序中读取 T1 的值，并计算测量结果。

② 使用 T0 作为计时器，工作方式为方式 1。发射超声波的同时开定时器 T1。如果定时时间结束仍没有接收到回波信号，则进入 T1 溢出中断服务程序，关闭外部中断 INT0 和 T1 溢出中断，重新开始新的一轮测试。

由于 T0 工作方式为方式 1 时，最大可定时 65ms，即在理想情况下可测最大距离为 0.065×324÷2m=10.5m。而考虑实际情况下并不需测这么远的距离或系统很难探测到这么远的距离，但为了方便计算，所以以初值赋为 0。

超声波测距主程序利用外部中断 INT0 检测返回超声波信号，一旦接收到返回超声波信号（即 INT0 引脚出现低电平），立即进入中断程序。进入中断后就立即关闭计时器 T0 停止计时，并将测距成功标志字赋值 1。如果当计时器溢出时还未检测到超声波返回信号，则定时器 T0 溢出中断将外部中断 INT0 关闭，并将测距成功标志字赋值 2 以表示此次测距不成功。前方测距电路的输出端接单片机 INT0 端口，中断优先级最高，左、右测距电路的输出通过与门的输出端接单片机 INT1 端口，同时单片机 P1.3 和 P1.4 脚接到与门的输入端。中断源的识别由程序查询来处理，中断优先级为先右后左。

例7-8 红外倒车雷达设计

红外倒车雷达电路原理图如图 7-61 所示，组装的电路板图如图 7-62 所示。红外倒车雷达由多谐振荡电路、红外信号发射与接收电路、红外信号放大及电压比较电路构成，具有电

路简单、成本低、电路工作稳定的特点，广泛应用于各种测距场合。

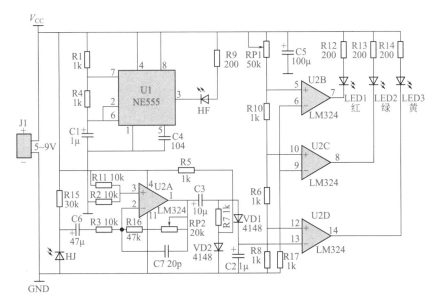

图 7-61 红外倒车雷达电路原理图

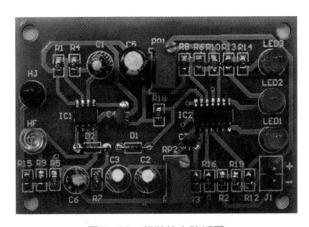

图 7-62 组装的电路板图

红外发射管 HF 和红外接收管 HJ 有极性（长脚为正极，切勿装错），安装方向可以朝上或朝侧面。RP1 调节反射距离，RP2 调节灵敏度，可以尝试距离 30cm 时 LED3 亮，距离 20cm 时 LED2 和 LED3 亮，距离 10cm 时 LED1 ～ LED3 亮。红外传感器上方用白纸遮挡时反射效果好。

时基电路 NE555 及周围元器件组成多谐振荡器，产生红外信号，经 U1 的 3 脚输出并驱动红外发射管 HF 发射红外信号。

例7-9 智能循迹车设计

智能循迹小车为机电一体化设备，其电路原理图如图 7-63 所示。

（1）基本原理 图 7-64 所示为智能循迹车运动轨道。表 7-7 为电路元器件清单。LM393

随时比较两路光敏电阻的大小，当出现不平衡时（例如一侧压黑色跑道）立即控制一侧电动机停转，另一侧电动机加速旋转，从而使小车修正方向，恢复到正确的方向上。整个过程是一个闭环控制，因此能快速灵敏地控制。

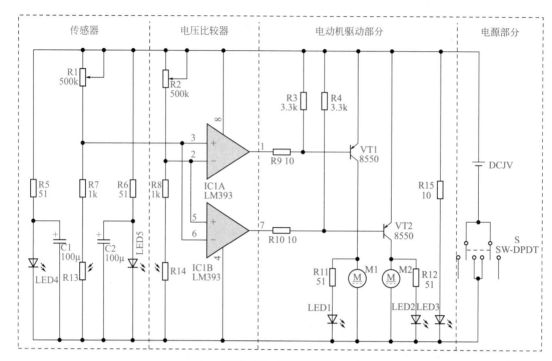

图 7-63　电路原理图

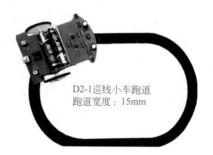

D2-1巡线小车跑道
跑道宽度：15mm

图 7-64　智能循迹车运行轨道

表7-7　电路元器件清单

标号	名称	规格	数量
电子元器件清单			
IC1	电压比较器	LM393	1
+/	集成电路座	8 脚	1
C1	电解电容	100μF	1
C2		100μF	1
R1	可调电阻	500kΩ	1
R2		500kΩ	1

续表

标号	名称	规格	数量
R3	色环电阻	3.3kΩ	1
R4		3.3kΩ	1
R5		51Ω	1
R6		51Ω	1
R7		1kΩ	1
R8		1kΩ	1
R9		10Ω	1
R10		10Ω	1
R11		51Ω	1
R12		51Ω	1
R13	光敏电阻	CDS5	1
R14		CDS5	1
D1	ϕ3.0 发光二极管	LED4	1
D2		LED5	1
D3	ϕ5.0 发光二极管	LED1	
D4		LED2	1
D5		LED3	1
VT1	三极管	8550	1
VT2		8550	1
S	开关	SW-DPDT	1

机械零部件清单

序号	名称	规格	数量
1	减速电动机	JD3-100	2
2	车轮轮片 1	/	2
3	车轮轮片 2		2
4	车轮轮片 3		2
5	硅胶轮胎	25×2.5	2
6	车轮螺钉	M3×10	4
7	车轮螺母	M3	4
8	轮毂螺钉	M2×7	2
9	万向轮螺钉	M5×30	1
10	万向轮螺母	M5	1
11	万向轮	M5	1

其他配件清单

序号	名称	规格	数量
1	电路板	D2-1	1
2	连接导线	红色	1
3		黑色	1
4	胶底电池盒	AA×2	1
5	说明书	A4	1

（2）制作过程　在制作智能循迹小车过程中不但能熟悉机械原理，还能逐步学习到光电传感器、电压比较器、电动机驱动电路等相关电子知识。

① 光敏电阻。光敏电阻能够检测外界光线的强弱，外界光线越强则光敏电阻的阻值越小，外界光线越弱则光敏电阻的阻值越大。当红色 LED 光投射到白色区域和黑色跑道时因为反光率的不同，光敏电阻的阻值会有明显区别，便于后续电路进行控制。

② LM393 比较器。LM393 是双路电压比较器集成电路，由两个独立的精密电压比较器构成。它的作用是比较两个输入电压，根据两个输入电压的高低改变输出电压的高低。输出有两种状态：接近开路或者下拉接近低电平。LM393 采用集电极开路输出，所以必须加上拉电阻才能输出高电平。

③ 带减速齿轮的直流电动机。若直流电动机驱动小车必须减速，否则转速过大使小车跑得太快而不能及时控制，而且若未经减速，转速过小使小车甚至跑不起来。由于采用已经集成减速齿轮，大大降低了制作难度。

（3）组装步骤

① 电路部分基本焊接。电路焊接部分比较简单，焊接顺序按照元器件高度从低到高的原则，首先焊接 8 个电阻，焊接时务必用万用表确认阻值是否正确，焊接有极性的元件如三极管、绿色指示灯、电解电容时务必分清极性。焊接电容时引脚短的是负极，插入丝印上阴影的一侧。焊接绿色 LED 时注意引脚长的是正极，并且焊接时间不能太长，否则容易焊坏，D4、D5、R13、R14 可以暂时不焊，集成电路芯片可以不插。初步焊接完成后务必细心核对，防止出错。

② 机械组装。将万向轮螺钉穿入印制电路板孔中，并旋入万向轮螺母和万向轮。电池盒通过双面胶贴在印制电路板上，引出线穿过印制电路板预留孔焊接到印制电路板上，红线接 3V 正电源，黄线接地，多余引线可以用于连接电动机连线。

机械部分组装时可以先组装轮子，轮子由三片黑色亚克力轮片组成，装配前将保护膜撕去。最内侧的轮片中心孔是长圆孔，中间的轮片直径比较小，外侧的轮片中心孔是圆孔，用两个螺钉螺母固定好三片轮片，并用黑色的自攻螺钉固定在电动机的转轴上，最后将硅胶轮胎套在车轮上。用引线连接好电动机引线，最后将车轮组件用不干胶粘贴在印制电路板指定位置，注意车轮和印制电路板边缘保持足够的间隙。将电动机引线焊接到印制电路板上，注意引线适当留长一些，便于电动机旋转方向错误后调换引线的顺序。

③ 安装光电回路。光敏电阻和发光二极管（注意极性）是反向安装在印制电路板上的，和地面间距约为 5mm；光敏电阻和发光二极管之间距离在 5mm 左右。最后可以通电测试。

④ 整车调试。在电池盒内装入 2 节 1.5V 电池，开关拨在"ON"位置上，小车正确的行驶方向是沿万向轮方向行驶的。如果按住左侧光敏电阻，小车的右侧车轮应转动；如果按住右侧光敏电阻，小车的左侧车轮应转动。如果小车后退行驶，可以同时交换两个电动机的接线。如果一侧正常另一侧后退，只要交换后退一侧电动机接线即可。

注意：智能循迹车的简易跑道可以直接用宽 1.5 ~ 2.0cm 的黑色电工胶带直接粘贴在地面上。

印制电路板设计与制作

印制电路板（PCB）的制作是电子制作必不可少的一环。随着电子产业的迅猛发展，电子产品的类型越来越多，对印制电路板的制造工艺要求越来越高。为方便读者学习，本章内容做成了电子版，读者可以扫描二维码下载学习。

8.1 印制电路板设计要求与注意事项
8.2 手工制作印制电路板的方法
8.3 印制电路板的制造工艺流程
8.4 印制电路板用 CAD 与 EDA
8.5 Altium Designer 软件及应用
8.6 印制电路板的焊接
8.7 印制电路板的自动焊接

8.1　　　　8.2　　　　8.3

8.4　　8.5　　8.6　　8.7

第**9**章

电子电路调试

9.1 电子电路调试方法及步骤

9.1.1 调试前的准备

电子电路调试前的准备工作可以扫描二维码详细学习。

电子电路
调试前的准备

9.1.2 调试电子电路的一般方法

调试电子电路一般有两种方法，第一种称为分调 - 总调法，即边安装边调试的方法。这种方法是把复杂的电路按功能分块进行安装和调试，在分块调试的基础上逐步扩大安装和调试的范围，最后完成整机的综合调试。对于新设计的电子电路，一般会采用这种方法，以便及时发现问题并加以解决。第二种称为总调法，是在整个电路安装完成之后，进行一次性的统一调试。这种方法一般适用于简单电路或已定型的产品及需要相互配合才能运行的电路。

一个复杂的整机电路中包括模拟电路、数字电路、微机系统，由于它们的输出幅度和波形各异，对输入信号的要求各不相同，如果盲目地连在一起调试，可能会出现不应有的故障，甚至造成元器件损坏。因此，应先将各分部调好，再经信号和电平转换电路，将整个电路连在一起统调。

9.1.3 调试电子电路的一般步骤

对于大多数电子电路，不论采用哪种调试方法，其过程一般包含以下几个步骤。

（1）电源调试与通电观察

① 如果被测电子电路没有自带电源部分，在通电前要对所使用的外接电源电压进行测量和调整，等调至电路工作需要的电压后，方可加到电路上。这时要先关掉电源开关，接好电源连线后再打开电源。

② 如果被测电子电路有自带电源，应首先进行电源部分的调试。电源调试通常分为以下三个步骤。

a. 电源的空载初调　电源的空载初调是指在切断该电源一切负载情况下的初调。对于存在故障而未经调试的电源电路，如果加上负载，会使故障扩大，甚至损坏元器件，故对电源应先进行空载初调。

b. 等效负载下的细调　对经过空载初调的电源，还要进一步进行满足整机电路供电的各项技术指标的细调。为了避免对负载电路的意外冲击，确保负载电路的安全，通常采用等效负载（例如接入等效电阻）代替真实负载对电源电路进行细调。

c. 真实负载下的精调　对于经过等效负载下细调的电源，其各项技术指标已基本符合负载电路的要求，这时就可接上真实负载电路进行电源电路的精调，使电源电路的各项技术指标完全符合要求并调到最佳状态，此时可锁定有关调整元器件（例如调整专用电位器），使电源电路稳定工作。

被测电子电路通电之后不要急于测量数据和观察结果。首先要观察有无异常现象，包括有无冒烟、是否闻到异常气味、手摸元器件是否发烫、电源是否有短路现象等。如果出现异常，应立即关掉电源，待排除故障后方可重新通电。然后测量各路电源电压和各元器件的引脚电压，以保证元器件正常工作。通过通电观察，认为电路初步工作正常，方可转入后面的正常调试。

（2）静态调试　一般情况下，电子电路处理、传输信号是在直流的基础上进行的。电路加上电源电压而不加入输入信号（振荡电路无振荡信号时）的工作状态称为静态，电路加上电源电压和输入信号时的工作状态称为动态。电路的调试有静态调试和动态调试之分。静态调试一般是指在没有外加信号的条件下进行的直流测试和调整过程。例如，通过静态测试模拟电路的静态工作点、数字电路的各输入端和输出端的高低电平值及逻辑关系等，可以及时发现已经损坏的元器件，判断电路工作情况，并及时调整电路参数，使电路工作状态符合设计要求。

对于运算放大器，静态检查时除测量正负电源是否接上外，主要检查输入为零时输出端是否接近零电位，调零电路是否起作用。如果运算放大器输出直流电位始终接近正电源电压值或者负电源电压值，说明运算放大器处于阻塞状态，可能是外电路没有接好，也可能是运算放大器已经损坏。如果通过调零电位器不能使输出为零，除了运算放大器内部对称性差外，也可能是运算放大器处于振荡状态，所以直流工作状态调试时最好接上示波器进行监视。

（3）动态调试　动态调试是在静态调试的基础上进行的。动态调试的方法是：在电路的输入端加入合适的信号或使振荡电路工作，并沿着信号的流向逐级检测各有关点的波形、参数和性能指标。如果发现故障现象，应采取不同的方法缩小故障范围，最后设法排除故障。

测试过程中不能凭感觉和印象，要始终借助仪器观察。使用示波器时，最好把示波器的信号输入方式置于"DC"挡，通过直流耦合方式，可同时观察被测信号的交直流成分。

通过调试，最后检查功能块和整机的各项指标（如信号的幅值、波形形状、相位关系、

增益、输入阻抗和输出阻抗等）是否满足设计要求，如有必要，再进一步对电路参数提出合理的修正。

在定型的电子整机调试中，除了电路的静态、动态调试外，还有温度环境试验、整机参数复调等调试步骤。

9.1.4　电子电路调试过程中的注意事项

调试结果是否正确，很大程度上受测量正确与否和测量精度高低的影响。为了保证调试的效果，必须减小测量误差，提高测量精度。为此，电子电路调试过程中需要注意以下几点。

① 正确使用测量仪器的接地端。电子仪器的接地端应和放大器的接地端连接在一起，否则机壳引入的电磁干扰不仅会使电路（如放大电路）的工作状态发生变化，而且将使测量结果出现误差。例如在调试发射极偏置电路时，若需测量 V_{CE}，不应把仪器的两测试端直接连在集电极和发射极上，而应分别测出 V_C 与 V_E，然后将两者相减得出 V_{CE}。若使用干电池供电的万用表进行测量，由于万用表的两个输入端是浮动的（没有接地端），所以允许直接接到测量点之间。

② 在信号比较弱的输入端，尽可能用屏蔽线连线。屏蔽线的外屏蔽层要接到公共地线上。在频率比较高时要设法隔离连接线分布参数的影响。例如，用示波器测量时应使用有探头的测量线，以减少分布电容的影响。

③ 注意测量仪器的输入阻抗与测量仪器的带宽。测量仪器的输入阻抗必须远大于被测电路的等效阻抗，测量仪器的带宽必须大于被测电路的带宽。

④ 正确选择测量点。用同一台测量仪器进行测量时，测量点不同，仪器内阻引入的误差大小将不同。

⑤ 测量方法应方便可行。如需要测量某电路的电流，一般尽可能测电压而不测电流，因为测电压不必改动被测电路，测量方便。若需测量某一支路的电流大小，可以通过测取该支路上电阻两端的电压，经过换算而得到。

⑥ 调试过程中，不但要认真观察和测量，还要善于记录。记录的内容包括实验条件、观察到的现象、测量的数据、波形和相位关系等。只有有了大量实验记录，并与理论结果加以比较，才能发现电路设计中的问题，从而完善设计方案。

⑦ 调试时一旦发现故障，要认真查找故障原因，切不可一遇故障解决不了就拆掉线路重新安装。因为重新安装的线路仍可能存在各种问题，如果是原理上的问题，即使重新安装也解决不了。应当把查找故障并分析故障原因看成好的学习机会，以此不断提高自己分析问题和解决问题的能力。

9.1.5　故障诊断的一般方法

在调试过程中，产生故障的原因很多，情况也很复杂，有的是一种原因引起的简单故障，有的是多种原因相互作用引起的复杂故障。因此，引起故障的原因很难简单分类。

对于原来正常运行的电子设备，使用一段时间后出现故障，原因可能是元器件损坏，或连线发生短路或断路，也可能是使用条件发生变化（如电网电压波动、过热或过冷的工作环境等）影响电子设备的正常运行。

对于新设计的电路来说，调试过程中出现故障的原因可能有如下几点。

① 设计的原理图本身不满足设计的技术要求；元器件选择、使用不当或损坏；实际电路与原理图不符；连线发生短路或断路。

② 仪器使用不当引起的故障，如示波器使用不正确而造成的波形异常或无波形等。

③ 各种干扰引起的故障，如共地问题处理不当而引入的干扰。

例9-1 简单直流稳压电源的安装与调试

（1）直流稳压电源电路材料　电路板 1 块、二极管 1N4001×4 只、稳压二极管 2CW14（或其他型号，稳压值在 6V 左右）1 只、1/2W 510Ω 限流电阻 1 只、1/4W 2kΩ 可变电阻器 1 只（作负载用）、100μF/50V 电解电容 1 只、万用表 1 块、电源（能提供 0～15V/1A 交流电源）1 台。直流稳压电源电路原理图如图 9-1 所示。

（2）调试电路原理图　稳压电源的调试电路如图 9-1 所示。输入的 50Hz 交流信号经由 VD1～VD4 构成的桥式整流电路后变成脉动直流信号，经电容 C 滤波、电阻 R 限流后输出到负载。在输出端并联了稳压二极管 VZ。只要输入电压不太大或太小，则输出电压基本保持在稳压二极管的稳压值。

（3）调试内容和步骤

① 元器件的检测

a. 普通二极管的检测。

● 极性的判别。将万用表置于 R×100 挡或 R×1k 挡，两表笔分别接二极管的两个电极，测出一个结果后，对调两表笔，再测出一个结果。在两次测量的结果中，有一次测量出

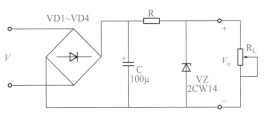

图 9-1　直流稳压电源电路原理图

的阻值较大（为反向电阻），一次测量出的阻值较小（为正向电阻）。在阻值较小的那次测量中，黑表笔接的是二极管的正极，红表笔接的是二极管的负极。

● 导电性能的检测及好坏的判断。通常，锗材料二极管的正向电阻值为 1kΩ 左右，反向电阻值为 300kΩ 左右。硅材料二极管的正向电阻值为 5kΩ 左右，反向电阻值为 ∞（无穷大）。正向电阻越小越好，反向电阻越大越好。正、反向电阻值相差越悬殊，说明二极管的单向导电特性越好。

若测得二极管的正、反向电阻值均接近 0 或阻值较小，则说明该二极管内部已击穿短路或漏电损坏；若测得二极管的正、反向电阻值均为无穷大，则说明该二极管已开路损坏。

b. 稳压二极管的检测。

● 极性的判别。从外形上看，金属封装稳压二极管管体的正极一端为平面形，负极一端为半圆面形。塑封稳压二极管管体上印有彩色标记的一端为负极，另一端为正极。对标志不清楚的稳压二极管，可以用万用表判别其极性，测量方法与普通二极管相同，即用万用表 R×1k 挡，将两表笔分别接稳压二极管的两个电极，测出一个结果后，再对调两表笔进行测量。在两次测量结果中，阻值较小那一次测量中，黑表笔接的是稳压二极管的正极，红表笔接的是稳压二极管的负极。

● 好坏的判断。若测得稳压二极管的正、反向电阻均很小或均为无穷大，则说明该二极管已击穿或开路损坏。黑表笔接发光二极管的正极，红表笔接发光二极管的负极，正常的发

光二极管应发光。

② 调试电路板安装

a. 按图 9-1 在电路板上安装好电路。

b. 测试安装好的电路输入端电阻，注意检查电路是否有短路和连接错误。

③ 电路板测试

a. 通电测试：输入电压调整为 0 ～ 13V 时测量输出电压值、在负载电阻调整在 1kΩ 时的负载电流值。

b. 稳压性能的简易测试：在输入电压分别调整为 11V、12V、14V、15V 和 5V，负载电阻为 1kΩ 时，测量输出电压值，测量结果填入表 9-1 ；在输入电压调整为 13V，负载电阻分别调整为 0.5kΩ、0.75kΩ、1.25kΩ 和 1.5kΩ 时，测量输出电压值，测量结果填入表 9-2。

表9-1　R_L 为1kΩ时的输出电压

输入电压（直流）/V	11	12	14	15	5V
输出电压 /V					

表9-2　输入电压为13V时的输出电压

负载电阻 /kΩ	0.5	0.75	1.25	1.5
输出电压 /V				

④ 用万用表测量输出电压　用万用表的电压挡测量图 9-1 中 + 、- 测试点，测量稳压电路是否达到设计稳压范围。

例9-2　78×× 系列直流稳压电源电路的安装和调试

（1）78×× 系列直流稳压电源电路工作原理，明确各部分电压的性质（交流 / 直流）

① 电路组成。如图 9-2 所示，T 为电源变压器，VD1 ～ VD4 组成桥式整流电路，C 为滤波电容，IC1、IC2 为三端集成稳压器。

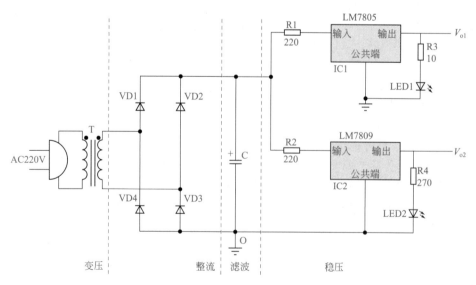

图 9-2　78×× 系列直流稳压电源电路

② 电路工作原理。电网供给的 220V/50Hz 交流电经变压器 T 降压、VD1 ～ VD4 整流后变为脉动的直流电，又经滤波电容 C 滤波变为平滑的直流电，最后经 IC1、IC2 稳压变为稳定的直流电。

（2）78×× 系列直流稳压电源电路设计采用的元器件

① 电路元器件明细表　电路元器件明细表如表 9-3 所示。

表9-3　电路元器件明细表

元器件型号	编号	数量
3300μF/35V	C	1
220Ω	R1	1
220Ω	R2	1
AC220V	T	1
1N4001×4	VD1 ～ VD4	4
LM7805	IC1	1
LM7809	IC2	1
10Ω	R3	1
270Ω	R4	1
LED	LED1、LED2	2

② 电路元器件识别　对 78×× 系列直流稳压电源电路所包含的元器件进行识别，并了解它们在电路中的作用，如图 9-3 所示。

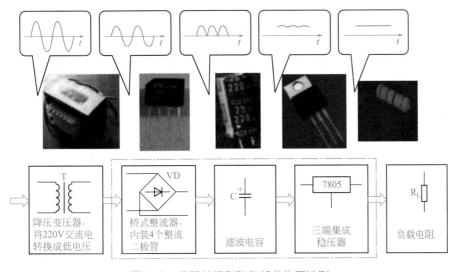

图 9-3　元器件识别和各部分作用波形

a. 整流——将交流电转换成直流电。

b. 滤波——减小交流分量使输出电压平滑。

c. 稳压——稳定直流电压。

③ 电路元器件检测（判断引脚、检测质量、分类）

a. 变压器的检测：区分一次绕组与二次绕组，$R_{一次}=$ ，$R_{二次}=$ 。

b. 电解电容的检测：区分正、负极。

c. 电阻的检测：测量阻值，$R_1=$ ，$R_2=$ 。

d. 整流二极管的检测：区分正、负极。

e. 78××的检测：如表9-4所示。

表9-4　三端集成稳压器78××的检测

三端集成稳压器序号	三端集成稳压器型号	三端集成稳压器引脚			输出电压
		①脚	②脚	③脚	
IC1					
IC2					

（3）电路元器件的焊接和装配

① 选择元器件。

② 元器件引脚成形：将元器件按安装要求成形、上锡。

a. 元器件引脚不得从根部弯曲，一般应保留 1.5mm 以上。

b. 元器件引脚弯曲一般不要成死角，圆弧半径应大于引脚直径的 1～2 倍。

c. 尽量将元器件有字符的面置于容易观察的位置。

d. 卧式安装时，两引脚左右弯折要对称，引出线要平行，其引脚间的距离应与印制电路板两焊盘孔的距离相等，以便插装。

③ 元器件布局与安装。

a. 根据设计电路板的大小及电路元器件的数量合理地进行元器件布局，要求元器件间隔适当。

b. 尽可能保证元器件引脚间不交叉。

c. 安装元器件时，二极管、三极管、电解电容的极性不能接反与接错。

d. 元器件的插装应遵循先小后大、先轻后重、先低后高、先里后外的原则。

e. 安装形式：电阻、二极管一般采用卧式安装，即将元器件紧贴印制电路板的板面水平放置，对于大功率电阻等元器件要求距板面 2～3mm。三极管、电容等元器件采用立式安装，即将元器件垂直插入印制电路板，一般要求距板面 2～3mm。

④ 元器件的焊接。

a. 先小件后大件，首先焊接电阻，然后焊接电容，最后焊接二极管、三极管、电位器。

b. 注意焊接时间。焊接时间应不超过 3s，以防止烧坏元器件及烧脱铜箔。

c. 保证焊接质量，避免虚焊、桥接、漏焊、半边焊、毛刺、焊锡过量或过少、助焊剂过量等不良焊接现象。

d. 保证电路板清洁。

⑤ 元器件引脚剪切：插孔式元器件引脚长度为 2 ~ 3mm，且剪切整齐。

⑥ 检查：通电前一定要检查电路结构，杜绝短路、开路或其他连接错误。

（4）78×× 系列直流稳压电源的调试

① 电路检查无误后，在变压器输入端加上 220V 交流电。

② 分别测量变压器二次绕组两端的电压、滤波电容 C 两端的电压。

③ 测量电路的输出电压，如表 9-5 所示。

表9-5 78×× 直流稳压电源调试中的电压测试

测量点	电压值 /V
变压器一次电压 V_1	交流还是直流（ ）；大小（ ）
变压器二次电压 V_2	交流还是直流（ ）；大小（ ）
滤波电容 C 端电压 V_C	交流还是直流（ ）；大小（ ）
输出电压（V_{o1} 端电压）	
输出电压（V_{o2} 端电压）	
V_1 各极电位	$V_1=$　；$V_2=$　；$V_3=$
V_2 各极电位	$V_1=$　；$V_2=$　；$V_3=$
LED1 端电压	
LED2 端电压	

例9-3 交通灯控制电路制作

（1）**电路原理** 这是一个模拟十字路口交通灯控制的实验电路。可以设置东西通行和南北通行的时间，以及黄灯闪烁的时间。交通灯控制电路原理图如图 9-4 所示。

① 电路刚上电时，所有 LED 灯都不亮，此时按下 S，U1 的②、④脚同时为低电平，U1 的③脚也输出低电平，再松开 S 时，U1 的④脚变为高电平，而此时 U1 的②、⑥脚都为低电平，所以 U1 的③脚输出高电平，三极管 VT2 导通，于是 LED1 ~ LED4 全部点亮，即允许东西通行，禁止南北通行。同时，三极管 VT3 也导通，U2 的②、④脚同时为低电平，U2 的③脚也输出低电平，三极管 VT4 截止，LED5 ~ LED8 都不亮。

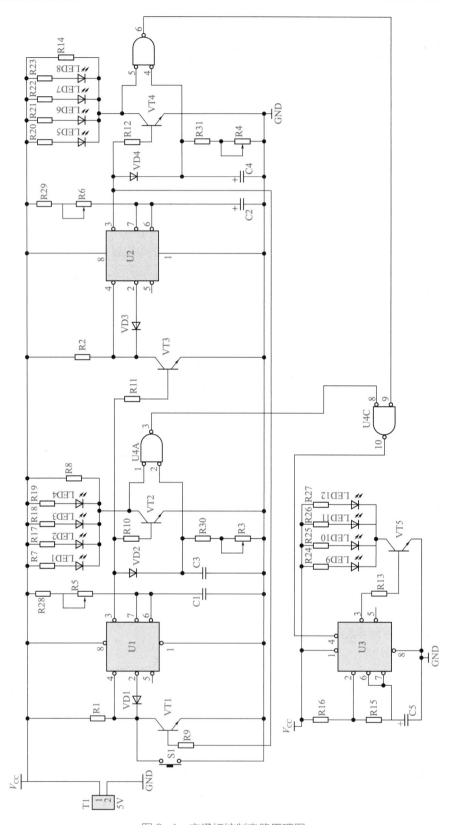

图 9-4 交通灯控制电路原理图

② 在 U1 的③脚输出高电平期间，它通过 VD2 向 C3 充电，使得 U4A 的②脚输入高电平，同时电源电压 V_{CC} 通过 R28 和 R5 向 C1 充电，U1 的⑥脚电压逐渐升高，当超过电源电压 V_{CC} 时，U1 的③脚电压变为低电平，VT2 截止，LED1～LED4 全部熄灭，U4A 的③脚输出低电平，U4C 的⑩脚输出高电平，U3 启动振荡，U3 ③脚输出高低跳变的电平，使得 VT5 交替工作在导通和截止的状态，LED9～LED12 四个黄灯亮灭闪烁。同时，VT3 截止，U2 的④脚变为高电平，其③脚也输出高电平，VT4 导通，LED5～LED8 全部点亮，即允许南北通行，禁止东西通行。

③ 在黄灯闪烁期间，C3 将通过 R30 和 R3 放电至低电平，使得 U4A 的②脚变为低电平，其③脚输出高电平，U4C 的⑩脚输出低电平，U3 停振，黄灯停止闪烁。

④ 在南北通行期间，电源电压 V_{CC} 通过 R29 和 R6 向 C2 充电，U2 的⑥脚电压逐渐升高。当超过电源电压 V_{CC} 时，U2 的③脚电压变为低电平，VT4 截止，LED5～LED8 全部熄灭，同时黄灯亮灭闪烁，LED1～LED4 全部点亮，又开始允许东西通行，禁止南北通行，周而复始，一直循环下去。

（2）**电路组装及调试** 根据元器件清单（表 9-6）及电路原理图、印制电路板标号图组装电路，组装好的电路板如图 9-5 所示。调试时通过调节电位器设置不同颜色的发光二极管的显示，可以分别设置东西通行和南北通行的时间、黄灯闪烁的时间。

R3：东西通行转南北通行时黄灯闪烁时间调节；

R4：南北通行转东西通行时黄灯闪烁时间调节；

R5：东西通行时间调节；

R6：南北通行时间调节。

表9-6 红绿灯电路元器件清单

序号	元器件名称	参数	标号	数量
1	电解电容	47μF/25V	C1、C2	2
2		10μF/25V	C3、C4	2
3		1μF/50V	C5	1
4	二极管	1N4001	VD1～VD4	4
5	发光二极管	5mm 红色	LED3、LED4、LED7、LED8	4
6		5mm 黄色	LED9～LED12	4
7		5mm 绿色	LED1、LED2、LED5、LED6	4
8	三极管	8050	VT1～VT5	5
9	贴片电阻	10kΩ	R1、R2、R8、R14、R16	5
10		470kΩ	R15	1
11		100Ω	R7、R17～R27	12
12		1kΩ	R9～R13、R28～R31	9
13	3296W 电位器	1MΩ	R3～R6	4

续表

序号	元器件名称	参数	标号	数量
14	按键开关	6mm×6mm×5mm	S	1
15	集成电路	NE555	U1～U3	3
16		CD4011	U4	1
17	集成电路插座	DIP-8	配 U1～U3	3
18		DIP-14	配 U4	1
19	电源线	杜邦线		2
20	电路板安装柱	φ3mm×10mm		4
21	安装螺钉	φ3mm×6mm		4

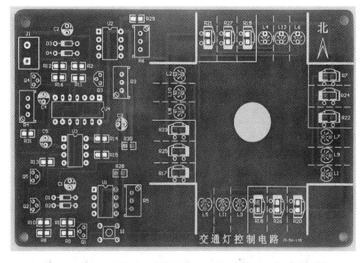

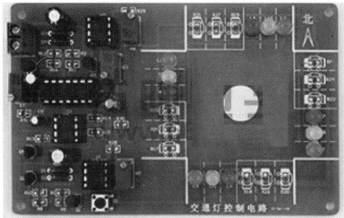

图 9-5　组装好的交通灯电路板

调幅收音机制作调试与检修

（1）电路原理、分析、工作过程

① 电路原理图及印制电路板图。低压 3V 电源袖珍超外差式晶体管收音机电路原理图如图 9-6 所示，其印制电路板图如图 9-7 所示。

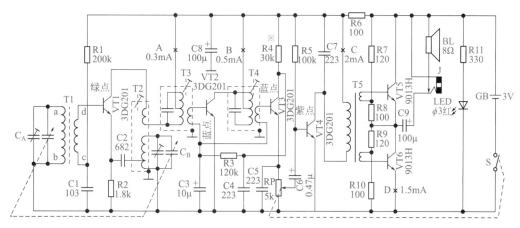

注：1. 调试时注意连接集电极回路A、B、C、D(测集电极电流用)；
　　2. 中放增益低时，可改变R4的阻值，声音会提高

图 9-6　袖珍超外差式晶体管收音机电路原理图

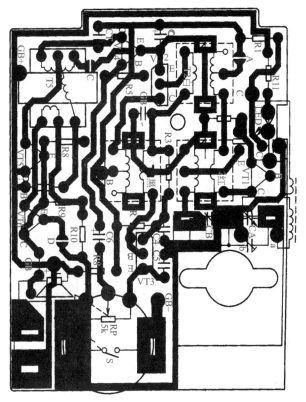

图 9-7　袖珍超外差式晶体管收音机印制电路板图

② 电路分析

> C_A、C_B 为双联电容，改变其电容量可选出所需电台。
> T1 为天线线圈，用于接收空中电磁波，并将信号送入 VT1 基极。
> R1、R2 为 VT1 偏置电阻。
> C1 为旁路电容。
> VT1 为变频管，一管两用即混频和振荡。
> T2 为本振线圈。
> C2 为本振信号耦合电容。
> T3 为第一中周。
> VT2 为中放管。
> T4 为第二中周。
> VT3 为检波管，R4、RP 及 R3 等给其提供微偏置。
> R4、R3、C4、C3 等为 AGC 电路，可自动控制中放管输出增益。
> RP 为音量电位器，改变中点位置可改变音量。RP 与 S 同调，为带开关型电位器。
> C5 为滤波电容，C6 为耦合电容。
> R5 为 VT4 偏置电阻。
> VT4 为低频放大管。
> T5 为输入变压器。
> C7 为高频吸收电容。
> R6、C8 为前级 RC 供电元件，给中放变频检波级供电。
> VT5、VT6 为功率放大管，R7 ～ R10 为其基极偏置电阻。
> C9 为输出耦合电容。
> BL 为扬声器，常用阻抗为 8Ω。
> J 为输出插座。
> R11、LED 构成开机指示电路。
> GB 为 3V 供电电源。

③ 电路基本工作过程。由 T1 接收空中电磁波，经 C_A 与 T1 一次侧选出所需电台，经二次侧耦合送入 VT1 基极，VT1 与 T2 产生振荡，形成比外来信号高一个固定中频的频率信号，经 C2 耦合送入 VT1 发射极，两信号在 VT1 中混频，在集电极输出差频、和频及多次谐波，送入 T3 选频，选出固定中频 465kHz 信号，送中放管 VT2，VT2 在 AGC 电路的控制下，输出稳定信号送 T4 再次选频后，送入检波级 VT3 检波，取出音频信号，经 RP 改变音量后，送 VT4 放大，使其有一定功率推动功放管 VT5、VT6，再经 VT5、VT6 放大后，使信号有足够的功率，推动扬声器发出声音。

（2）电路组装

① 检查资料及元器件　拿到收音机套件后，首先要核对图纸资料，熟悉一下图纸，然后对元器件进行清点，如图 9-8 所示。

② 测量元器件　当所有元器件清点完毕（如种类、数量齐全）后，要对所有部件进行检查、检测，如机械部件是否完好，有无碎裂损坏；电子元器件要用万用表进行检测，一是练习识别、测量元器件，二是确保元器件是良好的。电子元器件的测量如图 9-9 所示。

图 9-8　袖珍超外差式晶体管收音机零部件套件

图 9-9　电子元器件的测量

a. 磁性天线的测量。磁性天线由线圈和磁棒组成，线圈分一次线圈、二次线圈。可用万用表 R×1 挡测量线圈阻值，测得一次线圈阻值应为 6Ω 左右，二次线圈阻值应为 0.6Ω 左右。

b. 振荡线圈及中频变压器的测量。中频变压器俗称中周，它是中频放大级的耦合元件。一般使用的是单调谐封闭磁芯型结构，它的一、二次绕组在一个磁芯上，外面套一个磁帽，最外层还有一个铁外壳（既作紧固又作屏蔽之用），靠调节磁帽和磁芯的间隙来调节线圈的电感值。

红色为振荡线圈，黄色（白色、黑色）为中频变压器（内置谐振电容）。用万用表 R×1 挡测量中频变压器和振荡线圈的阻值为零点几欧至几欧。若万用表指针指向 ∞，说明中频变压器内部开路。

c. 输入变压器的测量。用万用表的 R×1 挡测量其各个绕组的阻值在零点几欧至几欧。若万用表指针指向 ∞，说明输入变压器内部开路。

d. 扬声器的测量。用万用表的 R×1 挡测量，所测阻值比标称阻值略小为正常。同时，测量时扬声器应发出"咔咔"声。

其他阻容元件、二极管和三极管的测量用万用表按常规进行。

对于测试过的元器件，应归类并标注，防止在组装中出现差错，如图 9-10 所示。

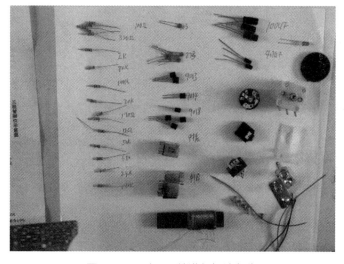

图 9-10　对元器件进行标注归类

注意：对于电子元器件，短路（击穿）、开路和漏电是可以测试出来的，但是对于特性不良的元器件无法测出好坏（此种元器件测试时是好的，但是在电路中不能正常工作或者根本不能工作，需要用代换法才能准确判断出该元器件损坏）。

③ 插接电子元器件

a. 检查印制电路板有无毛刺、缺损，检查焊点是否氧化。

b. 对照原理图及印制电路板图，确定每个组件在印制电路板上的位置。

c. 安装顺序：电阻、瓷片电容、二极管、三极管、电解电容、振荡线圈、中频变压器和输入/输出变压器、可调电容（双联）和可调电位器、磁性天线、连线。

d. 安装方式：电阻、电容和二极管等为立式安装，不宜过高。有极性的元器件注意不要装错，输入/输出变压器不能互换。

e. 当所有元器件全部测试完成后，可以将元器件插接到印制电路板上。插接元器件可以采用两种方法：一种方法是根据图纸边熟悉电路原理边插元器件，插元器件的同时再次了解电路原理，一步步将元器件插好，如图 9-11 所示；另一种方法是集中插件法，根据电路板标识，找到元器件后直接插入，一次性将元器件全部插入，如图 9-12 所示。

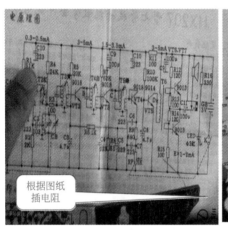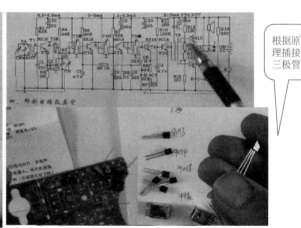

图 9-11　逐步插接元器件

注意：一是对于初学者尽可能根据电路原理图使用一步步插件法，可以达到事半功倍的效果。二是插件时应遵循先插平放元件，再插立放元件，先插小件，再插大件的规则。

④ 焊接电子元器件与剪脚。在电子设备组装过程中，焊接是一项基本功，焊接时应使焊点圆润饱满，不能有虚焊、假焊现象，焊点既不能过大也不能过小，焊点间不能有黏连现象，焊接时间不能过长过短（过长会损坏电路板，过短会出现虚焊、假焊现象）。

清洗电烙铁头的过程：插上电源，通电几分钟后，拿起电烙铁在松香上沾，正常时应冒烟并有"吱吱"声，这时再沾锡，让锡在电烙铁上沾满才好焊接，如图 9-13 所示。注意：一定要先将烙铁头沾上松香再通电，以防止烙铁头氧化，从而可延长其使用寿命。

a. 焊接元器件（图 9-14）。

● 拿起电烙铁不能立即焊接，应先在松香或焊锡膏（焊油）上蘸一下，目的：一是去掉烙铁头上的污物，二是试验温度。而后再去沾锡，初学者应养成这一良好的习惯。

● 待焊的部位应先着一点焊锡膏，过分脏的部分应先清理干净，再蘸上焊锡膏去焊接。焊锡膏不能用得太多，不然会腐蚀电路板，造成很难修复的故障（尽可能使用松香焊接）。

● 电烙铁通电后，电烙铁放置时头应高于手柄，否则手柄容易烧坏。

图 9-12　集中插件法

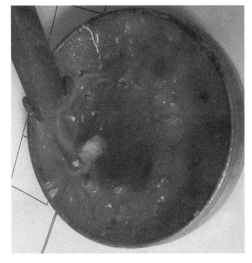

图 9-13　清洗烙铁头

● 如果电烙铁过热，应把烙铁头从芯外壳上向外拔出一些，如果电烙铁温度过低，可以把头向里多插一些，从而得到合适的温度（市电电压低时，不容易熔锡）以保证焊接质量。

● 焊接二极管、三极管和集成电路等器件时，速度要快，否则容易烫坏器件。但是，必须要待焊锡完全熔在电路板和器件引脚上后才能移开电烙铁，否则会造成假焊，给维修带来"后遗症"。

焊接看起来非常容易，但真正把各种元器件焊接好需要一个训练的过程。例如，焊什么件，需多大的焊点，需要多高温度，需要焊多长时间等，都需要在实践中不断地摸索。

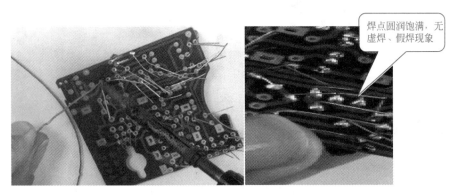

图 9-14　焊接元器件引脚

b. 剪脚。焊接完成后要剪掉多余的元器件引脚，可以用斜嘴钳或剪刀进行剪切，一般引脚长度不应大于 1mm，如图 9-15 所示。

c. 连接外部引线与总装（图 9-16）。当按要求把所有的元器件焊好后，还需仔细检查元器件的规格、极性（如电解电容、二极管、三极管等元器件的极性）、焊接是否有错误，是否存在虚焊、假焊、漏焊、错焊、短路等现象。当有错焊、连焊（短路）的焊点时容易损坏元器件。经以上检验无误后，把扬声器线、电池线焊好。注意：导线两端的裸线部分不要留

得过长,与电路板焊接的一端有 2mm 即可,否则易产生短路现象。

(a) 剪脚前

(b) 剪脚后

图 9-15　电子元器件剪脚前后对比

图 9-16　连接外部引线与总装

（3）**电路的调试与检修**　当元器件正确无误焊好后,并且静态电流满足指标要求,收音机就能收听到电台广播。为使收音机灵敏度最高、选择性最好,并能覆盖整个波段,还需进行整机调试。整机调试一般有调中频、调覆盖、调跟踪,下面分别介绍调整和测量方法。

①　静态工作点测量及调试。测量静态工作点的顺序是从末级功放级开始,逐级向前级推进。测量各级电路静态工作点的方法是用指针万用表的直流电流挡测量各级的集电极电流（图 9-17）,电路板上有对应的开路缺口。

正常情况下可通过改变偏置电阻的大小使集电极电流达到要求值。如果集电极电流过小,一般是三极管的 E、C 极接反了,或偏置电路有问题,或是三极管的 β 值过小。如果集电极电流过大,应检查偏置电阻和发射极电阻,否则是三极管的 β 值过大或损坏。若无集电极电流,一般是三极管 E、C、B 的直流通路有问题。无论出现哪种问题,应根据现象结合电路构成及原理进行分析,找出原因。各级的静态工作点（集电极电流）正常后需把各级的集电极开路缺口焊上,这时就能收听到本地电台的广播了。如果收听不到电台广播,则应采用信号注入法(或称干扰法)检查故障发生在哪一级,如图 9-18 所示。方法是:用万用表的电阻挡,一支表笔接地,用另一支表笔(或者用手持螺丝刀金属部分)由末级功放开始,由后向前依次瞬间碰触各级的输入端,若该级工作正常,则扬声器发出"咔咔"声;碰触到某一级输入端若无"咔咔"声,说明后级正常,而故障可能发生在这一级,应重点检查这一级。

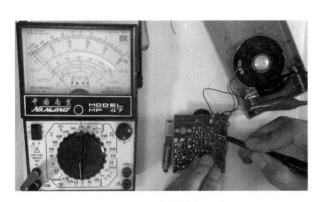

图 9-17　电路静态调试

图 9-18　信号注入法检测

在这一级工作点正常的情况下,一般是元器件错焊、漏焊造成交流断路或短路,使传输信号中断。如果从天线输入端注入干扰信号,扬声器有明显的反应,但收听不到电台广播,一般是由本振电路不工作或天线线圈未接好(如漆包线的漆皮未刮净)造成的,应检查本振电路和天线线圈。如果出现声音时有时无,一般是由元器件虚焊或元器件引脚相碰造成的。当静态电流正常,并能接收到电台信号且有声音后,才能调中频。

② 中频的调试。中频的调试是调节各级中放电路的中频变压器的磁芯,使之谐振在465kHz。

在中波段高频端选择一个电台(远离 465kHz),先将双联电容的振荡联的定片对地瞬间短路,检查本振电路工作是否正常。若将振荡联短路后声音停止或显著变小,说明本振电路工作正常。用无感螺丝刀由后级向前级逐级调中频变压器(中周)的磁芯,如图9-19 所示。边调边听声音(音量要适当),使声音最大,如此反复调整几次即可。调节中频变压器的磁芯时应注意:不要把磁芯全部旋进或旋出,因为中频变压器出厂时已调到465kHz,接到电路后因分布参数的存在需要调节,但调节范围不会太大。

③ 频率覆盖的调整。频率覆盖是指双联电容的动片全部旋进定片(对应低频端)至双联电容的动片全部旋出定片(对应高频

图 9-19　用无感(非金属)螺丝刀调试中频

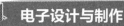
端）所能接收到信号的频率范围。例如：中波段频率覆盖范围为 535 ～ 1605kHz，为留有裕度，频率覆盖应调整在 525 ～ 1640kHz。调覆盖又称调刻度，如果中波段的频率覆盖是525 ～ 1640kHz，那么中波段所能接收到的各电台的频率与收音机的频率刻度盘上的频率刻度应基本一致，如某电台在华北地区的广播频率为 639kHz，调好覆盖后其频率指针应指示在 639kHz。调覆盖时首先将调谐旋钮（或拉线）装好，调节调谐旋钮时指针应从低频端频率刻度起，到高频端频率刻度止，即指针随双联电容动片的旋出从低频端向高频端应走完刻度全程，如图 9-20 所示。

④ 刻度标准盘的调整　首先在低频端接收一个本地区已知载波频率的电台（其载波频率为 639kHz），调节调谐旋钮对准该电台的频率刻度（图 9-21），接着调节本振线圈磁芯，使该电台的音量最大。然后在高频端选择一个本地区已知载波频率的电台（其载波频率为1467kHz），调节调谐旋钮对准该电台的频率对应的刻度，接下来调节本振回路的补偿电容C_B（半可变电容），使其音量最大。最后返回到低频端重复前面的调试，反复两三次即可。其基本方法可概括为低频端调电感、高频端调电容。

图 9-20　调试双联电容

图 9-21　调整刻度盘

⑤ 三点统调　调跟踪又称统调，如图 9-22 所示。三点统调在设计本振电路时已确定，而且在调覆盖时本振线圈磁芯和补偿电容 C_B 的位置已确定，能否实现跟踪就只取决于输入电路了。所以，统调（调跟踪）是调节输入电路。

用电台播音调跟踪（统调）的方法是：首先在低频端接收一个电台（其载波频率为639kHz），调节输入电路的天线线圈在磁棒上的位置，使声音最大；然后在高频端接收一个电台（其载波频率为 1467kHz），调节输入电路的补偿电容 C_A（半可变电容），使其声音最大；最后返回到低频端重复前面的调试，反复两三次即可。其基本方法可概括为：低频端调输入电路的电感、高频端调输入电路的补偿电容。调跟踪与调覆盖可同时进行，低频端调本振线圈的磁芯和天线线圈在磁棒上的位置，高频端调本振电路及输入电路的补偿电容。如此，高频端、低频端、中频端反复调试，便可以实现三点统调（跟踪）。

注意：一般认为收音机结构比较简单，实际上收音机中包含了谐振电路、选频电路、差频电路、振荡电路、放大电路、检波电路、AGC 电路、功率放大电路、电声变换电路等。因此，真正学会收音机原理分析与调试检修，就等于掌握了近一半电子硬件技术。

图 9-22　三点统调

例9-5　实用温度控制器制作

（1）**电路原理**　该控制器电路如图 9-23 所示。图中所示 T 是温度控制传感器开关。工作时，首先将传感器 T 顺时针调到设定的温度值，闭合开关 S，电源供电，交流 220V 经变压器 B 降压为 6V，供给测控温电路工作。开始工作时，因温箱内介质（空气）的温度低于 T 的设定值，所以开关 T 是闭合的，接触器 J 的线圈通电闭合，触点 J1 ～ J3 闭合，负载电阻丝 RF 通电发热，绿色指示灯 H1 点亮，表示温箱处于升温加热状态。当温度上升到 T 的设定值时，传感器开关 T 断开，其接触器 J 常开触头 J1 ～ J3 复位，RF 断电停止加热，同时 H1 灭，红色指示灯 H2 点亮，表示温箱处于恒温状态。当温度下降时，J 又通电吸合……如此周而复始，使温箱处于恒温状态。

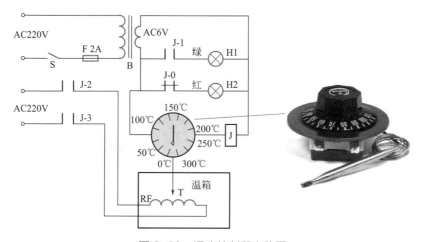

图 9-23　温度控制器电路图

（2）元件选择　传感器 T 采用 ECO 型 0～300℃传感器。交流接触器 J（继电器）采用 JTX-3C 型继电器。交流电压为 6V，变压器 B 采用容量为 15V·A、220V/6V 干式变压器。只要元件选择无误，照图安装后不需调试，即可正常工作。

例9-6　**实用多功能电动机保护器制作**

（1）组成和制作原理　该装置的电路原理图如图 9-24 所示。正常工作时检流电阻 R1 两端的电压经 R2、RP1 分压，作为 IC4 的输入信号。IC4、R3～R9、C7～C11、VD5～VD7 等构成一个平均值响应的半波整流线性 AC/DC 转换器。正半周时，信号流程为 IC4→C8→VD7→R6→R7→RP2→GND；负半周时，电流的泄放回路为 GND→RP2→R7→VD6→C8→IC4。输出经 R8、C11、R9 得到与输入有效值成线性比例的平均直流电压，该电压通过 S（正常工作时 S 置于测量端）进入 A/D 转换器 IC3。正确地调节 RP1 和 RP2，可使 LED 精确地显示电流互感器 TA 的一次电流。用于保护三相交流电动机时，可用该装置检测电动机三相任意一相的电流。当发生过载或堵转时，该相电流增大，当电流大于由 RP3 设定的上限电流时，IC5B 的⑤脚的电位高于⑥脚电位，⑦脚输出高电平，VT1 由导通变为截止，电容 C14 开始充电。当 IC5C 的⑩脚电位大于⑨脚电位时，⑧脚由低电平变为高电平，VT2 导通，继电器 J1 吸合，常闭触点 J1-1 断开，KM 释放，电动机失电得到保护。同时继电器 J2 得电自保，电铃 DL 开始工作，提示检修人员及时排除故障（电路中继电器 J1 的两触发开关为 J1-1、J1-2；继电器 J2 两触发开关为 J2-1 和 J2-2）。SB3 是报警时的复位按钮，调节 RP6 可改变延时时间。当电动机缺相运行时，其中一相电流为零，另外两相电流增大，若该装置检测的电流是增大的某一相，其动作原理与过程堵转时相同。若检测的电流是断相的，则由于这时电流小于由 RP4 设定的下限电流，IC5A 的②脚电位低于③脚电位，①脚由低电平变为高电平，VT2 导通，J1 动作，KM 释放，电动机失电，BL 电路开始工作。图中所示 VD8 在该装置动作之后，为 C14 提供放电回路。C18 用来提高抗干扰能力。高亮度 LED 在运行时，能清晰地显示电动机的电流，起到数字电流表的作用。

（2）元器件的选择、安装和调试　TA 是二次电流为 5A 的普通电流互感器，其一次电流可选择为被保护电动机额定电流的 150% 左右。电阻 R1 可选择 RX20-30/0.2Ω，安装时要靠近电流互感器。R1 与该保护器的连线采用屏蔽线。IC4 为线性运放 TL062。RP3～RP5 采用多圈绕线电位器。电路装好之后直接接通电源。仔细调节 RP5，使 IC3 的㊱脚的基准电压为 100mV。将 S 置于"上限"端，调节 RP3，设定电动机电流上限值；将 S 置于"下限"端，调节 RP4，设定电动机电流下限值。然后把该装置与电动机控制电路相连接，将 S 置于"测量"端，按下 SB2，电路进入工作状态，调节 RP2，使 RP1 滑动端的交流电压（有效值）与 IC5A 的②脚的直流电压在数值上近似相等。用钳形电流表监视被测相的电流，调节 RP1，使 LED 显示的数值与钳形电流表所显示的数值相等。最后确定延时动作时间：调节 RP3，减小上限设定值，当上限值小于测量值时 LED 亮，从 LED 亮到该电路动作的间隔时间即为延时动作时间。调节 RP6 可改变该时间，一般设定为数秒，但必须大于电动机的启动时间。

（3）上、下限电流的设定　上、下限电流可以在工作中随时设定。一般来说，电流上限设定为电动机额定电流的 120%～150%，电流下限设定为电动机空载电流的 80%，就可保障电动机的安全运行。在实际应用中，由于很多企业存在"大马拉小车"的情况，所以电流上限可根据实际情况设定为电动机正常工作电流的 100%～120%，电流下限设定为电动

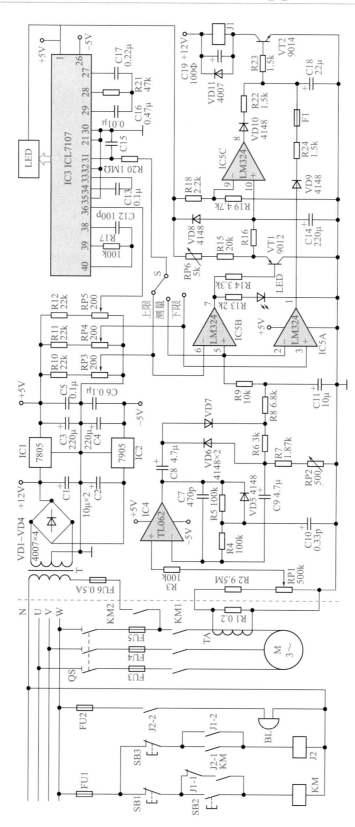

图 9-24 多功能电动机保护器电路原理图

正常工作电流的 60% ～ 80%，这样不但电动机能得到更为可靠地保护，而且能时刻监视、保护与之连接的机械装置。例如由于机械方面的某些故障，造成电动机电流偏离了正常的工作范围，该装置能及时动作并报警，可避免故障的进一步扩大。

（4）本装置的其他应用　去掉图 9-24 中所示的短接线 FU1，该保护器即变成一个可用于多种场合的限电器。它可以对一幢宿舍楼、一个车间、一个单位等的用电电流上限进行精确控制。主开关采用接触器时，电路与保护电动机类似。当主开关采用 DW10、DW15 等系列万能式断路器时，将该装置中继电器 J1 的常闭触点 J1-1 串接在断路器的失电压脱扣线圈引线中即可。

例9-7 实用电动机保护装置

（1）工作原理　L1、L2、L3 为三只互感器，可固定于控制柜内任何部位，只需三相主回路动力线分别穿过互感器即可。按图 9-25 所示将三只互感器接于保护器的 1、2、3、4 端。

保护器电源为 9、10 端，它接在主回路交流接触器（以下简称主 KM）的主触点的任意两相上。

断开主 KM 线圈的任意一端（如 A 处），断开处分别接在 5、6 端。

找出主 KM 的任意一副常开辅助触点，接于保护器 7、8 端。

控制柜通电后，保护器得电，通过继电器 J2 的常闭触点使继电器 J1 吸合，此时 5、6 端接通，即接通了断开的"A"处，使其恢复到改前的状态，原控制功能不变。当主 KM 吸合时，辅助触点接通了 7、8 端，使该装置的保护电路进入守备状态。

保护电路由以下两部分组成。

① 断相保护电路　当电动机运行时 L1 ～ L3 均有感应电压输出。以 L1 为例，互感器产生的感应电压通过 VD8 整流、C5 滤波、R7 与 R10 分压后加在运算放大器 IC1A 正相输入端，其反相输入端的电位是由 R18、R19 分压后取得的。电动机在正常运转情况下，IC1A 同相输入端电位高于反相输入端电位，这时输出高电平，三极管 VT2 处于截止状态。当动力线 U 相断开时，L1 无输出电压。IC1A 反相输入端电位高于同相输入端电位，IC1A 输出低电平。VT2 导通，其集电极电位提高，触发晶闸管 VS2 导通，继电器 J2 吸合，其常闭触点切断 J1 供电回路，即切断了"A"处，主 KM 释放，电动机停止运转，此时 VS2 维持导通，发光二极管 LED2 亮表示电路处于"断相"状态，此时 L2 常开点通电后接通了报警器，提醒值班人员排除故障。L2、L3 及所对应的电路与上述完全相同，C4、R4 为延时抗干扰电路，以防止 VS2 误触发。

电动机在运行过程中断相，常称为动态断相。电动机运行中 V 相或 W 相有一线断相时，将导致变压器一次电压大幅度下降。此时，降低的直流电压将难以维持 J2 吸合，这里专门设置了电解电容 C2，在电压降低的瞬间，储存的电能足以保证 J2 吸合，以确保 J2 的顺利释放。

② 过电流保护电路　电动机正常运行时，L1 ～ L3 的感应电压稳定在某一数值上，由二极管 VD11 ～ VD13 并联接在 IC1D 反相输入端，同相输入端的电位由电阻 R16、电位器 RP 的分压得到，调整 RP 可使同相输入端电位刚刚大于反相输入端电位。在电动机运行过程中因过载、阻转、滞转、工作电压过低等造成电动机工作电流增大时，L1 ～ L3 的感应电压随之增高，致使 IC1D 反相输入端电位高于同相输入端电位，IC1D 翻转输出低电平，三极管 VT1 导通、VS1 导通、J2 得电、J1 得电，电动机停止运行，过电流指示灯 LED3 亮，报警器响。

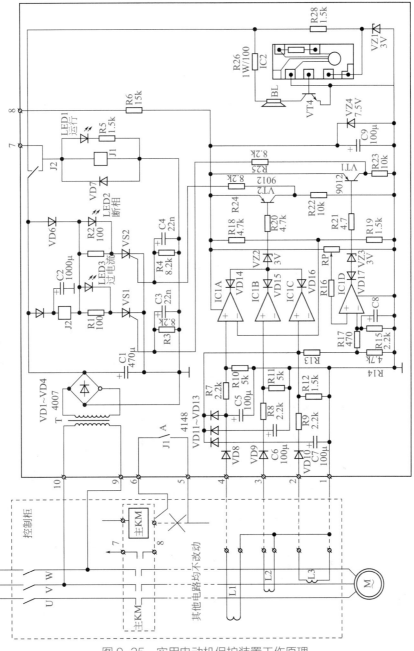

图 9-25　实用电动机保护装置工作原理

为了避免电动机在启动时，瞬间电流过大而造成 IC1D 的误动作，这里设置了电容 C8 等组成延时电路，以保证电动机的正常启动。

（2）元器件选择及调试　任何电流互感器均可使用，其电流比可任选。IC1 采用四运放 LM324，IC2 采用四声报警片 9561。三极管 VT1、VT2 采用 9012。单向晶闸管 VS1、VS2 采用 100-6。继电器 J1 为 4098/12V，J2 为 4123/12V。变压器一次电压为 380V、二次电压为 12V、功率为 8W。其他阻容件均可按图 9-25 中所示标注取值，除限流电阻 R26 为 1W 外，其他均为 1/8W。

一般接线无误，即可上电试机，初调试时不必接入电动机，通电后运行指示灯亮，说明控制接通且正常。然后短路 7、8 端，将保护电路投入，此时由于 L1 ～ L3 没有互感电压，保护器应处于"断相"保护状态。

对于任何超电流方式的机电设备，该装置均可改装使用。首先找出主回路的交流接触器主 KM，并按要求稍加改动，其他电路均不须做任何变动。电动机运行前先将过电流调整电位器 RP 顺时针调到头，使过电流门限为最大值。当电动机运行后，逆时针缓慢调整 RP，旋至"过电流"停机、报警状态，此时门限值与电动机工作电流相等，然后再逆时针稍增大，即完成过电流调整。断相保护可通过人为断线故障体现；拆断三只互感器与保护器的任意一根连线，即可检测到断相保护的效果。

图 9-26 为印制电路板图，供仿制者参考。

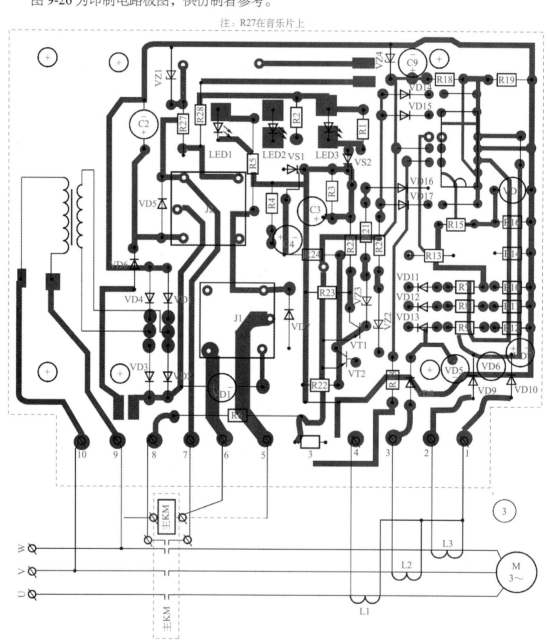

图 9-26 印制电路板图

例9-8　光控水塔水位控制器制作

（1）电路工作原理

① 水位控制原理。如图 9-27 所示，220V 的市电电压经变压器 T1 降压、VD8 与 VD9 全波整流、C7 滤波后得到约 14V 的直流电压供整机使用，VD7 用于电源指示。变压器 1、2 绕组间的交流电压还作为水位检测的供电电源。当水塔水位低于电极 B 时，各电极间无检测电流通过，C1 两端的电压为 0V，IC1A 的①脚为低电平。R7、R9、IC1A 和 IC1B 组成施密特触发器，该触发器的输出端 IC1B 的④脚输出低电平，IC1C 的⑥脚和 IC1F 的⑧脚均为高电平，固态继电器 Q1 导通，水泵得电抽水，水塔中的水位逐渐升高。当水位高至电极 B 时，交流电正半周的电流由变压器的 1 端流过"R1→电极 B→水→电极 A→VD2→R6→地→变压器 2 端"，同时对 C1 充电。由于 R1 和水的等效电阻串联后与 R6 分压，使 C1 两端得到的电压仍低于施密特触发器的阈值电压，施密特触发器不发生翻转，IC1B 的④脚仍为低电平，Q1 仍然导通，水泵继续运转。交流电负半周时，电流经过"变压器的 2 端→地 →VD1→R2→电极 A→水→电极 B→R1→变压器的 1 端"，所以流过电极 A 和电极 B 的电流为交流电流。调节 R2 的阻值，使流过水位检测电极的正负半周的电流大小相等，可以避免水位检测电极发生极化反应，延长电极的使用寿命。当水位升高至电极 C 时，交流电正半周的电流由变压器的 1 端流经"电极 B 和 C→水→电极 A→VD2→R6→地→变压器的 2 端"，由于电极 C 参与导电，使 C1 两端的电压高于施密特触发器阈值电压，施密特触发器发生翻转，IC1B 的④脚输出高电平，IC1C 的⑥脚和 IC1F 的⑧脚均输出低电平，使 Q1 截止，水泵停止抽水。人们用水时水塔中的水位逐渐降低，当水位在电极 C 以下、电极 B 以上时，由于施密特触发器回差电压的存在，此时 C1 两端仍保持高电平，施密特触发器不发生翻转，IC1B 的④脚仍输出高电平，IC1C 的⑥脚和 IC1F 的⑧脚均输出低电平，使 Q1 继续截止，水泵仍然停转。当水塔水位低于电极 B 时，没有电流通过各检测电极，电容 C1 两端的电压为 0V，施密特触发器翻转，Q1 导通，水泵又得电抽水。

② 光控原理　本控制器利用光敏电阻来检测清晨（8 点以前）天色从暗变亮的变化作为触发信号使施密特触发器发生翻转，水泵得电抽水，从而保证每天在供电时间内实现自动抽水一次的功能。R3 和光敏电阻 RG 构成光线检测电路，R4、R5、IC1D、IC1E 也构成一个施密特触发器。光线较暗时，光敏电阻 RG 的阻值较大，C2 两端为低电平，施密特触发器的输出端 IC1E 的⑩脚为低电平，此时 VD5 截止，光控电路不起作用。当天色逐渐变亮时，光敏电阻 RG 的阻值随之减小，C2 两端的电压不断升高，当 C2 两端的电压大于施密特触发器的阈值电压时，该触发器翻转，IC1E 的⑩脚跳变为高电平，VD5 导通。由于 C4 两端的电压不能突变，所以 IC1B 的③脚跳变为高电平，IC1B 的④脚为低电平。由于 C5、R11 的延时作用，IC1C 的⑤脚和 IC1F 的⑨脚并不会立即跳变为低电平。另外，IC1B 的④脚的低电平经 R9 反馈送至 IC1A 的①脚，①脚电平的高低取决于水塔的水位情况，若水塔水位在电极 C 处，IC1A 的①脚为高电平，IC1B 的④脚跳变为高电平，IC1C 的⑥脚和 IC1F 的⑧脚为高电平，水泵仍不抽水；若水塔的水位在电极 C 以下，由于 R9 的反馈作用，使 IC1A 的①脚为低电平，IC1B 的④脚也为低电平，V_{CC} 经 R11、IC1B 的④脚对 C5 充电，使 IC1C 的⑤脚和 IC1F 的⑨脚的电位不断降低，经过一段时间后（约 3s），使 IC1C 的⑤脚和 IC1F 的⑨脚变为低电平，IC1C 的⑥脚和 IC1F 的⑧脚跳变为高电平，Q1 导通，水泵得电抽水，直到水位升到电极 C 处，IC1A 的①脚又变为高电平，IC1A 的②脚变为低电平。接着 IC1E 的⑩脚

输出的高电平经 R8 和导通的 VD5 对 C4 充电，使 IC1B 的③脚电位不断下降。当 IC1B 的③脚变为低电平时，C5 两端充得的电压经 V_{CC}、R11 和 IC1B 的④脚放电，使 IC1C 的⑤脚和 IC1F 的⑨脚的电位不断上升。当 IC1C 的⑤脚和 IC1F 的⑨脚变为高电平时，IC1C 的⑥脚和 IC1F 的⑩脚变为低电平，Q1 截止，水泵停止抽水。电路中 K1 是手动控制开关，C8 用于保护固态继电器 Q1。

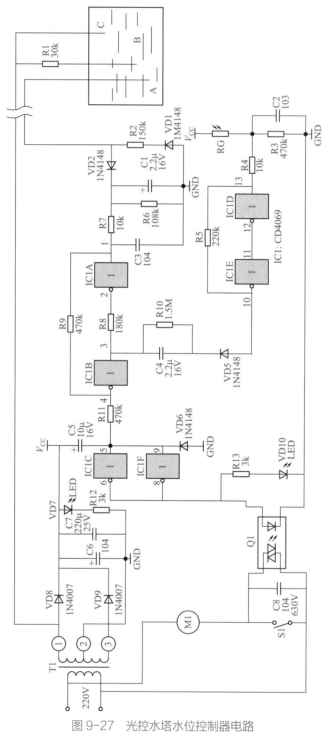

图 9-27　光控水塔水位控制器电路

③ 延时电路　停电后重新恢复供电时，若水位在电极 C 处（水满），则由于此时 C1 两端的电压为 0V，而电流过检测电极的正半周对 C1 充电，要经过 1～2s 才能建立正常电压，所以在这 1～2s 内，IC1A 的输入端为低电平。若无 C5、R11 组成的延时电路，则此时 IC1C 的⑥脚和 IC1F 的⑧脚输出高电平，水泵会转动。但 1～2s 后，C1 两端的电压趋于正常的高电平，施密特触发器发生翻转，水泵又停止转动。为了克服水泵的短时现象，特地设置了由 C5、R11 构成的延时电路，延时 3s 左右。在这 3s 内，不管水位情况如何，水泵都不转动。3s 之后，C1 两端已建立了正常的电压，所以水泵也不会转动了。如果水位在电极 B 以下，则要经过 3s 后，水泵才能得电抽水，直到水位上升至电极 C 处，同时这个电路对减小停电后恢复供电瞬间的冲击电流也有积极作用。

（2）元器件选择　电路中各元器件参数如图 9-27 所示标识。T1 可选用双 12V、3W 的变压器。Q1 选用 10A/480V、直流控制电压为 3～32V 的固态继电器（可选用拆机件，若无则也可采用触点电流为 10A、吸合电压为 12V 的继电器）。RG 采用 $\phi3$……或 $\phi5$……的光敏电阻。水位检测电极可用不锈钢片制作（笔者发现用电炉线制作的水位检测电极的使用效果也很好）。

（3）制作调试　IC1 选用 CD4069 六非门 CMOS 集成电路。焊接时电烙铁应注意接地，整个电路焊接完成后，把印制电路板装入一个大小合适的塑料盒内，并在塑料盒前面板的适当位置上固定好电源指示发光管 VD7 和水泵工作状态指示发光管 VD10。先不要接上固态继电器 Q1，将光敏电阻 RG 的引脚与导线连接好后（引脚套上绝缘套管），装到一个长度为 5cm 左右的塑料管中（可截取长度合适的圆珠笔杆代替），并在塑料管口贴上透明胶带纸，以防雨水流入。安装塑料管时把光敏电阻的感光面对向天空，再用一根双芯电缆线把水位检测电极与控制器连接起来。注意：电缆线与电阻 R1 及各水位检测电极之间的接头处应用硅胶或热熔胶做防水处理。最后把电极 A 插入水中，电极 B 和电极 C 悬空，此时 VD10 不发光。再用黑胶布捂住装光敏电阻的塑料管口，然后再揭开黑胶布，VD10 应能继续发光，再把电极 C 插入水中，VD10 熄灭，至此整个电路调试完毕。若调试过程中出现异常，应重点检查设计的印制电路板是否正确、选用的元器件的质量是否有问题、焊点是否可靠等，只要仔细检查，一般故障都会顺利排除。最后接上固态继电器和水泵，并在 Q1 两端并接一个耐压为 630V、容量为 0.1μF 的涤纶电容 C8，就可投入使用了。

例9-9 大电流延时继电器电路制作

图 9-28 所示是由双 D 触发器 CD4013 组成的单稳态延时继电器。接通 S1 后，CD4013 的①脚在稳态时为低电平，继电器 K 不工作。按下按钮 S2，CD4013 的③脚受正脉冲上升沿触发，⑤脚的高电平传送给输出端 Q，CD4013 的①脚电位变高，电路进入单稳状态。这时三极管 VT 饱和导通，继电器线圈得电动作，其触点闭合，直流大电流有输出。CD4013 的①脚电位变高的同时，电容 C 经电阻 R2 和电位器 RP 充电，当 C 两端电压充到 CD4013 ④脚的阈值电压时，CD4013 的①脚恢复

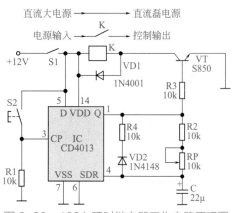

图 9-28　100A 延时继电器工作电路原理图

低电位,单稳态结束,继电器释放,大电流电源与外电路断开。CD4013 处于单稳态的时间约为 $t = 0.7 (R_2+R_p) C$。本电路可在 15 ～ 30s 的范围内调整定时时间,能满足实验室的定时要求,在其他场合应用可通过选择 R2、RP 和 C 的参数改变定时时间。单稳态结束后,CD4013 的①脚变为低电平,电容 C 经二极管 VD2 和电阻 R4 迅速放电,为下一次触发做好准备。

图 9-29 是由时基电路 NE555 组成的单稳态型时间继电器。合上开关 S1,电路进入稳定状态,NE555 的③脚和⑦脚均为低电平,这时电容 C 不能充电,三极管 VT 截止,继电器 K 无动作。按下启动按钮 S2,NE555 的②脚受低的脉冲触发,NE555 的③脚变为高电平,⑦脚呈悬空状态,电路进入单稳态。这时三极管 VT 饱和导通,继电器线圈得电动作,其触点闭合,直流大电流有输出。同时,电容 C 经电阻 R2 和电位器 RP 充电,当电容 C 两端电压达到 $2/3V_{cc}$ 时,单稳态结束,NE555 的③脚变为低电平,继电器失电释放,直流大电流停止输出。电路恢复稳态后,电容 C 经 NE555 的⑦脚放电,等待下一次触发,单稳态持续时间 t(即直流大电流输出时间)由单稳态电路的定时元件电阻 R2、电位器 RP 和电容 C 的参数决定,可由式 $t = 1.1 (R_2+R_p) C$ 进行估算,经过调整 RP 可满足延时(20±2)s 的时间要求。

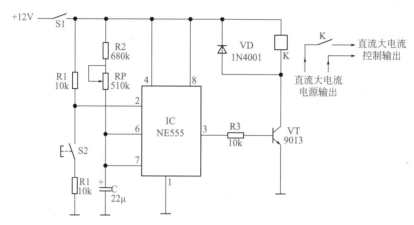

图 9-29　时基电路 NE555 组成的单稳态型时间继电器

以上两电路中的继电器 K 选用 HG4119 超小型电磁继电器,其余元器件按图中标注的参数选择即可。若欲移植到需要准确定时的应用场合,则定时元件选择钽电容、金属膜电阻、多圈电位器或数字电位器,就能满足大部分电子制作中的精度要求。

例9-10　三相交流电动机缺相保护器制作

(1)工作原理　如图 9-30 所示,合上开关 QS,按下启动按钮 SB2,通过 V、W 相以及继电器 K 的常闭触点、热继电器 FR、SB1 的常闭触点和交流接触器 KM 线圈构成回路得电,串接在主电路中的主触点 KM1 闭合,电动机转动。松开 SB2,与 SB2 并联的交流接触器辅助触点 KM2 和主触点 KM1 同时闭合,KM 线圈仍然通电,并自锁。要停机时按下 SB1 使触点断开,接触器辅助触点和主触点全部断开,电动机切断电源停转。

电容 C1 ～ C6 接成星形,产生一个中性点。电动机正常工作时,M 点的电压为零,与三相四线的中性点电位一致,M、N 间无电压输出,继电器 K 不动作。

当供电电路任意一相缺(断)相时,M 点电位升高。经 VD1 ～ VD4 整流、C7 滤波后,继电器线圈得电吸合,切断交流接触器触点使电动机断电,从而保护电动机不被烧坏。电动机缺（断）相时间在 1s 内，高灵敏继电器 K 便能动作。

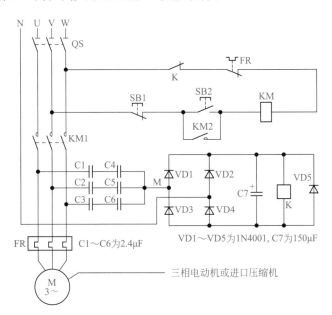

图 9-30　三相交流电动机缺相保护器电路图

本电路对星形或三角形接法的 0.1 ～ 50kW 电动机均通用，电动机容量超过 30kW 时应选用容量较大的交流接触器。

（2）元器件的选择　QS 是刀开关，可选 HD13-200/3；热继电器 FR 选用 JR10-10；SB2 选用 LA-10（绿色），SB1 选用 LA-10（红色）；交流接触器 KM1 选用 CJ0-20A，线圈吸合电压为 380V；C1 ～ C6 选用 2.4μF 油浸电容器，耐压为 630V；VD1 ～ VD5 选用 1N4007；C7 选用 150μF/50V 电解电容；K 为直流继电器，线圈吸合电压为 24V，型号为 JX-13F，一组触点即可。其他元器件以图中所示标注为准，无特殊要求。

电路中电容为两个串接，每组 4.8μF，共三组，是为了提高耐压值，增加工作可靠性。

例9-11 两线式水位控制器制作

两线式水位控制器的电路仅使用了 10 个元器件，可直接焊在一小块电路板上（业余条件下可直接搭焊），连同用作水位检测的两个干簧管一起封装在不锈钢管内。此控制器虽然体积小，但驱动功率大，不仅可直接驱动 220 ～ 380V 的各种功率的交流接触器，还可省去交流接触器，直接驱动功率小于 400W 的单相交流电动机。由于只有两根连线串联在负载回路中，因此最大限度地简化了外围接线，使整体结构非常简单，容易安装，使用方便，不用调试，自身功耗非常小，空载时几乎不耗电。此外，根据需要，还可外接控制开关，做"自动上下-停止上水-手动上水"三个不同工作状态的相互转换，使用更加灵活方便。

（1）工作原理　图 9-31 是电路原理图。图中虚线框内为控制电路，10 个元器件安装在一小块电路板上；K1、K2 是两个干簧管，安装在长度适当的一段不锈钢管的两端，配合装有永久磁铁的浮子式水位检测装置检测上水位和下水位；S 是工作状态控制开关，分为"自动""停止""手动"三种工作状态；J 是交流接触器，也可以是上水电磁阀或小功率上水电动机。

电子设计与制作 电路分析·器件选择·设计仿真·制作实例

图 9-32 是两线式水位控制器的结构示意图。控制电路和两个检测开关封装在一段两端封闭的不锈钢管内。不锈钢管外有一个可以上下活动的、装有永久磁铁的浮子和两个限制浮子活动范围的水位止挡器。仅用两条引线和外围连接。

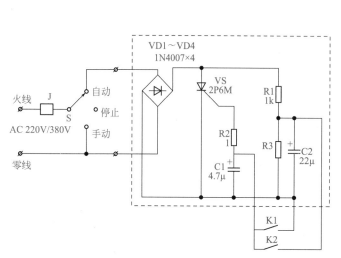

图 9-31 两线式水位控制器电路原理图

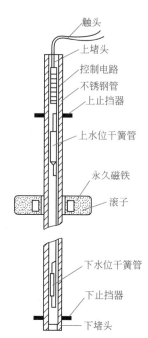

图 9-32 两线式水位控制器的结构示意图

下面以采用交流接触器为例，说明工作过程。在 S 置于"自动"位置时，AC220V 电源经过线圈 J，经 VD1 ～ VD4 桥式整流输出直流电压，由 R1、R3 分压，在 C1 上约有 10V 直流电压作为控制 VS 的触发电压。当水箱水位低于下水位干簧管 K2 时，水箱内的永久磁铁使下水位干簧管 K2 吸合接通，C1 上的电压经 R2 供给 VS 触发端触发电压，此时 VS 导通，交流接触器 J 得到工作电压吸合，J 的触点提供用于上水的水泵电动机的工作电源，水箱水位开始上升。随着水位的上升，浮子离开下水位干簧管，K2 断开，但 VS 仍处于导通状态。这是由于 VS 导通以后，R2 的电阻很小，有漏电流经 VS 的阳极与门极通过 R2 向 C1 充电，使 C1 两端仍维持一定电压，也就是维持 VS 的导通状态不变，水泵继续工作。当水位达到上水位干簧管 K1 时，浮子内的永久磁铁使上水位干簧管 K1 吸合接通，VS 触发端接零，C1 上的电压降为 0V，交流接触器 J 失去工作电压断开，水泵电动机停止工作。即使水位下降，浮子离开 K1，VS 仍保持断开状态，直到下一个工作周期开始，由此实现了水位的自动控制。

J 可以是上水电磁阀，由控制器控制打开或关闭；也可以是小功率交流电动机，由控制器直接控制水泵上水 / 停止上水。

如果需要，还可增加一个三位开关来设置上水水泵电动机的不同工作状态，当自动控制部分出现故障或需要随时上水时以满足需要。

（2）元器材选用 晶闸管 VS 要用微触发电流类，例如 2P4M。驱动功率不大时可用 2N6565 等代替，以减小体积。采用 380V 交流接触器时，可选用 2P6M 等。二极管也要根据驱动功率选用，采用 220V 或 380V 交流接触器、小功率时，选用 1N4007；当直接驱动电动机或大功率驱动输出时，选用 1N5404 或 1N5407。管材要选用不锈钢管等非磁性材料，长度根据水箱深度或要控制的水位差来定，最好选用不锈钢管材（PVC 材质也可以，但强度和使用寿命略差）。管材内径取 18 ～ 25mm，根据电路板体积大小决定，由于元器件少，实际上电路板可以做得很小。浮子内安装永久磁铁 2 对或 4 对，极性相背靠近钢管面粘牢靠，浮子材料选用成品球形不锈钢浮球或不吸水发泡塑料成型制作。

（3）需要注意的问题

① 电源接线方向。由于电路直接采用 220V 或 380V（未采取隔离措施），故 220V 时火线要连接交流接触器一端，并且做好绝缘处理。

② 接电动机时要有熔丝保护，防止电动机过载、过电流而损坏控制器。

③ 不锈钢管两端确保不渗水、不漏水；电路板要做绝缘处理，以防止漏电。

④ 干簧管各种型号都可以，要适当固定并做保护处理，防止振动破碎。

例9-12　室内风扇运转自动控制电路制作

（1）电路原理

室内风扇运转自动控制电路原理图如图 9-33 所示。

① 电源电路：市电电压经 VD1 ～ VD4 整流、R7 降压、C4 限流滤波、7806 稳压后给各控制电路供电。

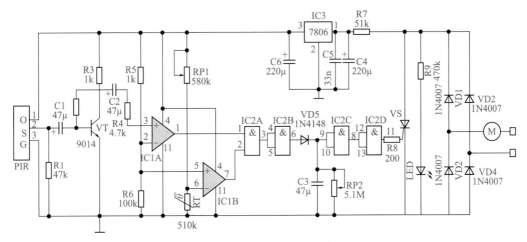

图 9-33　室内风扇运转自动控制电路原理图

② 感应人体红外线：当热释电红外线传感器 PIR 探测到室内人体辐射出的红外线信号时，该传感器的②脚输出微弱的电信号，经 C1 耦合、VT 放大后再经 C2、R4 输入到运算放大器 LM324 的 IC1A 中，因 IC1A、R5、R6、C2、R4 等元器件构成比较器，当 IC1A 的③脚电位大于②脚电位时，①脚输出高电平，送入 IC2（74LS00）中 IC2A 的①脚。

③ 温度检测电路：R5、R6、RP1、RT 构成电桥电路，用于检测温度的变化。RT 为负温度系数的热敏电阻。通过调节 RP1，使气温等于或大于 28℃时，IC1B 的⑥脚电位低于⑤脚电位，IC1B 的⑦脚输出高电平，送到 IC2A 的②脚。

④ 驱动与延时：IC2 主要起驱动作用。在上述条件下，IC2A 两输入端为高电平，故输出低电平，经 IC2B 反相后输出高电平，VD5 导通，C3 被充电。当 C3 上的电位上升到高电平时，经 IC2C、IC2D 两级反相后输出高电平，触发晶闸管 VS 导通，风扇启动运转。

⑤ 延时的作用：当人坐着不动时，IC1A 输出低电平，则 IC2B 也输出低电平，C3 因

RP2 阻值较大放电较慢，故可保持高电平一段时间，使 VS 导通一段时间，从而使风扇继续运转；当人再次活动时，IC2B 又输出高电平，对 C3 再次充电，从而保持 VS 触发导通。这就做到了当气温大于或等于 28℃ 且有人在室内时风扇保持运转；当气温低于 28℃ 或无人在室内时，风扇不能启动；气温虽大于或等于 28℃，但当人离开室内一段时间后（如 5s，延时长短通过 RP2 设定）风扇就会自动停转，避免低温或人走后风扇不关的现象。R9 与 LED 构成电源指示电路。

（2）主要元器件　元器件参数如图 9-33 所示。R1 ～ R4 选用 1/8W 碳膜电阻，R7 ～ R9 选用 1/2W 碳膜电阻，R5、R6 选用金属膜电阻，RP1 选用线绕电位器或金属膜电位器，RP2 选用玻璃釉电位器，RT 选用常温为 510kΩ 且具有负温度系数的热敏电阻。VD1 ～ VD4 选用普通整流二极管，VD5 选用 1N4148，IC1 选用 LM324，IC2 选用 74LS00，IC3 选用 7806。VS 选用 MCR100-8 型塑封单向晶闸管。热释红外线传感器选用 SD01 型。

例9-13　全自动抽水控制器制作

不少企事业单位都需要二次供水，或从地面蓄水池中，或从地下深井中，向高位水塔水箱送水。在这种情况下，既要监视地面蓄水池（或水井）水位，又要监视水塔上水箱的水位。只有这样，才能既避免高位水箱水满溢出，又避免蓄水池（水井）抽干使水泵空转浪费电能，发生事故。本控制器在具备上述两种功能的同时，又兼有断相保护功能，还可对水泵电动机进行有效保护。该电路原理图如图 9-34 所示。

图中 VT1 和 VT2 以及相应的探头等分别为水塔和水井的多组水位监视单元。J 为中间继电器，工作电压为 12V，为控制交流接触器 K 而设。K 用于控制水泵电动机的开停。VD1 为保护 VT3 而设，而 VD2 的设置主要为使 VT3 可靠截止。

当深井水位升到 d 点或 d 点以上时，VT1 因加上了正向偏置电流而导通，这时 VT3 导通与否还要视 VT2 所处的状态（或水塔水箱的水位状态）而定。如果这时水箱水位又降到了 b 点以下，则 VT2 会因失去基极偏流而截止，VT3 因而获得基极正向偏流而导通，VT3 集电极电流驱动继电器 J 吸合，J0 闭合，从而接通水泵主回路交流接触器 K 的线圈电路，使 Ka 吸合，从地下深井向水塔上水。反之，如果这时水箱水位处于 a 点或 a 点以上，VT2 导通，VT3 仍然处于截止状态，水泵还是不能上水（工作）。

若水泵开始上水，则由于 Ka 的吸合，水泵水位回路中的常闭触点 Ka 也由常闭转为常开，以维持 VT2 截止，直到水箱水位升到 e 点时，VT2 的基极重新获得偏置电流，使 VT2 导通，VT3 因失去基极电位而截止。由于 VT2 的存在，提高 VT3 的发射极电压至 0.7V，故 VT2 导通后能使 VT3 可靠截止。这样 J 迅速释放，K 线圈断电，水泵停止向水箱上水。

再看深井水位的监控状况。当井中水位降到 e 点以下时，VT1 因基极失电而截止，VT3 也必然截止，水泵不会运转。深井中水位探极的设置原理与水塔相似。水塔水位低于 b 点时，需要上水。但若要上水，水位必须在 d 点以上，VT1 才导通，从而使 VT3 导通，水泵才能上水。又由于在 e 极回路串接了常开触点 Kb，在水泵上水时 Ka 吸合，Kb 闭合，这样，只有在井中水位降到 e 点时水泵才停转。

电动机的断相保护功能主要靠合理配接交流接触器和电源变压器的交流供电来实现。从图 9-34 中可以看出，水泵主回路中交流接触器 K 线圈的 380V 供电电压是由电源进线中 U、V 两相提供的，而电源变压器 T 的电源（220V）又能通过 W 相和 N 线供给，U、V、W 三相中的任何一相断电，电动机都立刻与电网断开，从而保护电动机安全。

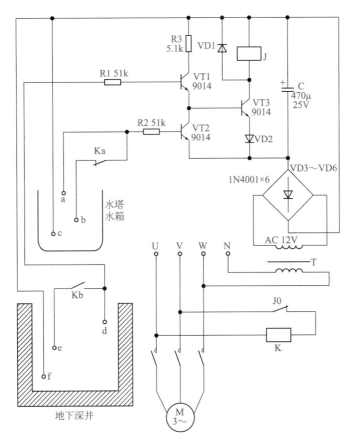

图 9-34 抽水全自动控制器电路原理图

例9-14 漏电保护器制作

（1）电路原理 该电路原理图如图 9-35 所示。变压器 T1 用于电压检测，L1、L2 采用双线并绕，1、4 端为市电输入端，2、3 端为输出端（接负载）。线路正常时，流过 L1、L2 的电流大小相等且方向相反，在 T1 中产生的磁通量相互抵消，L3 中没有感应电压输出。当发生触电或漏电时，来自 L1 的电流被人体或用电器对地分流，部分电流不再流过 L1，使 L1、L2 中的电流不再相等，L3 两端就产生一定的感应电压。此电压经 VD2 整流后加到 VT1 基极，使其导通，VT2 也随之导通，6V 电池开始供电，J1 吸合，LED 发光，蜂鸣器 BZ 报警。J1 动作后，常开触点 J1-1 闭合，市电加到 R2、CJ1 上，CJ1 立即吸合，其触点断开，切断市电以保护人身和用电器的安全。同时，由于 C3、R4 的反馈作用，使 VT1 仍导通"自锁"，这时即使 L3 电压消失，J1 仍保持吸合状态。C3、R4 的充电时间约 30s，经 30s 后，C3 上的电压上升到接近 6V 电源电压，VT1、VT2 截止，J1、CJ1 释放，恢复供电。如果此时有触电或漏电，经"火线 1 → L4 → R2 → L1 →人体→地"流动，在 L4 端感生的电压经 VD1 整流后维持 VT1、VT2 导通，直到人体脱离危险，触电和漏电彻底消除，VT1、VT2 才能截止。经实际调试时，检测出数毫安的漏电电流就能使电路可靠动作。

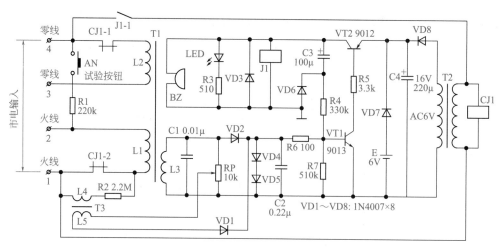

图 9-35　漏电保护器电路原理图

　　图中 C1 为高频旁路电容，防止节能灯等的高频信号干扰。C2 为延时电容，防止雷电及电火花干扰，VD4、VD5、R6 为幅值电流限制保护元件，防止触电或漏电电流过大时，L3 感应电压过大而损坏 VT1。E 为内置待机电池，平时因 VT1、VT2 截止，电路不消耗电能，一旦保护器动作，电源主要由 T2、VD8、C4 回路提供。VD7 用于防止 E 被充电。VD6 为 C3 提供放电通路。J1 为 6V 小型继电器。

　　（2）元器件制作与选择　T1、T3 必须输出 1 ～ 2V 电压才能启动保护器。要求 T3 较 T1 有更高的电流 / 电压转换灵敏度。为安全起见，流过人体的电流不能超过 0.1mA。L4 用 ϕ0.15mm 漆包线在 12mm×18mm E 形铁芯上绕 200 匝，L5 用 ϕ0.07mm 漆包线绕 6000 匝。T1 一次侧用 ϕ1mm 漆包线在 12mm×18mm E 形铁芯上双线并绕 50 匝，二次侧用 ϕ0.15mm 漆包线绕 2000 匝。T1、T3 绕制好后用以下方法测试是否适用，分别将 L3、L5 与 RP 串联后接到 6 ～ 9V 交流电源上（可用自耦变压器降压取得）。调节电位器，当两电位器两端的交流电压分别为 0.5V、5.1V 时，L3、L5 两端的电压应在 2V 左右，空载电压应在 1.8 ～ 3V 范围内，否则应适当增减线圈的匝数。T2 可选市售 3W 电源变压器。CJ1 选用小型 220V 交流接触器。

　　（3）安装调试　电路按图 9-35 所示焊接并检查无误后即可调试，2、3 输出端暂不接负载，通电到 1 端、4 端后，调节 RP（10kΩ）到最大，按下试验按钮 AN，J1 应能立即吸合，J1 释放后，反复试三次，最后按下 AN 不放，1min 内 J1 不释放即可。C2 一般取 0.22 ～ 0.47μF，若太小则保护器易受电火花干扰而误动，若太大则灵敏度会降低。E 用 4 节 5 号电池。安装时，T3 应尽量远离 T2。安装好后，接上负载运行，保护器应不动作，按下 AN，保护器立即动作，发出声光报警信号，CJ1 切除负载，约经 30s 后报警解除，CJ1 重新接通负载。至此，安装调试结束。

9.2　综合调试实例

例9-15　万用表的制作与调试

万用表的制作与调试

参 考 文 献

[1] 张伯虎 . 开关电源设计与维修从入门到精通 . 北京：化学工业出版社，2019.

[2] 张校铭 . 从零开始学电子元器件——识别•检测•维修•代换•应用 . 北京：化学工业出版社，2017.

[3] 张校铭 . 一学就会的 130 个电子制作实例 . 北京：化学工业出版社，2017.

[4] 张振文 . 电工电路识图、布线、接线与维修 . 北京：化学工业出版社，2018.

[5] 张校珩 . 从零开始学万用表检测、应用与维修 . 北京：化学工业出版社，2019.

[6] 张振文 . 电工手册 . 北京：化学工业出版社，2018.

[7] 赵家贵 . 电子电路设计 . 北京：中国计量出版社，2005.

[8] 朱正涌 . 半导体集成电路 . 北京：清华大学出版社，2001.

[9] 王卫东 . 模拟电子电路基础 . 西安：电子科技大学出版社，2003.

[10] 孙艳 . 电子测量技术实用教程 . 北京：国防工业出版社，2008.

[11] 张冰 . 电子线路 . 北京：中华工商联合出版社，2006.

[12] 杜虎林 . 用万用表检测电子元器件 . 沈阳：辽宁科学技术出版社，1998.

[13] 华容茂 . 数字电子技术与逻辑设计教程 . 北京：电子工业出版社，2000.

[14] 朱正东 . 数字逻辑与数字系统 . 北京：电子工业出版社，2015.

[15] 祝慧芳 . 脉冲与数字电路 . 成都：电子科技大学出版社，1998.

[16] 赵学敏 . 新编家用电器原理与维修技术 . 北京：中国科学技术出版社，2000.

[17] 赵学敏，等 . 无线电修理技术 . 北京：北京大学出版社，1994.